高等职业教育规划教材

金属切削刀具结构与应用

主　编　娄岳海
副主编　周纯江　叶　俊
参　编　金　茵　黄金永　潘晓东(企业)　陈子彦(企业)
主　审　曹焕亚

机械工业出版社

本书是机械制造与自动化专业的核心教材之一，也是浙江省精品课程“金属切削刀具结构与应用”的建设成果之一。

本书充分体现了项目课程设计思想，以企业真实产品典型零件为载体，以典型零件的机械加工工艺过程为导向，以相应的金属切削刀具结构与应用为项目设计教材内容，让学生在执行工作任务的过程中，掌握车刀、孔加工刀具、铣刀、砂轮、数控刀具、螺纹刀具和齿轮刀具等刀具的选择与应用。

本书适用于高等职业院校机械制造与自动化专业，也可作为高等职业院校相关专业、中等职业学校机电类专业和企业培训的教学参考书，并可供有关工程技术人员参考。

本书配有电子课件，凡使用本书作为教材的教师可登录机械工业出版社教育服务网 www. cmpedu. com. 注册后免费下载。咨询信箱：cmpgaozhi@ sina. com. 咨询电话：010－88379375。

图书在版编目（CIP）数据

金属切削刀具结构与应用/娄岳海主编．—北京：机械工业出版社，2013. 12
高等职业教育规划教材
ISBN 978-7-111-44775-7

Ⅰ．①金…　Ⅱ．①娄…　Ⅲ．①刀具（金属切削）—高等职业教育—教材
Ⅳ．①TG71

中国版本图书馆 CIP 数据核字（2013）第 270738 号

机械工业出版社（北京市百万庄大街 22 号　邮政编码 100037）
策划编辑：于奇慧　责任编辑：郑　丹　于奇慧　王海霞
版式设计：常天培　责任校对：卢惠英
封面设计：陈　沛　责任印制：李　洋
北京瑞德印刷有限公司印刷（三河市胜利装订厂装订）
2014 年 1 月第 1 版第 1 次印刷
184mm×260mm · 10. 5 印张 · 259 千字
0001—3000 册
标准书号：ISBN 978-7-111-44775-7
定价：22.00 元

凡购本书，如有缺页、倒页、脱页，由本社发行部调换

电话服务	网络服务
社服务中心：(010)88361066	教 材 网：http：//www. cmpedu. com
销 售 一 部：(010)68326294	机工官网：http：//www. cmpbook. com
销 售 二 部：(010)88379649	机工官博：http：//weibo. com/cmp1952
读者购书热线：(010)88379203	**封面无防伪标均为盗版**

前　言

为深化高等职业教育教学改革，探索工学结合、任务驱动、项目导向、顶岗实习等有利于增强学生能力的教学模式，加强对高等职业院校学生实践能力和职业技能的培养，浙江机电职业技术学院机械制造与自动化专业作为国家示范性高等职业院校重点建设专业，与行业、企业专家合作，构建了以机械制造工艺实施为主线的课程体系。本书依据“金属切削刀具结构与应用”课程标准编写，是机械制造与自动化专业核心教材之一，也是浙江省精品课程“金属切削刀具结构与应用”建设成果之一。

本书以企业的真实产品为载体，以典型零件的机械加工工艺过程为导向，以完成切削加工所需的金属切削刀具的选择与应用为主线，让学生熟悉常用普通刀具、数控刀具等标准刀具的材料、结构、选型与应用，掌握选择最佳切削条件（如刀具几何参数、切削用量）的基本方法，培养学生分析和解决工作过程中刀具应用问题的能力，并融合了机械制造工艺师岗位、机械加工中高级职业技能岗位对刀具结构与应用相关的知识、技能和素质的要求。

本书具有以下主要特点：

1）充分体现了项目课程设计思想。本书以企业真实产品典型零件为载体，以典型零件的车、孔加工、铣、磨、数控加工、螺纹加工、齿轮加工等金属切削加工工作任务作驱动，以相应的金属切削刀具结构与应用为项目设计教学内容，让学生在执行工作任务的过程中，学会车刀、孔加工刀具、铣刀、砂轮、数控刀具、螺纹刀具、齿轮刀具等刀具的选择与应用。

2）编排形式遵循高职学生的认知规律——由浅入深、由简到难。工作任务由最常用、最基本的车削加工，逐步提高到孔加工、铣削加工、磨削加工、数控加工、螺纹加工和齿轮加工；相应的知识和技能由最简单、最基本的车刀几何参数、车刀结构、车刀材料、切削用量选择、车刀刃磨等，逐渐提高到孔加工刀具、铣刀、砂轮、数控加工刀具、螺纹刀具和齿轮刀具的结构、材料与应用等。因此随着工作任务的推进，学生的职业能力在不断提升，从而使学生较全面地掌握金属切削刀具结构与应用的知识和技能。

3）突出对学生综合职业能力的训练。每个项目首先明确教学目标，按照教学目标、案例分析、相关知识和技能、思考与练习的顺序编写，既易懂易学，又符合生产实际。刀具知识和技能要求的选取紧紧围绕典型零件制造任务的需要来进行，同时融合了机械制造工艺师岗位、机械加工中高级职业技能岗位对刀具知识、技能和素质的要求，体现了“双证融通”思想。

4）体现了先进性、通用性和实用性。本书将金属切削刀具领域的发展趋势及职业活动中的新技术、新工艺和新材料及时纳入其中，以贴近企业实际需要和刀具行业的发展。

本书由浙江机电职业技术学院娄岳海教授任主编，周纯江教授、叶俊高级技师任副主编，参加编写的还有浙江机电职业技术学院金茵高级工程师、黄金永副教授，杭州前进齿轮箱集团有限公司潘晓东高级工程师，嘉兴恒锋工具有限公司陈子彦工程师等。其中，项目一、项目三由娄岳海编写，项目二由周纯江编写，项目四由金茵、黄金永编写，项目五由叶俊编写，项目六由潘晓东、陈子彦编写。全书由娄岳海教授统稿，由曹焕亚教授审阅全稿。

本书在编写过程中得到了杭州前进齿轮箱集团有限公司和嘉兴恒锋工具有限公司的大力支持，在此表示衷心感谢。

由于编者水平有限，时间仓促，书中难免有错误之处，恳请广大师生和读者批评指正，以便修改、完善。

编　者

目　录

项目一 车刀的应用

【教学目标】

最终目标：能正确选用车刀和车刀材料，能合理选择车刀几何参数、切削用量，会刃磨普通车刀。

促成目标：

1）熟悉切削运动与切削用量，掌握合理选择切削用量的方法。

2）熟悉车刀的几何参数，掌握合理选择车刀几何参数的方法。

3）熟悉车刀的类型和结构，掌握正确选用车刀的方法。

4）熟悉刀具材料及其应用场合。

5）掌握普通车刀的刃磨方法。

模块1 案例分析

图1-1所示为某公司生产的球体轴立体图，图1-2所示为其零件图，试分析该球体轴零件中批量生产时的机械加工工艺过程，并确定车削加工刀具。

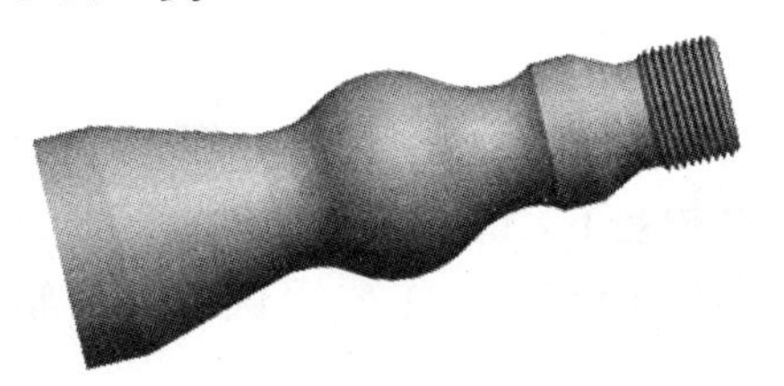

图1-1 球体轴立体图

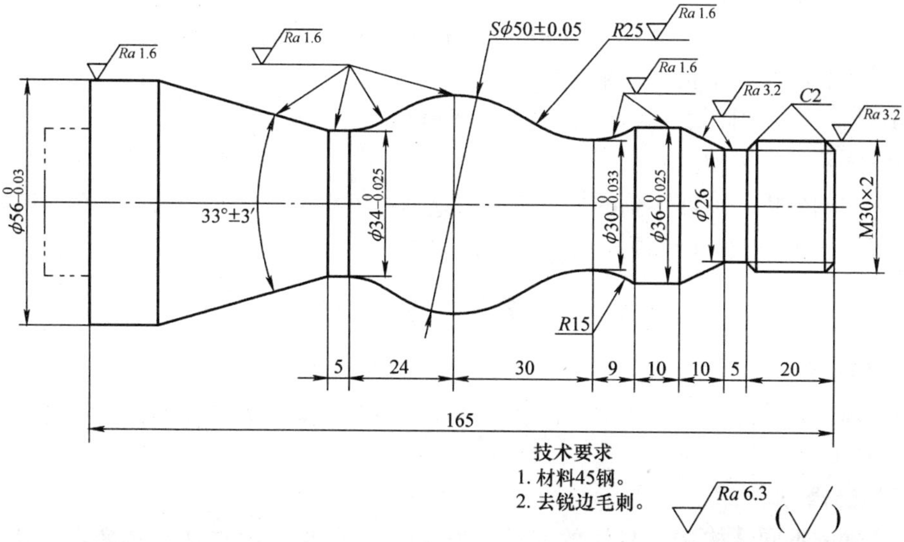

Ra 1.6
Ra 1.6
$S\phi50\pm0.05$
R25
Ra 1.6
Ra 1.6
Ra 3.2
C2
Ra 3.2
$\phi56_{-0.03}^{0}$
33°±3′
$\phi34_{-0.025}^{0}$
$\phi30_{-0.033}^{0}$
$\phi36_{-0.025}^{0}$
$\phi26$
M30×2
R15
5 24 30 9 10 10 5 20
165

技术要求

1. 材料45钢。

2. 去锐边毛刺。

Ra 6.3 (√)

图1-2 球体轴零件图

单元1 技术要求分析

1. 尺寸公差

从图1-2可以看出，该球体轴轴径$\phi56_{-0.03}^{0}$mm、$\phi34_{-0.025}^{0}$mm、$\phi36_{-0.025}^{0}$mm的公差等级为IT7级，$\phi30_{-0.033}^{0}$mm的公差等级为IT8级，球面$S\phi(50\pm0.05)$mm的公差等级为IT10级。因此，外圆的尺寸精度相对轴向尺寸要求较高。

2. 几何公差

球面$S\phi(50\pm0.05)$mm既有尺寸公差，又兼有控制该球面形状（线轮廓）误差的作用，因此，有一定的形状误差要求。

3. 表面粗糙度

外圆$\phi56_{-0.03}^{0}$mm、$\phi34_{-0.025}^{0}$mm、$\phi36_{-0.025}^{0}$mm、$\phi30_{-0.033}^{0}$mm，球面$S\phi(50\pm0.05)$mm和左侧圆锥面的表面粗糙度Ra值均不大于1.6μm；螺纹表面、$\phi26$mm圆柱面及相邻圆锥面的表面粗糙度Ra值不大于3.2μm，其余表面粗糙度Ra值不大于6.3μm。

从上述分析可以看出，球体轴的重要加工表面为外圆$\phi56_{-0.03}^{0}$mm、$\phi34_{-0.025}^{0}$mm、$\phi36_{-0.025}^{0}$mm、$\phi30_{-0.033}^{0}$mm，主要加工表面为球面$S\phi(50\pm0.05)$mm。因此，保证外圆$\phi56_{-0.03}^{0}$mm、$\phi34_{-0.025}^{0}$mm、$\phi36_{-0.025}^{0}$mm、$\phi30_{-0.033}^{0}$mm和球面$S\phi(50\pm0.05)$mm的尺寸精度，以及球面$S\phi(50\pm0.05)$mm的线轮廓度和表面粗糙度，是该球体轴零件加工的关键。

单元2 工艺过程分析

制订工艺过程的依据为零件的结构、技术要求、生产类型和设备条件等。该球体轴是一根各直径相差不大的实心阶梯轴，普通精度要求，材料为45钢，生产类型为中批量生产，毛坯为$\phi60$mm棒料。主要定位基准为轴线和左端大端面，可采用“一夹一顶”的方式装夹。

主要表面的加工方法如下：

1）$\phi56_{-0.03}^{0}$mm、$\phi34_{-0.025}^{0}$mm、$\phi36_{-0.025}^{0}$mm和$\phi30_{-0.033}^{0}$mm外圆面，$S\phi(50\pm0.05)$mm球面及圆锥面：粗车→半精车→精车。

2）其他表面（台阶面、螺纹）：粗车→半精车。

该零件无热处理和硬度要求。

基于上面的分析，该球体轴的加工工艺路线为：下料→车端面→钻中心孔→粗车→半精车→车螺纹→精车→去锐边毛刺→终检→入库。

单元3 设备及工艺装备的选择

1. 设备选择

根据该球体轴的外廓形状及加工精度，卧式车床难以满足要求，因此，加工设备选用数控车床CK6140。

2. 刀具选择

根据零件的不同结构选择具体的刀具：B3中心钻一件，用来钻右端的中心孔；72°30′粗、精车刀各一把，分别用来粗、精车球面和圆弧面；95°粗、精车刀各一把，分别用来粗、精车外圆、锥面、端面；60°螺纹粗、半精车刀各一把，分别用来粗、半精车 M30×2 螺纹。

3. 量具选择

由于该零件的生产类型属中批量生产，因此可选用通用量具。外圆的尺寸公差等级达 IT7 级，故外圆的最终测量应使用 25～50mm、50～75mm 的外径千分尺；测量轴向尺寸及其他工序尺寸时，游标卡尺即可满足使用要求；圆锥面测量选用游标万能角度尺；外螺纹的测量采用螺纹环规。

基于以上分析，球体轴零件车削加工所用刀具为外圆车刀、端面车刀和螺纹车刀。图 1-3 所示为球体轴车削加工示意图。

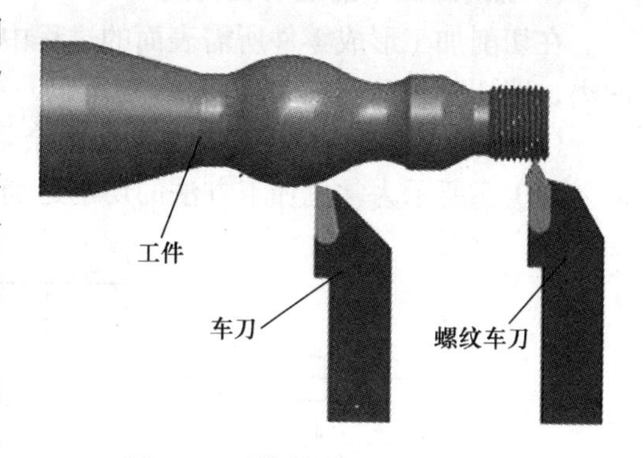

图 1-3　球体轴车削加工示意图

模块 2　切削加工概述

金属切削加工是在金属切削机床上利用工件和刀具彼此间协调的相对运动，切除工件上多余的金属材料，获得符合要求的尺寸精度、形状精度、位置精度和表面质量的加工方法。

单元 1　切 削 运 动

1. 切削加工的基本条件

为保证切削加工过程能够顺利进行，必须具备下述基本条件：

（1）刀具和工件间要有形成零件结构要素所需的相对运动　这类相对运动由各种切削机床的传动系统提供。

（2）刀具材料的性能能够满足切削加工的需要　如足够的硬度和强度、高温下的耐磨性等。

（3）刀具必须具有一定的空间几何结构　从工件上切除多余材料的本质，仍然是材料受力变形直至断裂破坏，只是完成这个过程的时间很短，材料变形破坏的速度很快。为了在完成这一过程时能够确保加工质量，尽量减少动力消耗和延长刀具寿命，刀具切削部分的几何结构和表面状态必须能适应切削过程的综合要求。

2. 工件上的加工表面

切削加工中，随着切削层（加工余量）不断被刀具切除，工件上有三个处于变动中的表面，如图 1-4 所示。

（1）待加工表面　工件上即将被切除的表面。

（2）已加工表面　工件上经刀具切削后产生的新表面。

（3）过渡表面　工件上由切削刃正在切削着的表面，位于待加工表面和已加表面之间。

需要指出的是，在切削加工过程中，这三个表面始终处于不断的变动之中：前一次走刀的已加工表面，即为后

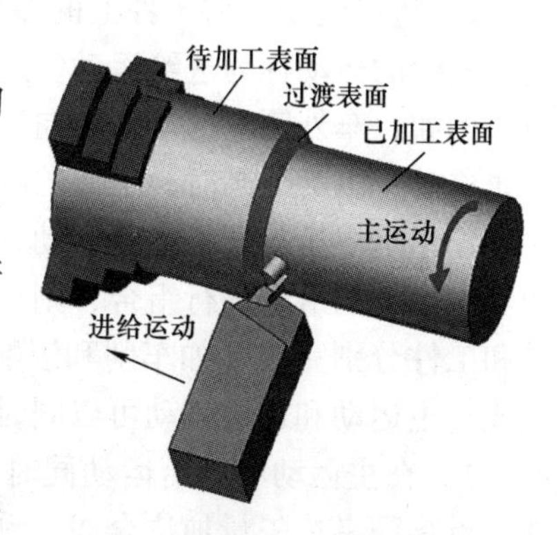

图 1-4　切削运动及加工表面

一次走刀的待加工表面；过渡表面则随进给运动的进行不断被刀具切除。

3. 切削加工中的运动及构成

在切削加工形成零件所需表面的过程中，刀具和工件间的相对运动，按作用的不同分为两类，即切削运动和辅助运动。

（1）切削运动　直接完成切除加工余量任务，形成零件所需表面的运动，称为切削运动。图1-5所示为常见加工方法的切削运动。切削运动包括主运动和进给运动。

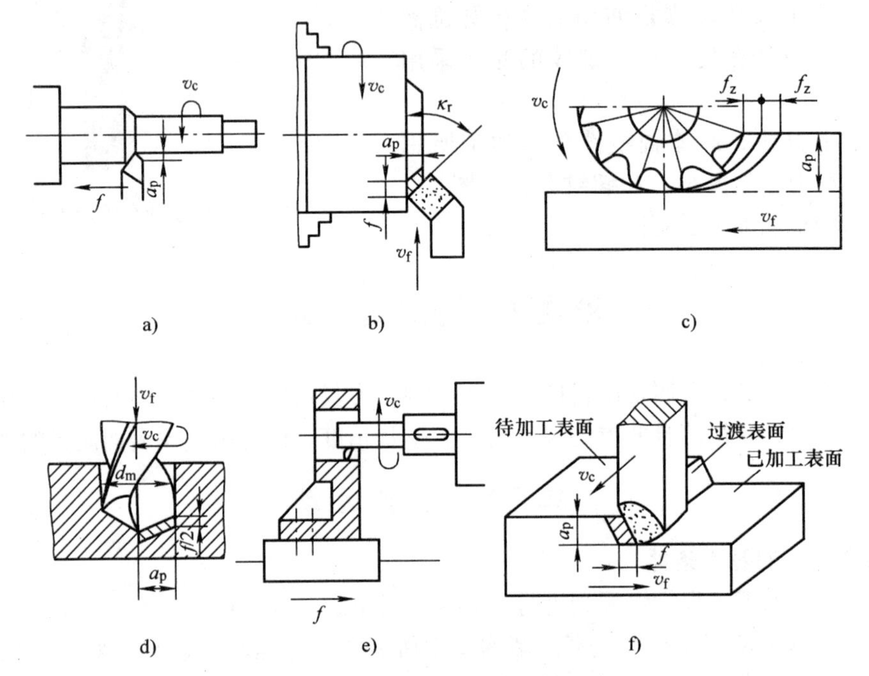

图1-5　常见加工方法的切削运动

a）车外圆　b）车端面　c）周铣　d）钻孔　e）镗孔　f）刨平面

1）主运动。直接切除工件上的多余材料，使之转变为切屑，从而形成工件新表面的运动称为主运动。主运动通常只有一个，且速度和功率消耗较大。例如：车床上工件的旋转运动；龙门刨床刨削时，工件的直线往复运动；牛头刨床刨刀的直线往复运动；铣床上的铣刀、钻床上的钻头和磨床上砂轮的旋转等都是切削加工时的主运动，如图1-5中的v_c。

2）进给运动。将工件上的多余材料不断投入切削区进行切削，以逐渐切削出零件所需整个表面的运动称为进给运动。进给运动一般有一个，也可多于一个，且速度和功率消耗较小。例如：车外圆时，车刀纵向连续的直线运动；在牛头刨床上刨平面时，工件横向间断的直线移动；纵磨外圆时，工件的圆周进给运动和轴向直线进给运动等，如图1-5中的f或v_f。

无论是主运动还是进给运动，其基本运动形式均为连续或间歇的直线运动或回转运动，两者通过不同形式进行组合，则可构成多种符合需要的切削运动。主运动和进给运动可由刀具和工件分别完成（如车削和刨削），也可由刀具单独完成（如钻孔），但很少由工件单独完成。主运动和进给运动可以同时进行（如车削、钻削），也可以交替进行（如刨平面、插键槽）。在主运动和进给运动同时进行的切削加工中（如车外圆、钻孔、铣平面等），常在选定点将两者按矢量加法合成，称为合成切削运动。合成运动的速度v_e等于主运动速度v_c

与进给运动速度 v_f 的矢量之和，如图 1-6 所示，即

$$\vec{v}_e = \vec{v}_c + \vec{v}_f \tag{1-1}$$

（2）辅助运动 辅助运动不直接参与切除多余材料，但却是完成零件表面加工全过程必不可少的运动。例如，控制切削刃切入工件表面深度的吃刀运动，重复走刀前的退刀运动，以及刨刀、插齿刀等回程时的让刀运动等。

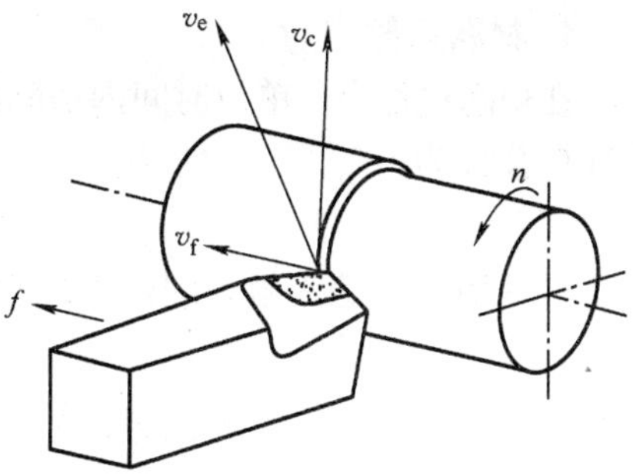

图 1-6 车削时的合成切削速度

单元 2 切削用量和材料切除率

在生产中，将切削速度、进给量和背吃刀量统称为切削用量，切削用量用来定量描述主运动、进给运动和投入切削的加工余量厚度。切削用量的选择直接影响材料切除率，进而影响生产率。

1. 切削速度 v_c

切削刃上选定点相对于工件的主运动的瞬时速度称为切削速度，单位为 m/min 或 m/s。当主运动为旋转运动时，v_c 可按下式计算

$$v_c = \frac{\pi dn}{1000} \approx \frac{dn}{318} \tag{1-2}$$

式中 d——切削刃选定点处刀具或工件的直径（mm）；

n——主运动转速（r/min 或 r/s）。

切削刃上各点的切削速度有可能不同，考虑到刀具的磨损和工件的表面加工质量，在计算时应以切削刃上各点的最大切削速度为准。

2. 进给量 f

主运动经过一个循环，刀具和工件沿进给运动方向产生的相对位移量称为进给量。如图 1-5所示，用单齿刀具（如车刀、刨刀）进行加工时，常用刀具或工件每转或每行程刀具在进给运动方向上相对工件发生的位移量来度量进给量，称为每转进给量（mm/r）或每行程进给量（mm/str）。

进给量也可用进给运动的瞬时速度（即进给速度）来表示。刀具切削刃上选定点相对工件的进给运动的瞬时速度称为进给速度，记作 v_f，单位为 mm/min 或 mm/s。对于连续进给的切削加工，v_f 可按下式计算

$$v_f = nf \tag{1-3}$$

对于主运动为往复直线运动的切削加工（如刨削、插削），一般不规定进给速度，但规定每行程进给量。

3. 背吃刀量 a_p

背吃刀量 a_p 是指垂直于进给速度方向测量的切削层最大尺寸（有关切削层参数的概念见模块 3 单元 6），单位为 mm。对于外圆车削，背吃刀量为工件上已加工表面和待加工表面间的垂直距离，即

$$a_p = \frac{1}{2}(d_w - d_m) \tag{1-4}$$

式中 d_w——工件待加工表面的直径（mm）；

d_m——工件已加工表面的直径（mm）。

4. 材料切除率 Q

在切削过程中，单位时间内切除材料的体积称为材料切除率，单位为 mm^3/min 或 mm^3/s。其计算公式为

$$Q = 1000a_p f v_c \tag{1-5}$$

材料切除率是衡量切削效率的重要指标，切削用量的大小对其有直接影响。

模块3　车刀的组成及车刀角度

单元1　车刀的组成

切削刀具的种类很多，结构也多种多样。外圆车刀是最基本、最典型的切削刀具之一。车刀由刀头（刀体）和刀柄两部分组成，刀头用于切削，刀柄用于装夹。其切削部分由刀面和切削刃构成（三面、两刃、一尖），如图1-7所示。

其定义分别为：

（1）前面（前刀面）A_γ　刀具上切屑流过的表面。

（2）后面（后刀面）A_α　刀具上与工件上切削中产生的表面相对的表面。

（3）副后面（副后刀面）A'_α　刀具上与工件已加工表面相对的表面。

前面与后面之间所包含的刀具实体部分称为刀楔。

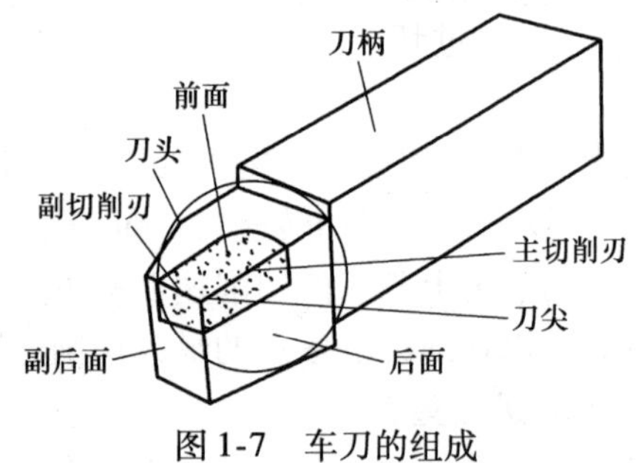

图1-7　车刀的组成

（4）主切削刃S　前面与后面的交线，它完成主要的切削工作。

（5）副切削刃S′　除主切削刃以外的切削刃，它配合主切削刃完成切削工作。

（6）刀尖　主切削刃和副切削刃连接处的一小段切削刃，它一般为小的直线段或圆弧。

单元2　刀具角度参考系

刀具角度是确定刀具切削部分几何形状的重要参数，用于定义和规定刀具角度的各基准坐标平面称为参考系。

参考系有两类：一类称为刀具静止参考系（或称为标注参考系），它是设计刀具时标注、刃磨和测量的基准，由此定义的刀具角度称刀具静态角度或标注角度；另一类称为刀具工作参考系，它是确定刀具切削加工时几何参数的基准，由此定义的刀具角度称刀具工作角度。两者的区别在于，前者是在一定的假设条件下建立的，而后者是根据生产中的实际状况建立的。

1. 建立静止参考系的条件

1）运动假设。假设刀具的进给运动速度为0。

2）安装假设。假设切削刃上选定点与工件中心线等高，刀柄中心线与进给方向垂直。

2. 静止参考系

设计刀具时标注、刃磨、测量角度最常用的是正交平面参考系。但在标注可转位刀具或大刃倾角刀具时，常采用法平面参考系。在刀具制造过程中，如铣削刀槽、刃磨刀面时，常需用假定工作平面参考系中的角度。

（1）正交平面参考系　正交平面参考系由以下三个平面组成，如图 1-8 所示。

1）基面 p_r。过切削刃选定点的平面，它平行或垂直于刀具在制造、刃磨及测量时适合于安装或定位的一个平面或轴线。一般来说，其方位要垂直于假定的主运动方向。

2）切削平面 p_s。过切削刃选定点与切削刃相切并垂直于基面的平面。

3）正交平面 p_o。过切削刃选定点同时垂直于切削平面与基面的平面。

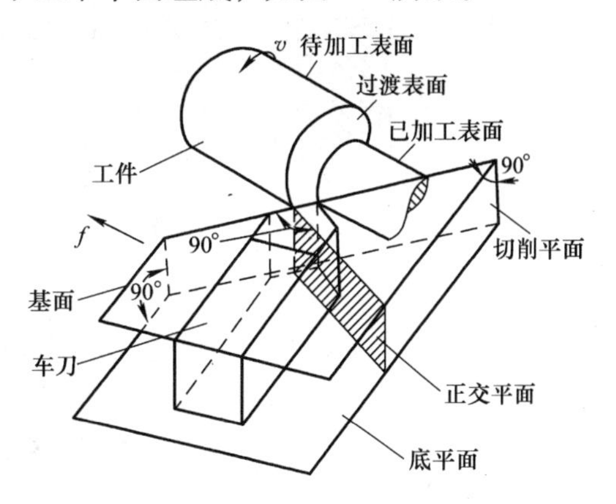

图 1-8　正交平面参考系

（2）法平面参考系　法平面参考系由 p_r、p_s 和 p_n 三个平面组成，如图 1-9 所示。其中，法平面 p_n 是过切削刃上选定点并垂直于切削刃（若切削刃为曲线，则垂直于切削刃在该点的切线）的平面。法平面 p_n 与正交平面 p_o 之间的夹角为刃倾角 λ_s。

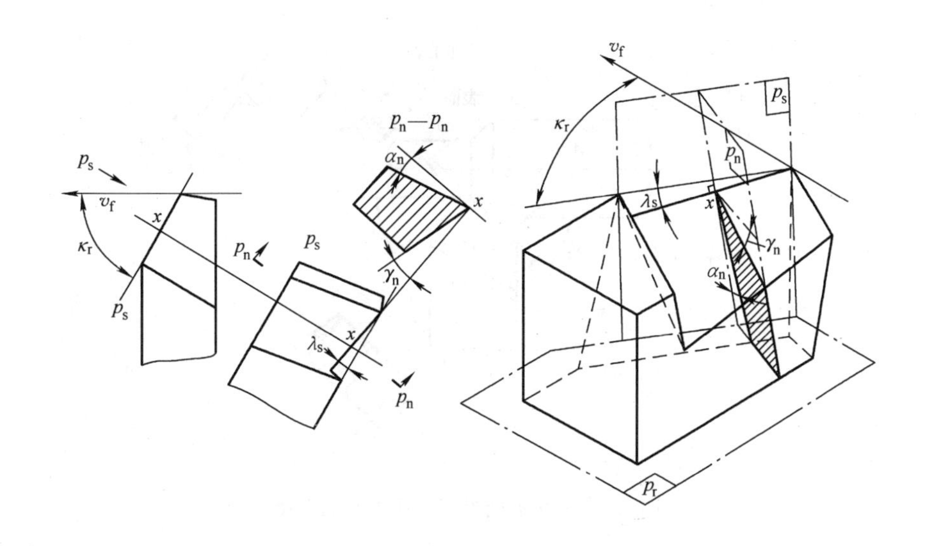

图 1-9　法平面参考系及车刀角度

（3）假定工作平面参考系　假定工作平面参考系由 p_r、p_f 和 p_p 三个平面组成，如图 1-10所示。其中，假定工作平面 p_f 为过切削刃上选定点平行于假定进给运动方向并垂直于基面的平面，背平面 p_p 为过切削刃上选定点既垂直于假定工作平面又垂直于基面的平面。

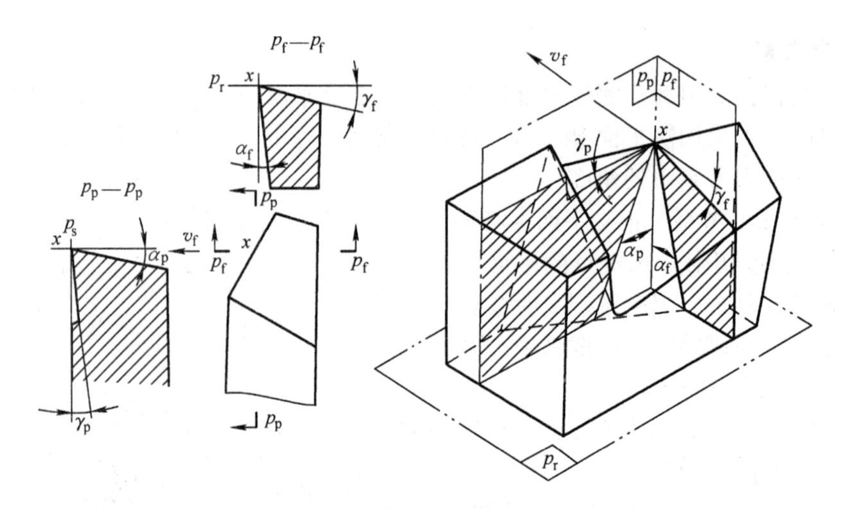

图 1-10 假定工作平面参考系及车刀角度

单元3 车 刀 角 度

1. 车刀角度的定义

车刀角度是指车刀上的切削刃、刀面与参考系中各参考面间的夹角，用以确定切削刃、刀面的空间位置。正交平面参考系中的车刀角度定义如下（图 1-11）。

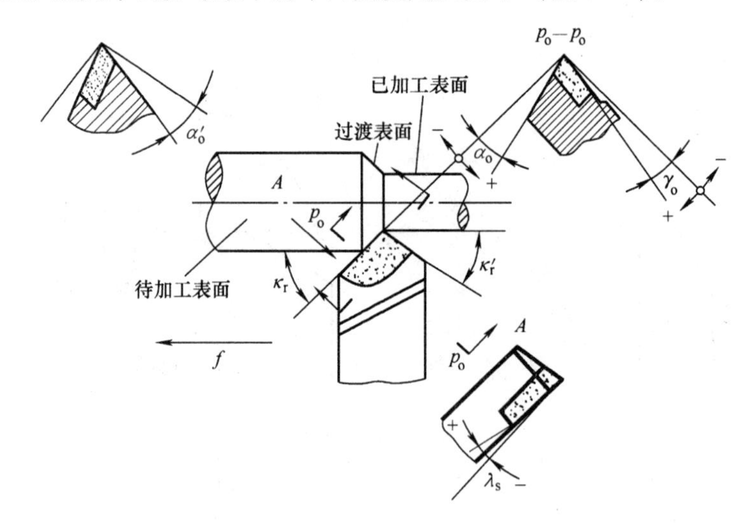

图 1-11 正交平面参考系中的车刀角度

（1）前角 γ_o　正交平面中测量的，前面与基面间的夹角。

（2）后角 α_o　正交平面中测量的，后面与切削平面间的夹角。

（3）主偏角 κ_r　基面中测量的，切削平面与假定工作平面间的夹角。

（4）副偏角 κ_r'　基面中测量的，副切削平面与假定工作平面间的夹角。

（5）刃倾角 λ_s　切削平面中测量的，主切削刃与基面间的夹角。

用上述四个角度就能确定车刀主切削刃及其前、后面的方位。其中，用 γ_o 和 λ_s 可确定前面的方位，用 α_o 和 κ_r 可确定后面的方位，用 κ_r 和 λ_s 可确定主切削刃的方位。

在法平面中测量的，前面与基面间的夹角称为法前角 γ_n，后面与切削平面间的夹角称为法后角 α_n。

在假定工作平面中测量的，前面与基面间的夹角称为侧前角 γ_f，后面与切削平面间的夹角称为侧后角 α_f；在背平面中测量的前面与基面间的夹角、后面与切削平面间的夹角分别称为背前角 γ_p 和背后角 α_p。

2. 车刀角度正、负的规定

如图 1-12a 所示，前面与基面平行时前角为0°；前面与切削平面间的夹角小于90°时，前角为正；夹角大于 90°时，前角为负。后面与基面间的夹角小于90°时，后角为正；大于90°时，后角为负。

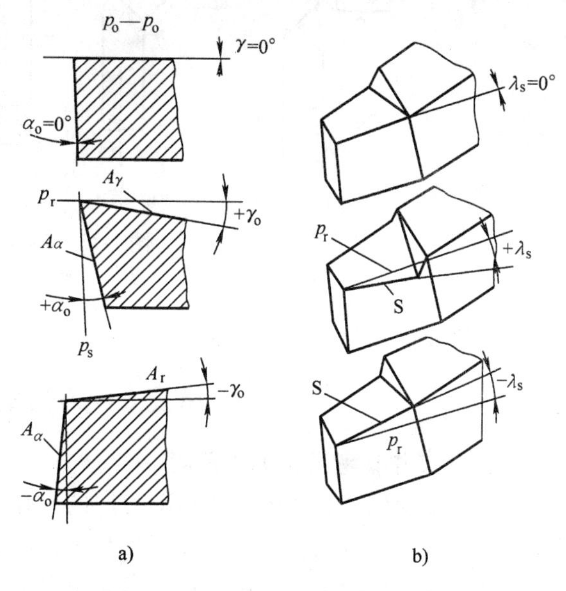

图 1-12　刀具角度正、负的规定

刃倾角是前面与基面在切削平面中的测量值，因此其正、负的判断方法与前角类似，如图 1-12b 所示。切削刃与基面平行时，刃倾角为零；刀尖相对于车刀的底平面处于最高点时，刃倾角为正；处于最低点时，刃倾角为负。

主偏角 κ_r 和副偏角 κ_r' 一般为正值。

单元 4　车刀角度的一面两角分析法

车刀设计图一般用正交平面参考系标注角度，它既能反映刀具的切削性能，又便于刃磨检测。刀具图取基面投影为主视图，背平面（外圆车刀）或假定工作平面（端面车刀）投影为侧视图，切削平面投影为向视图。同时作出主、副切削刃上的正交平面，标注必要的角度及刀柄尺寸。派生角度及非独立尺寸均不需要标注。视图间应符合投影关系，角度及尺寸应按选定比例绘制。

因为表示空间任意一个平面方位的定向角度只需两个，所以，判断车刀切削部分需要标注的独立角度数量可用一面两角分析法确定。即车刀需要标注的独立角度数量是刀面数量的 2 倍。

绘制车刀工作图时，首先应判断或假定车刀的进给运动方向，即确定哪条是主切削刃，哪条是副切削刃，然后确定基面、切削平面及正交平面内的标注角度。下面以直头外圆车刀和 45°弯头车刀为例进行分析。

1. 直头外圆车刀

直头外圆车刀由前面、后面和副后面组成，即有三个刀面，需要标注 6 个独立角度，包括前面定向角 γ_o、λ_s，后面定向角 α_o、κ_r 和副后面定向角 α_o'、κ_r'。

2. 45°弯头车刀

如图 1-13 所示，弯头车刀磨出四个刀面，三条切削刃，即主切削刃 12，副切削刃 23 或 14。其用途较广，可用于车外圆、车端面、车内孔或倒角。

45°弯头车刀需要标注的独立角度共有 8 个，包括主切削刃 12 前面的定向角 γ_o、λ_s，主切削刃 12 后面的定向角 α_o、κ_r，副切削刃 14 副后面的定向角 α_{o1}'、κ_{r1}' 和副切削刃23 副后

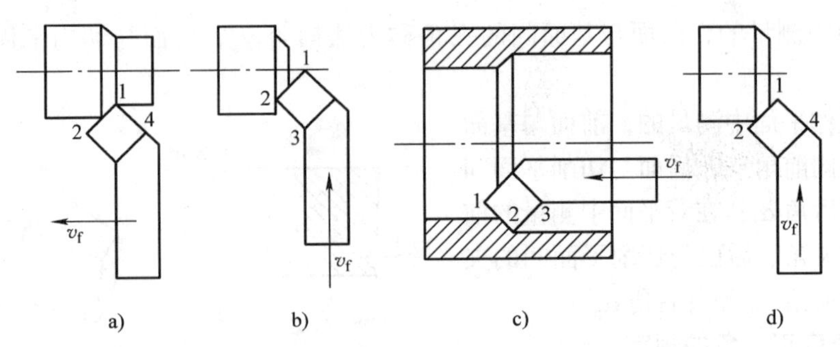

图 1-13　45°弯头车刀

a）车外圆　b）车端面　c）车内孔　d）倒角

面的定向角 α'_{o2}、κ'_{r2}。

单元 5　刀具的工作角度

1. 刀具工作参考系及工作角度

刀具的安装位置、切削合成运动方向的变化，都会引起刀具工作角度的变化。因此，研究切削过程中的刀具角度，必须以刀具与工件的相对位置和相对运动为基础建立参考系，这种参考系称为工作参考系。用工作参考系定义的刀具角度称为工作角度。这里只介绍最简单的工作正交平面参考系（p_{re}、p_{se}、p_{oe}）及其工作角度，如图 1-14 所示。

（1）工作基面 p_{re}　通过切削刃选定点并垂直于合成切削速度方向的平面。

（2）工作切削平面 p_{se}　通过切削刃选定点与切削刃相切，且垂直于工作基面的平面。

（3）工作正交平面 p_{oe}　通过切削刃选定点，同时垂直于工作切削平面与工作基面的平面。

（4）刀具工作角度　刀具工作角度的定义与标注角度类似，它是前面、后面、切削刃与工作参考系平面间的夹角。

2. 刀具安装对工作角度的影响

（1）刀柄偏斜对工作主、副偏角的影响　如图 1-15 所示，车刀随四方刀架逆时针转动 θ 角后，工作主偏角将增大，工作副偏角将减小；顺时针转动 θ 角则相反。工作主偏角和副偏角分别为

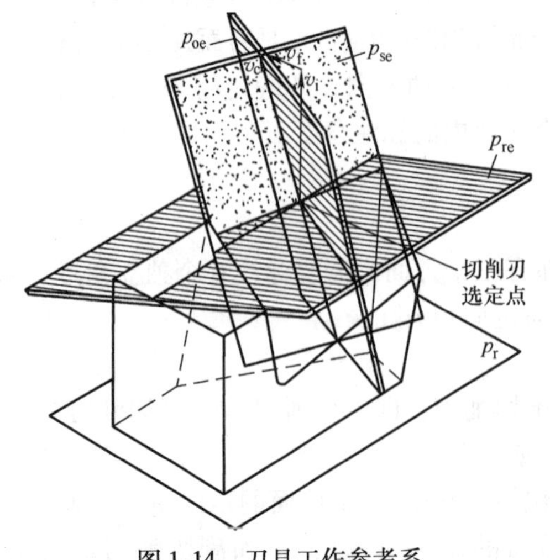

图 1-14　刀具工作参考系

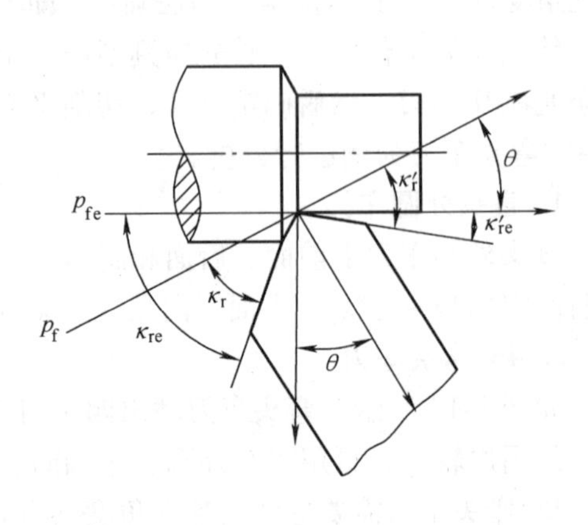

图 1-15　刀柄偏斜对工作主、副偏角的影响

$$\kappa_{re} = \kappa_r \pm \theta$$
$$\kappa'_{re} = \kappa'_r \mp \theta \tag{1-6}$$

（2）切削刃安装高低对工作前、后角的影响　如图 1-16 所示，当车刀切削刃选定点 A 高于工件中心 h 时，将引起工作前、后角的变化。不论是由刀具安装引起的，还是由刃倾角引起的，只要切削刃选定点不在中心高度上，A 点的切削速度方向就不与刀柄底面垂直。工作参考系平面 p_{se}、p_{re} 转动 ε 角，工作前角就增大 ε，工作后角就减小 ε。工作前、后角分别为

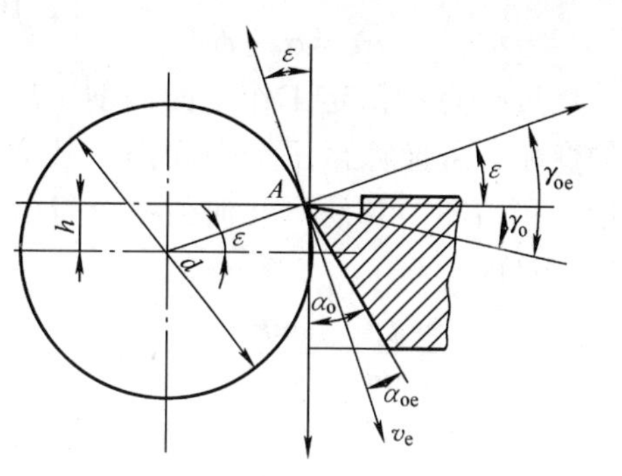

图 1-16　切断时切削刃高于工件中心对工作前、后角的影响

$$\sin\varepsilon = \frac{2h}{d}$$
$$\gamma_{oe} = \gamma_o + \varepsilon \tag{1-7}$$
$$\alpha_{oe} = \alpha_o - \varepsilon$$

式中　d——A 点处的工件直径。

同理，当切削刃选定点 A 低于工件中心时，将使工作前角减小、工作后角增大。

加工内表面时，主切削刃安装得高或低时，对工作角度的影响与加工外表面时相反。

3. 进给运动对工作角度的影响

（1）横向进给运动对工作前、后角的影响　图 1-17 所示为刀具切断工件时，其工作角度的变化。由切削速度 v_c 与进给速度 v_f 组成的合成速度 v_e 切于阿基米德螺旋面的过渡表面，其螺旋倾角为 μ。垂直于合成速度的工作基面 p_{re} 与静态基面 p_r 间的夹角为 μ，同样，包含 v_e 的工作切削平面 p_{se} 与静态切削平面 p_s 间的夹角也为 μ。于是，工作前角和工作后角分别为

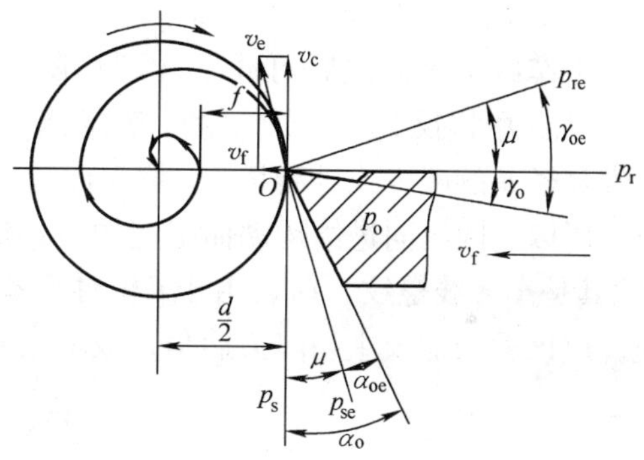

图 1-17　横向进给运动对工作前、后角的影响

$$\tan\mu = \frac{v_f}{v_c} = \frac{f}{\pi d}$$
$$\gamma_{oe} = \gamma_o + \mu \tag{1-8}$$
$$\alpha_{oe} = \alpha_o - \mu$$

当切削刃接近工件中心时，μ 越来越大，α_{oe} 会变成负值。这时，就不是在切削，而是在顶挤工件了。所以，切断时工件上总留下 1～2mm 的小圆柱，这正说明最后工件是被刀具后面顶断的。对于切槽和不切削到工件中心的车端面操作，由于 f 较小而 d 较大，所以工作角度的变化较小，可以忽略不计。

（2）纵向进给运动对工作前、后角的影响　纵向进给车外圆时，切削合成运动形成的加工表面为圆柱螺旋线，如图 1-18 所示。过主切削刃上选定点 A 的加工表面的螺纹升角为 ϕ。

$$\tan\phi = \frac{v_f}{v_c} = \frac{f}{\pi d} \tag{1-9}$$

由于在 p_f 平面中工作基面和工作切削平面倾斜了 ϕ 角，所以在 p_f 平面中后角减少了 ϕ，

前角增加了 ϕ。

$$\gamma_{fe} = \gamma_f + \phi$$
$$\alpha_{fe} = \alpha_f - \phi \qquad (1\text{-}10)$$

过 A 点的假定工作平面内前、后角的变化，可换算至正交平面内，其变化量 τ_o 可由图 1-18所示几何关系求得（设 $\lambda_s = 0°$）

$$\tan\tau_o = \frac{f_o}{\pi d} = \frac{f\sin\kappa_r}{\pi d} = \tan\phi\sin\kappa_r \qquad (1\text{-}11)$$

选定点 A 处的工作前角 γ_{oe} 和工作后角 α_{oe} 分别为

$$\gamma_{oe} = \gamma_o + \tau_o$$
$$\alpha_{oe} = \alpha_o - \tau_o \qquad (1\text{-}12)$$

由上列各式可知，在纵向走刀车削中，主切削刃的工作前角比标注前角增大，工作后角比标注后角减小（副切削刃情况刚好相反）。其变化量随选定点工件直径 d 的减少或进给量 f 的增大而增加。在纵车外圆时，由于工件进给量相对于直径很小，所以，因纵向进给运动而引起的刀具角度变化也很小，往往可以忽略不计。但在车螺纹（尤其是车多线螺纹）时，由于 f 相对于 d 较大，纵向进给运动对刀具角度的影响就不容忽视，应该适当加大主切削刃后角，或者采用斜刀垫使刀具后面偏离工件过渡表面。

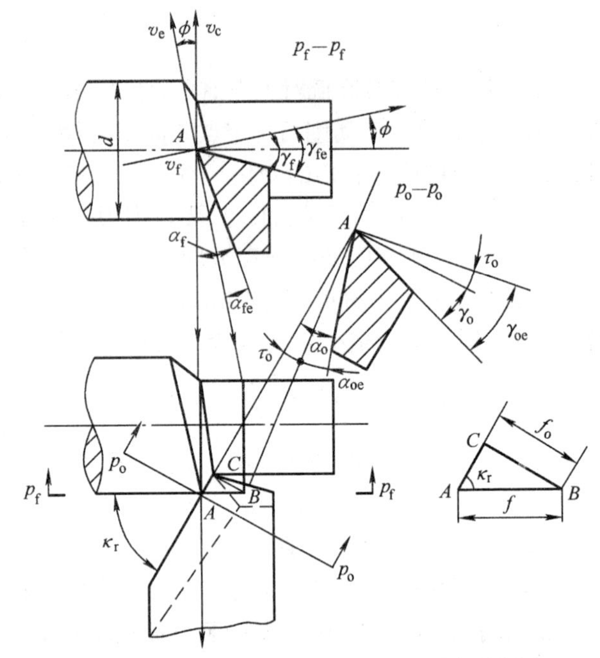

图 1-18　纵向进给运动对工作前、后角的影响

单元 6　切削层参数

切削层为由切削部分的一个单一动作（或指切削部分切过工件的一个单程，或指只产生一圈过渡表面的动作）所切除的工件材料层。

切削层的形状、尺寸直接影响着切削过程的变形、刀具承受的负荷以及刀具的磨损。为简化计算，切削层的形状、尺寸规定在刀具基面中度量，如图 1-19所示。它们的定义与符号如下。

1. 切削层公称厚度 h_D

简称切削厚度，是垂直于过渡表面度量的切削层尺寸，其公式为

$$h_D = f\sin\kappa_r \qquad (1\text{-}13)$$

2. 切削层公称宽度 b_D

简称切削宽度，是平行于过渡表面度量的切削层尺寸，其公式为

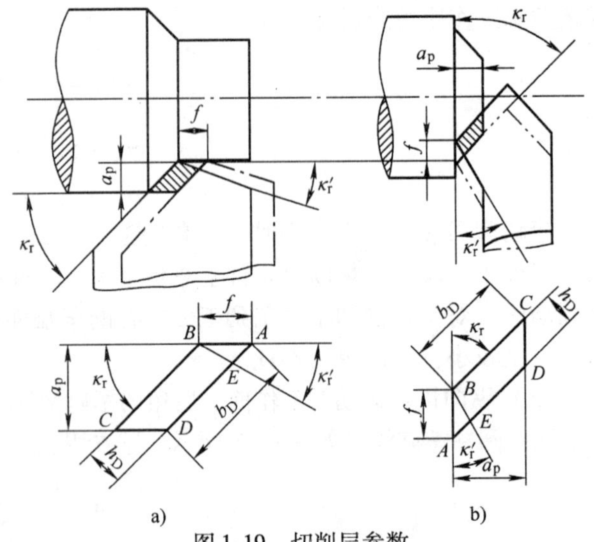

图 1-19　切削层参数
a）车外圆　b）车端面

$$b_D = \frac{a_p}{\sin\kappa_r} \tag{1-14}$$

3. 切削层公称横截面积 A_D

简称切削层横截面积，是在切削层尺寸平面中度量的横截面积，其公式为

$$A_D = h_D b_D = a_p f \tag{1-15}$$

由以上公式可知：切削厚度与切削宽度随主偏角的大小而变化。当 $\kappa_r = 90°$时，$h_D = f$，$b_D = a_p$。A_D 只与切削用量 a_p、f 有关，不受主偏角的影响。切削层横截面的形状则与主偏角、刀尖圆弧半径的大小有关。随主偏角的减小，切削厚度将减小，而切削宽度将增大。

按式（1-15）计算得到的 A_D 为公称横截面积，即▱*ABCD* 的面积，而实际切削横截面积为图 1-19 中的四边形 *EBCD* 的面积 A，即

$$A = A_D - \Delta A$$

式中　ΔA——残留面积，即三角形 *ABE* 的面积，它直接影响已加工表面的表面粗糙度。

模块 4　刀 具 材 料

单元 1　刀具材料应具备的性能

在切削过程中，刀具和工件直接接触的切削部分要承受极大的切削力，尤其是切削刃及紧邻的前、后面长期处在切削高温环境中，并且切削中的各种不均匀、不稳定因素，还将对刀具切削部分造成不同程度的冲击和振动。如切削钢材时，切屑对前面的挤压应力高达 2～3MPa；高速切削钢材时，切屑与前面接触区的温度常保持在 800～900℃，中心区甚至超过 1000℃。为了适应如此繁重的切削负荷和恶劣的工作条件，刀具材料应具备以下几方面性能。

1. 足够的硬度和耐磨性

硬度是刀具材料应具备的基本性能。刀具硬度应高于工件材料的硬度，常温硬度一般需在 60HRC 以上。

耐磨性是指材料抵抗磨损的能力，它与材料硬度、强度和组织结构有关。材料硬度越高，耐磨性越好；组织中碳化物和氮化物等硬质点的硬度越高、颗粒越小、数量越多且分布越均匀，则耐磨性越好。

2. 足够的强度与韧性

切削时，刀具要承受较大的切削力、冲击和振动，为避免崩刃和折断，刀具材料应具有足够的强度和韧性。材料的强度和韧性通常用抗弯强度和冲击韧度表示。

3. 较高的耐热性和化学稳定性

耐热性是指刀具材料在高温下保持足够的硬度、耐磨性、强度和韧性、抗氧化性、抗粘结性和抗扩散性的能力（也称热稳定性）。通常把材料在高温下仍保持高硬度的能力称为热硬性（也称高温硬度），它是刀具材料保持切削性能的必要条件。刀具材料的高温硬度越高，耐热性越好，允许的切削速度就越高。刀具材料的化学稳定性好，则刀具材料在高温下不易与周围介质发生化学反应，刀具的磨损小。

4. 较好的工艺性和经济性

为了便于刀具加工制造，刀具材料要有良好的工艺性能，如热轧、锻造、焊接、热处理

和机械加工等性能。刀具材料的选用应立足于本国资源，注意经济效果，力求价格低廉。

应当指出，上述一些性能之间可能相互矛盾（如硬度高的刀具材料，其强度和韧性较低），没有一种刀具材料能具备所有性能的最佳指标，而是各有所长。所以在选择刀具材料时应根据实际需要合理选用。

单元2　刀具材料的分类、性能及应用

刀具材料可分为工具钢（包括碳素工具钢、合金工具钢、高速工具钢）、硬质合金、陶瓷和超硬材料（包括金刚石、立方氮化硼等）四大类。一般机械加工中使用最多的是高速工具钢与硬质合金。

各类刀具材料的主要物理力学性能见表1-1。

表1-1　各类刀具材料的主要物理力学性能

材料种类		硬度 HRC(HRA)	抗弯强度/GPa	冲击韧度/(MJ/cm²)	热导率/[W/(m·K)]	耐热性/℃
工具钢	碳素工具钢	60~65 (81.2~84)	2.16	—	≈41.87	200~250
	合金工具钢	60~65 (81.2~84)	2.35	—	≈41.87	300~400
	高速工具钢	63~70 (83~86.6)	1.96~4.41	0.098~0.588	16.75~25.1	600~700
硬质合金	钨钴类	(89~91.5)	1.08~2.16	0.019~0.059	75.4~87.9	800
	钨钛钴类	(89~92.5)	0.882~1.37	0.0029~0.0068	20.9~62.8	900
	含有碳化钽、铌类	(≈92)	≈1.47	—	—	1000~1100
	碳化钛基类	(92~93.3)	0.78~1.08	—	—	1000
陶瓷	氧化铝陶瓷	(91~95)	0.44~0.686	0.0049~0.0117	4.19~20.93	1200
	氧化铝碳化物混合陶瓷		0.71~0.88			1100
超硬材料	立方氮化硼	8000~9000HV	≈0.294	—	75.55	1400~1500
	人造金刚石	10000HV	0.21~0.48		146.54	700~800

国家标准GB/T 2075—2007（《切削加工用硬切削材料的分类和用途　大组和用途小组的分类代号》）依照不同的被加工工件材料，对硬质合金、陶瓷、金刚石和氮化硼等硬切削材料规定了分类、用途和代号。

（1）P类（P01~P50，识别颜色为蓝色）　成分为5%~40%的TiC+微量的Ta(Nb)C,其余为WC+Co，主要用于加工除不锈钢外所有带奥氏体结构的钢和铸钢。国产有YT、YC、SC类合金。

（2）M类（M01~M40，识别颜色为黄色）　成分为5%~10%的TiC+微量的Ta(Nb)C,其余为WC+Co，主要用于加工不锈钢。国产有YW、YM类合金。

（3）K类（K01~K40，识别颜色为红色）　成分为WC+2%~10%的Co，个别牌号添加2%的Ta(Nb)C,主要用于加工铸铁、非铁金属或非金属材料。国产有YG、YD类合金。

（4）N类（N01~N30，识别颜色为绿色）　主要用于加工非铁金属，如铝合金、非金属的纤维强化型塑料。PCD被列为N类合金。可超高速切削（v_c=100~1000m/min）塑料，高速切削（v_c=200~1200m/min）铝合金。

（5）S类（S01~S30，识别颜色为褐色）　主要用于加工高温合金及耐热材料。包含

PVD 涂层合金及超细颗粒硬质合金，CBN 及氮碳化硼也可归于此类。

(6) H 类（H01～H30，识别颜色为灰色）　主要用于加工淬火钢和冷硬铸铁。通常 PCBN 也被列为 H 类合金，可用于高速切削（v_c=150～400m/min）高硬度的工件（40～65HRC）。

1. 高速工具钢

高速工具钢是富含 W、Cr、Mo、V 等合金元素的高合金工具钢，热处理后硬度一般为 62～66HRC，耐热性为 600～700℃，抗弯强度 σ_{bb}=1.96～4.41GPa，制造工艺性好，能锻造，易磨成锋利切削刃。到目前为止，高速工具钢仍是世界各国制造复杂、精密和成形刀具的基本材料，是应用最广泛的刀具材料之一。高速工具钢在工厂中常被称为白钢或锋钢。

高速工具钢按切削性能可分为普通高速工具钢、高性能高速工具钢和粉末冶金高速工具钢。常用高速工具钢的种类、牌号和力学性能见表 1-2。

表 1-2　常用高速工具钢的种类、牌号及力学性能

钢号		牌号	硬度 HRC			抗弯强度 /GPa	冲击韧度 /（MJ/m²）
			常温	500℃	600℃		
普通高速工具钢		W18Cr4V	63～66	56	48.5	2.94～3.33	0.172～0.331
		W6Mo5Cr4V2	64～66	55～56	47～48	3.43～3.92	0.294～0.392
高性能高速工具钢	高钒	W6Mo5Cr4V3	65～67	—	51.7	≈3.136	≈0.245
	含钴	W6Mo5Cr4V2Co8	66～68	—	54	≈2.92	≈0.294
		W2Mo9Cr4VCo8	67～70	60	55	2.65～3.72	0.225～0.294
	含铝	W6Mo5Cr4V2Al	67～69	60	55	2.84～3.82	0.225～0.294

(1) 普通高速工具钢　普通高速工具钢的特点是工艺性能好，具有较高的硬度、强度、耐磨性和韧性，可用于制造各种刃形复杂的刀具。切削普通钢料时的切削速度通常不高于 40～60m/min。

普通高速工具钢又分为钨系高速工具钢和钨钼系高速工具钢两类。

1）钨系高速工具钢。这类高速工具钢的典型牌号为 W18Cr4V，其碳的质量分数为 0.73%～0.83%，W、Cr、V 的质量分数分别为 17.2%～18.7%、3.8%～4.5%和 1%～1.2%。此类高速工具钢的综合性能较好，可制造各种复杂刃形刀具。

2）钨钼系高速工具钢。它是以 Mo 代替部分 W 发展起来的一种高速工具钢，典型牌号是 W6Mo5Cr4V2，其碳的质量分数为 0.8%～0.9%，W、Mo、Cr、V 的质量分数分别为 5.9%～6.7%、4.5%～5.5%、3.8%～4.4%和 1.75%～2.2%。与 W18Cr4V 相比，这种高速工具钢的碳化物含量相应减少，而且颗粒细小、分布均匀，因此抗弯强度、塑性、韧性和耐磨性都略有提高，适于制造尺寸较大、承受冲击力较大的刀具（如滚刀、插刀）；又因 Mo 的存在，使其热塑性非常好，故特别适于轧制或扭制钻头等热成形刀具。其主要缺点是磨削性略低于 W18Cr4V。

(2) 高性能高速工具钢　高性能高速工具钢是在普通高速工具钢成分中再添加一些 C、V、Co、Al 等合金元素，以进一步提高钢的耐热性能和耐磨性。这类高速工具钢刀具的使用寿命为普通高速工具钢的 1.5～3 倍，适合加工不锈钢、耐热钢、钛合金及高强度钢等难加工材料。这种高速工具钢的种类很多，下面主要介绍两种。

1）钴高速工具钢（W2Mo9Cr4VCo8）。这是一种含 Co 超硬高速工具钢，常温硬度达 67～69HRC，具有良好的综合性能。Co 能提高高温硬度，相应地提高了切削速度，因 V 含量不高，所以耐磨性良好。钴高速工具钢在国外应用较多，我国由于钴储量少，故使用不多。

2）铝高速工具钢（W6Mo5Cr4V2Al）。铝高速工具钢是我国研制的无钴高速工具钢，是在W6Mo5Cr4V2的基础上增加铝、碳的含量，以提高钢的耐热性和耐磨性，并使其强度和韧性不降低。国产W6Mo5Cr4V2Al的性能已接近国外的W2Mo9Cr4VCo8，因不含钴，故生产成本较低，已在我国推广使用。

（3）粉末冶金高速工具钢　粉末冶金高速工具钢是将熔炼的高速工具钢液用高压惰性气体（氩气或纯氮气）雾化成细小粉末，将粉末在高温高压下制成刀坯，或在压制成钢坯后经轧制（或锻造）成形的一种刀具材料。

与熔炼高速工具钢相比，由于其碳化物细小、分布均匀、热处理变形小，因此粉末冶金高速工具钢不仅耐磨性好，其磨削性也得到了显著改善。粉末冶金高速工具钢适于制造切削难加工材料的刀具，特别适于制造各种精密刀具和形状复杂的刀具。

2. 硬质合金

硬质合金是将一些难熔的、高硬度的合金碳化物的微米数量级粉末与金属粘结剂按粉末冶金工艺制成的刀具材料。常用的合金碳化物有WC、TiC、TaC、NbC等，常用的粘结剂有Co、Mo、Ni等。合金碳化物是硬质合金的主要成分，具有硬度高、熔点高和化学稳定性好等特点。因此，硬质合金的硬度、耐磨性和耐热性均超过高速工具钢，在切削温度达800～1000℃时仍能进行切削，且切削速度与高速工具钢相比可提高4～10倍。其缺点是抗弯强度低，为W18Cr4V的1/4～1/2；冲击韧性差，为WI8Cr4V的1/4～1/3；由于硬质合金的常温硬度很高，除磨削外，很难采用切削加工的方法制造出复杂的形状结构，故可加工性差。硬质合金的性能取决于化学成分、碳化物粉末粗细及其烧结工艺。碳化物含量增加时，硬度提高、抗弯强度降低，适于粗加工；粘结剂含量增加时，抗弯强度提高，硬度降低，适于精加工。

GB/T 18376.1—2008（《硬质合金牌号　第1部分：切削工具用硬质合金牌号》）规定了切削工具用硬质合金（以下简称硬质合金）牌号的分类及表示规则、各组别的要求及作业条件推荐等。

各类硬质合金为满足不同的使用要求，并根据其耐磨性和韧性的不同，分成若干个组，用01、10、20……等两位数字表示组号。必要时，可在两个组号之间插入一个补充组号，用05、15、25……等表示。

硬质合金牌号由类别代码、分组号和细分号（需要时使用）组成，例如：

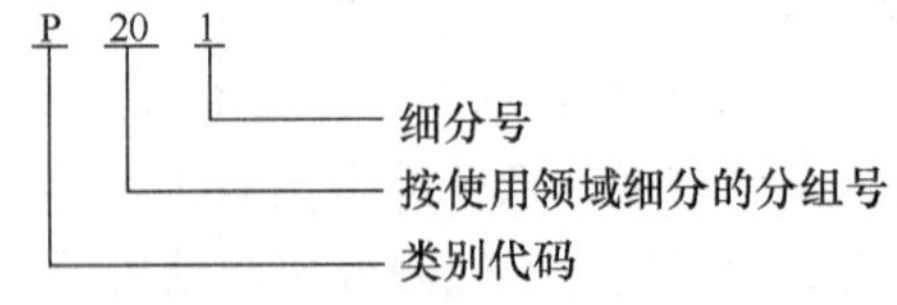

硬质合金作业条件推荐见表1-3。

表1-3　硬质合金作业条件

组别	作业条件		性能提高方向	
	被加工材料	适应的加工条件	切削性能	合金性能
P01	钢、铸钢	高切削速度、小切屑截面，无振动条件下的精车、精镗	↑切削速度　进给量↓	↑耐磨性　韧性↓
P10	钢、铸钢	高切削速度，中、小切屑截面条件下的车削、仿形车削、车螺纹和铣削		

（续）

组别	作业条件		性能提高方向	
	被加工材料	适应的加工条件	切削性能	合金性能
P20	钢、铸钢、长切屑可锻铸铁	中等切削速度、中等切屑截面条件下的车削、仿形车削和铣削，小切屑截面的刨削	↑切削速度　进给量↓	↑耐磨性　韧性↓
P30	钢、铸钢、长切屑可锻铸铁	中或低等切削速度、中等或大切屑截面条件下的车削、铣削、刨削和不利条件下的加工		
P40	钢、含砂眼和气孔的铸钢铁	低切削速度、大切屑角、大切屑截面以及不利条件下的车、刨削、切槽和自动机床上加工		
M01	不锈钢、铁素体钢、铸钢	高切削速度、小载荷、无振动条件下的精车、精镗	↑切削速度　进给量↓	↑耐磨性　韧性↓
M10	不锈钢、铸钢、锰钢、合金钢、合金铸铁、可锻铸铁	中和高等切削速度，中、小切屑截面条件下的车削		
M20	不锈钢、铸钢、锰钢、合金钢、合金铸铁、可锻铸铁	中等切削速度、中等切屑截面条件下的车削、铣削		
M30	不锈钢、铸钢、锰钢、合金钢、合金铸铁、可锻铸铁	中和高等切削速度、中等或大切屑截面条件下的车削、铣削、刨削		
M40	不锈钢、铸钢、锰钢、合金钢、合金铸铁、可锻铸铁	车削、切断、强力铣削加工		
K01	铸铁、冷硬铸铁、短切屑可锻铸铁	车削、精车、铣削、镗削、刮削	↑切削速度　进给量↓	↑耐磨性　韧性↓
K10	布氏硬度高于220的铸铁、短切屑的可锻铸铁	车削、铣削、镗削、刮削、拉削		
K20	布氏硬度低于220的灰铸铁、短切屑的可锻铸铁	中等切削速度、轻载荷粗加工、半精加工的车削、铣削、镗削等		
K30	铸铁、短切屑的可锻铸铁	不利条件下可能采用大切削角的车削、铣削、刨削、切槽加工，对刀片的韧性有一定的要求		
K40	铸铁、短切屑的可锻铸铁	不利条件下的粗加工，采用较低的切削速度，大的进给量		
N01	非铁金属、塑料、木材、玻璃	高切削速度下，非铁金属（铝、铜、镁）和非金属材料（塑料、木材等）的精加工	↑切削速度　进给量↓	↑耐磨性　韧性↓
N10		较高切削速度下，非铁金属（铝、铜、镁）和非金属材料（塑料、木材等）的精加工或半精加工		
N20	非铁金属、塑料	中等切削速度下，非铁金属（铝、铜、镁）、塑料等的半精加工或粗加工		
N30		中等切削速度下，非铁金属（铝、铜、镁）、塑料等的粗加工		
S01	耐热和优质合金：含镍、钴、钛的各类合金材料	中等切削速度下，耐热钢和钛合金的精加工	↑切削速度　进给量↓	↑耐磨性　韧性↓
S10		低切削速度下，耐热钢和钛合金的半精加工或粗加工		
S20		较低切削速度下，耐热钢和钛合金的半精加工或粗加工		
S30		较低切削速度下，耐热钢和钛合金的断续切削，适用于半精加工或粗加工		
H01	淬硬钢、冷硬铸铁	低切削速度下，淬硬钢、冷硬铸铁的连续轻载精加工	↑切削速度　进给量↓	↑耐磨性　韧性↓
H10		低切削速度下，淬硬钢、冷硬铸铁的连续轻载精加工、半精加工		
H20		较低切削速度下，淬硬钢、冷硬铸铁的连续轻载半精加工、粗加工		
H30		较低切削速度下，淬硬钢、冷硬铸铁的半精加工、粗加工		

3. 涂层刀具

涂层刀具是在韧性和强度较高的硬质合金或高速工具钢的基体上，采用化学气相沉积（CVD）、物理化学气相沉积（PVD）和真空溅射等方法，涂覆一薄层（5～12μm）颗粒极细的耐磨、难熔、耐氧化的硬化物（TiC、TiN、TiCN、Al_2O_3、TiN-TiC、TiC-Al_2O_3、TiAlN等）后获得的新型刀具。这种刀具具有高的硬度和耐磨性、高的化学稳定性、高的抗粘结性能，低的摩擦因数，较好地解决了刀具上存在的硬度和强度、韧性之间的矛盾，是切削刀具发展的一次革命。目前，工业发达国家涂层刀具的使用量已占所用刀具的 80% 以上，CNC 机床上使用的切削刃具有 90% 以上是涂层刀具。

4. 陶瓷刀具

陶瓷刀具是以氧化铝（Al_2O_3）或氮化硅（Si_3N_4）为基体，添加少量金属，在高温下烧结而成的一种刀具材料。主要特点是：

（1）高硬度与高耐磨性　常温硬度达 91～95HRA，超过硬质合金，可切削 60HRC 以上的硬材料。

（2）高耐热性　1200℃下的硬度为 80HRA，强度、韧性降低较少。

（3）高化学稳定性　高温下仍有较好的抗氧化、抗粘结性能，热磨损较少。

（4）较低的摩擦因数　切屑不易粘刀，不易产生积屑瘤。

（5）强度与韧性低　强度只有硬质合金的 1/2，抗冲击性差，易崩刃与破损。

（6）热导率低　仅为硬质合金的 1/5～1/2，而热膨胀系数却比硬质合金高 10%～30%，所以抗热冲击性能较差，切削时一般不加切削液。

陶瓷刀具一般适合在高速下精细加工硬材料，如在 v_c = 200m/min 的条件下车削淬火钢。

5. 超硬刀具材料

（1）金刚石　金刚石是碳的同素异形体，是目前自然界中最硬的物质，其显微硬度达 10000HV。

金刚石刀具有三种：天然单晶金刚石刀具、人造聚晶金刚石刀具和金刚石复合刀片。天然金刚石（即钻石）由于价格昂贵、各向异性等原因，应用很少。人造金刚石是在高温、高压和其他条件的配合下由石墨转化而成，其晶面各向同性，可制成所需要的形状尺寸，镶嵌或焊在刀柄上使用。金刚石复合刀片是在硬质合金基体上烧结一层厚度约为 0.5mm 的金刚石，形成金刚石与硬质合金的复合刀片。

金刚石刀具有很好的耐磨性，可用于加工硬质合金、陶瓷和高铝硅合金等高硬度、高耐磨材料，刀具寿命比硬质合金提高几倍甚至几百倍；金刚石有非常锋利的切削刃，能切下极薄的切屑，加工冷硬现象较少；金刚石抗粘结能力强，不产生积屑瘤，很适于精密加工。但其耐热性差，切削温度不得超过 700～800℃；强度低、脆性大，对振动很敏感，只适宜微量切削；与铁的亲和力很强，不适于加工钢铁材料。金刚石目前主要用于磨具及磨料，作为刀具多在高速下对非铁金属及非金属材料进行精细切削。

（2）立方氮化硼　立方氮化硼（CBN）是由六方氮化硼在高温、高压下加入催化剂转变而成的，是 20 世纪 70 年代出现的新材料，硬度高达 8000～9000HV，仅次于金刚石，耐热性却比金刚石好得多，在高于 1300℃时仍可切削；且立方氮化硼的化学惰性大，与铁系材料在 1200～1300℃的高温下也不易起化学作用。但在高温（1000℃以上）时易与水产生化学反应，适合于干切削。因此，立方氮化硼作为一种新型超硬磨料和刀具材料，用于加工钢铁材料，特别是加工高温合金、淬火钢和冷硬铸铁等难加工材料，可实现“以车代磨”，从而可大幅度提高加工效率，具有非常广阔的发展前途。

模块5　车刀结构

单元1　车刀的类型

车刀是在车床上使用的刀具，它是应用最广的一种刀具。车刀按用途可分为外圆车刀、端面车刀、仿形车刀、切断（槽）车刀、螺纹车刀和内孔车刀等，如图1-20所示；按结构可分为整体式车刀、焊接式车刀、机夹可重磨式车刀和可转位式车刀，如图1-21所示。

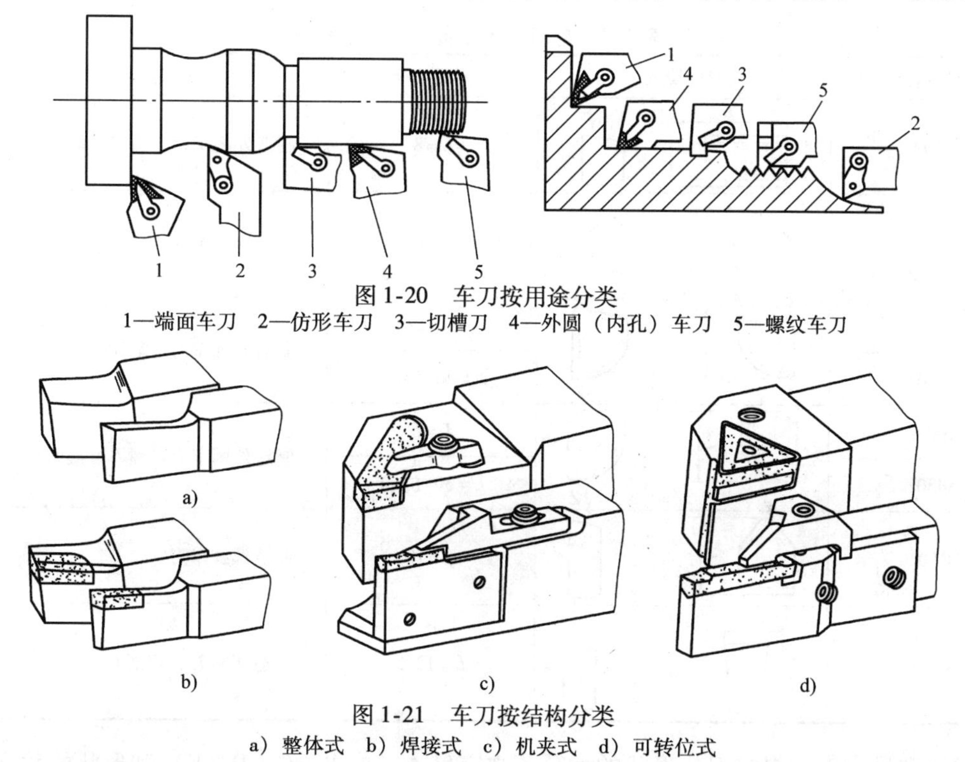

图1-20　车刀按用途分类

1—端面车刀　2—仿形车刀　3—切槽刀　4—外圆（内孔）车刀　5—螺纹车刀

图1-21　车刀按结构分类

a）整体式　b）焊接式　c）机夹式　d）可转位式

（1）整体式车刀　整体高速工具钢制造，易磨成锋利的切削刃，刀具刚性好。适用于小型车刀和加工非铁金属车刀。

（2）焊接式车刀　结构简单、紧凑，制造方便，使用灵活。适用于各类车刀，特别是小刀具。

（3）机夹可重磨式车刀　避免了焊接缺点，刀柄可重复利用，使用灵活方便。适用于大型车刀、螺纹车刀和切断车刀。

（4）可转位式车刀　避免了焊接缺点，刀片转位更换迅速，生产率高，断屑稳定。适用于各类车刀，特别是数控车床。

单元2　焊接式车刀

焊接式车刀是由一定形状的刀片和刀柄通过钎焊连接而成的。刀片一般选用各种不同牌号的硬质合金材料，刀柄一般选用45钢。刀柄横截面形状有矩形、正方形和圆形三种，一般选用矩形。刀柄高度按机床中心高度选择，当刀柄高度尺寸受到限制时，可加宽为正方形，以提高其刚性。刀柄的长度一般为其高度的6倍。切断车刀工作部分的长度须大于工件的半径。内孔车刀的刀柄，其工作部分的横截面一般为圆形，长度大于工件孔深。焊接式车刀的质量与刀片牌号、刀片形式、刀槽形式、刀片在刀槽中的位置、刀具几何参数、焊接工艺和刃磨质量等有密切关系。

1. 硬质合金焊接刀片的选择

焊接式车刀的硬质合金刀片型号已标准化（YS/T 79—2006《硬质合金焊接刀片》），常用硬质合金刀片的型号见表1-4。

表1-4 常用硬质合金刀片的型号

型号示例	刀片简图	主要尺寸/mm	主要用途
A108		$L=8$	制造外圆车刀、镗刀、切槽刀
A208		$L=8$	制造端面车刀、镗刀
A225Z		$L=25$（左）	
A312		$L=12$	制造外圆车刀、端面车刀
A340Z		$L=40$（左）	
A406		$L=6$	制造外圆车刀、镗刀、端面车刀
A430Z		$L=30$（左）	
C110		$L=10$	制造螺纹车刀
C312		$L=12.5$	制造切断刀、切槽刀

刀片型号由表示焊接刀片形状的大写英文字母A（或B、C、D、E）和形状的数字代号1（或2、3、4、5），加长度参数的两位整数（不足两位时前面加“0”填位）组成。当焊接刀片长度参数相同，其他参数如宽度、厚度不同时，则在后两位数字后再加一字母A或B，以示区别。若为左切刀片，则在型号末尾标以字母“Z”；右切刀片末尾不标代号。

示例：

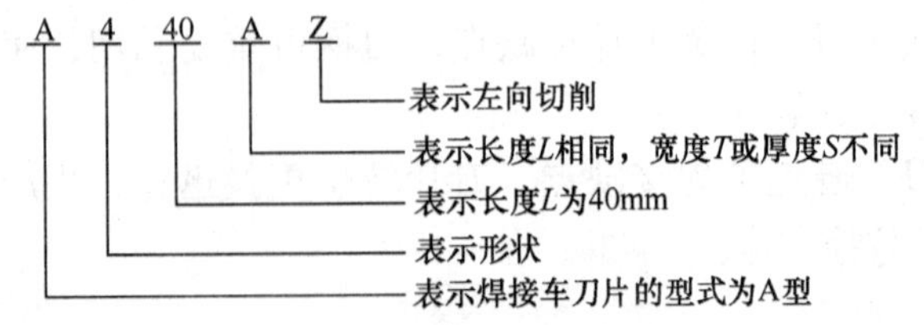

刀片形状主要根据车刀用途和主、副偏角的大小来选择，刀片长度一般为切削刃工作长度的1.6～2倍，切槽刀的宽度可按经验公式$B=0.6\sqrt{d}$（d为工件直径）估算。刀片厚度要

根据切削力的大小来确定。工件材料的强度高、切削层面积大时，刀片厚度应选大些。

2. 刀槽的选择

焊接式车刀的刀槽有开口槽（通槽）、半封闭槽（半通槽）、封闭槽和切口槽四种，如图 1-22 所示。

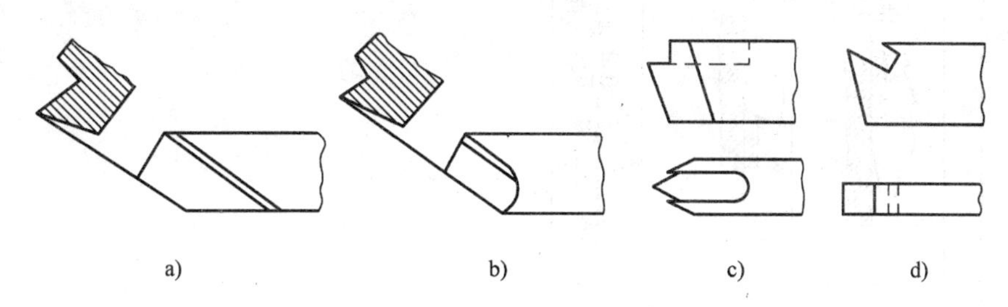

图 1-22　刀槽的形式
a）开口槽　b）半封闭槽　c）封闭槽　d）切口槽

（1）开口槽　制造简单，焊接面积最小，刀片内应力小，适用于 A1 型刀片。

（2）半封闭槽　刀片焊接面积大，焊接牢固。适用于 A2、A3、A4 等带圆弧刀片。

（3）封闭槽和切口槽　刀片焊接面积最大，焊接牢固；焊接后刀片内应力大，易产生裂纹。适用于 C1、C3 等底面积相对较小的刀片。

刀槽的尺寸可通过计算求得，通常可按刀片配制。为了便于刃磨，要使刀片露出刀槽 0.5～1mm。一般取刀槽前角 $\gamma_{og}=\gamma_o-(5°\sim10°)$，以减少刃磨前面的工作量；一般取刀柄后角 $\alpha_{og}=\alpha_o+(2°\sim4°)$，以便于刃磨刀片，提高刃磨质量，如图 1-23 所示。

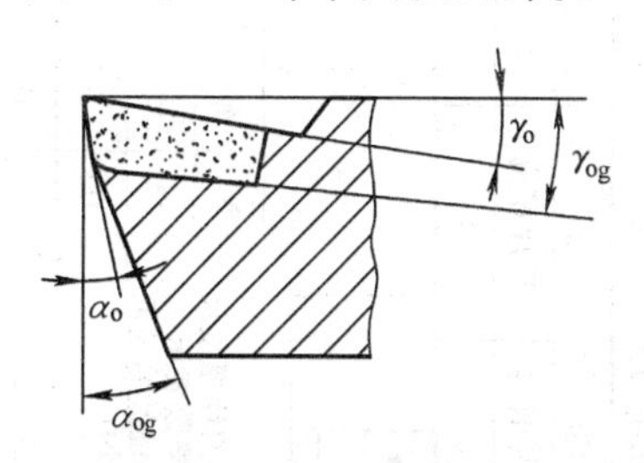

图 1-23　刀片在刀槽中的安放位置

单元 3　可转位车刀

1. 可转位车刀的组成

可转位车刀是用机械夹固方法，将可转位刀片夹紧在刀柄上的车刀。图 1-24 所示为可转位车刀的组成。刀片 2、刀垫 3 套装在夹紧元件 4 上，并由夹紧元件 4 将刀片压向支承面而夹紧。车刀的前、后角是靠刀片在刀槽中安装后得到的。当一条切削刃用钝后，可迅速转位到另一条切削刃继续工作，直到刀片上所有的切削刃都用钝，刀片才报废回收。更换新刀片后，车刀又可以继续工作。

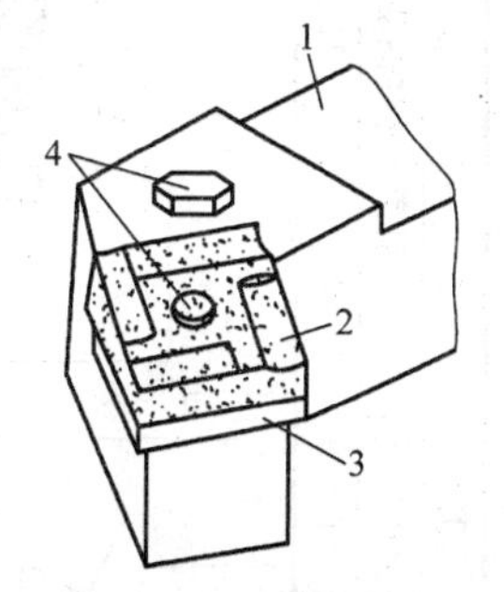

图 1-24　可转位车刀的组成
1—刀柄　2—刀片
3—刀垫　4—夹紧元件

2. 可转位车刀刀片的标记与选择

可转位刀片是可转位刀具的切削部分，也是可转位刀具最关键的零件。如果型号中不加前缀，即指装有硬质合金可转位刀片的可转位刀具，其他材料的必须加前缀，如陶瓷可转位车刀。国家标准 GB/T 2076—2007《切削刀具用可转位刀片型号表示规则》对可转位刀片的形状、尺寸、精度、结构等进行了详细规定，用 9 个代号表示刀片的尺寸及其他特征，见表 1-5。

表1-5　可转位车刀刀片代号

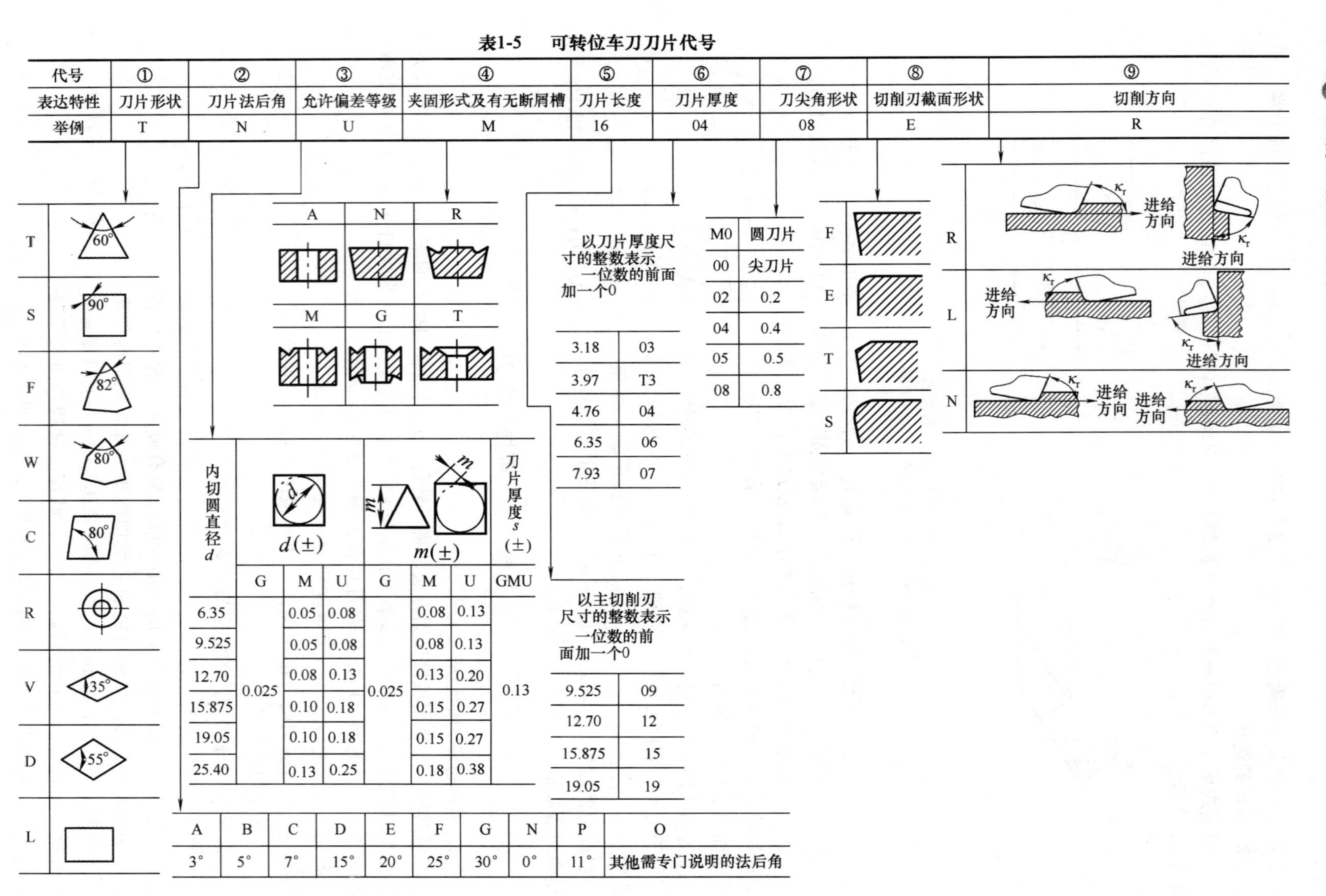

代号	①	②	③	④	⑤	⑥	⑦	⑧	⑨
表达特性	刀片形状	刀片法后角	允许偏差等级	夹固形式及有无断屑槽	刀片长度	刀片厚度	刀尖角形状	切削刃截面形状	切削方向
举例	T	N	U	M	16	04	08	E	R

① 刀片形状：T（60°）、S（90°）、F（82°）、W（80°）、C（80°）、R、V（35°）、D（55°）、L

② 刀片法后角：

A	B	C	D	E	F	G	N	P	O
3°	5°	7°	15°	20°	25°	30°	0°	11°	其他需专门说明的法后角

③ 允许偏差等级：

内切圆直径 d	$d(\pm)$ G	$d(\pm)$ M	$d(\pm)$ U	$m(\pm)$ G	$m(\pm)$ M	$m(\pm)$ U	刀片厚度 s $(\pm)$ GMU
6.35	0.025	0.05	0.08	0.025	0.08	0.13	0.13
9.525		0.05	0.08		0.08	0.13	
12.70		0.08	0.13		0.13	0.20	
15.875		0.10	0.18		0.15	0.27	
19.05		0.10	0.18		0.15	0.27	
25.40		0.13	0.25		0.18	0.38	

④ 夹固形式及有无断屑槽：A、N、R、M、G、T

⑤ 刀片长度：以主切削刃尺寸的整数表示一位数的前面加一个0

9.525	09
12.70	12
15.875	15
19.05	19

⑥ 刀片厚度：以刀片厚度尺寸的整数表示一位数的前面加一个0

3.18	03
3.97	T3
4.76	04
6.35	06
7.93	07

⑦ 刀尖角形状：

M0	圆刀片
00	尖刀片
02	0.2
04	0.4
05	0.5
08	0.8

⑧ 切削刃截面形状：F、E、T、S

⑨ 切削方向：R、L、N

1）代号①（字母）表示刀片形状。如S表示正方形，D表示55°菱形。刀片形状主要根据加工工件廓形与刀具总寿命来选择。边数多的刀片刀尖角大，耐冲击，并且切削刃多，因而寿命高；但切削刃短，车削时背向力较大，易引起振动。在机床、工件刚度足够的情况下，粗加工时应尽量采用刀尖角较大的刀片；反之，选择刀尖角较小的刀片。

2）代号②（字母）表示刀片法后角。通常刀具法后角靠刀片安装倾斜形成。N型刀片的法后角为0°，一般用于粗车、半精车和大尺寸孔加工；B（5°）、C（7°）、P（11°）型刀片一般用于半精车、精车、仿形加工和孔加工；加工铸铁、硬钢可用N型；加工不锈钢可用C、P型；加工铝合金可用P、E型等；加工弹性恢复性好的材料可选用较大一些的法后角。

如果所有的切削刃都用来作主切削刃，不管法后角是否相同，均用较长一段切削刃的法后角来选择法后角表示代号，这段较长的切削刃也作为主切削刃来表示刀片长度。

3）代号③（字母）表示刀片主要尺寸允许偏差等级。共有12种精度等级（A、F、C、H、E、G、J、K、L、M、N、U），其中A级最高，U级最低。卧式车床粗车、半精车选U级；对刀尖位置要求较高或数控车床用的刀片选M级；要求更高时选G级。

4）代号④（字母）表示夹固形式及有无断屑槽。如N为无固定孔、无断屑槽平面型；A表示刀片中间有圆形固定孔、无断屑槽；M表示刀片中间有圆形固定孔、单面有断屑槽；G表示刀片中间有圆形固定孔、双面有断屑槽。

刀片夹固形式的选择实际上就是对车刀刀片夹紧结构的选择。

5）代号⑤（数字）表示刀片长度。采用公制单位时，用舍去小数部分的刀片主切削刃或较长边的长度值表示。如果舍去小数部分后只剩下一位数字，则必须在数字前加“0”。例如，切削刃长度为9.525mm的正方形刀片用09表示。刀片廓形的基本参数用内切圆直径d表示，刀片的长度可由内切圆直径及刀尖角计算得出。粗车时，可取刀片长度$L=(1.5\sim2)\ b_D$；精车时，可取$L=(3\sim4)\ b_D$（b_D为切削宽度）。

6）代号⑥（数字）表示刀片厚度。刀片厚度（s）是指刀尖切削面与对应的刀片支撑面之间的距离。采用公制单位时，用舍去小数部分的刀片厚度值表示。如果舍去小数部分后只剩下一位数字，则必须在数字前加“0”。例如，刀片厚度3.18mm表示为03。当刀片厚度的整数值相同，而小数值部分不同时，将小数部分大的刀片代号用“T”代替0，以示区别，如刀片厚度3.97mm的代号为T3。刀片厚度的选择主要考虑刀片强度，在满足强度和切削顺利进行的前提下，应尽量取小厚度刀片。

7）代号⑦（字母或数字）表示刀尖角形状。

① 若刀尖角为圆角，则采用公制单位时，用按0.1mm为单位测量得到的圆弧半径值表示；如果数值小于10，则在数字前加“0”。例如，刀尖圆弧半径0.8mm的代号为08。如果刀尖角不是圆角，则表示代号为00。

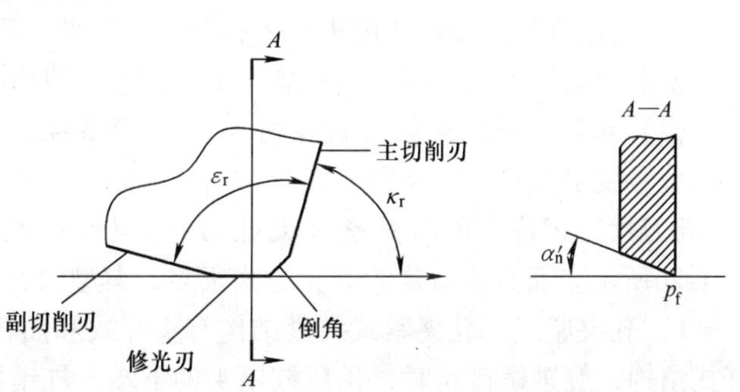

图1-25　刀片具有修光刃示意图

② 若刀片具有修光刃（图1-25），则用下列字母表示主偏

角 κ_r 的大小：A—45°，D—60°，E—75°，F—85°，P—90°，Z—其他角度；用下列字母表示修光刃法后角 α'_n 的大小：A—3°，B—5°，C—7°，D—15°，E—20°，F—25°，G—30°，N—0°，P—11°，Z—其他角度。

③ 圆形刀片采用公制单位时，用“M0”表示。刀尖形状根据加工表面粗糙度和工艺系统刚度来选择，表面粗糙度值小、工艺系统刚度较好时，可选择较大的刀尖圆弧半径。

8）代号⑧（字母）表示切削刃截面形状。包括 F（尖锐切削刃）、E（倒圆切削刃）、T（倒棱切削刃）、S（既倒棱又倒圆切削刃）、Q（双倒棱切削刃）和 P（既双倒棱又倒圆切削刃）六种。车削用的刀片基本上是倒圆切削刃 E 型，其倒圆半径 $r_n=0.03\sim0.08$mm；涂层刀片的倒圆半径 $r_n\leqslant0.05$mm，精车时选小值，粗车时选较大值。

9）代号⑨（字母）表示切削方向。其中，R—右切，L—左切，N—双向。

国家标准规定，任何型号的刀片都必须具有前 7 个代号，后两个代号⑧和⑨在需要时添加。

除标准代号外，制造商可以用补充代号⑩表示一个或两个刀片特征，以更好地描述其产品。通常用一个字母和一个数字表示刀片断屑槽的形式和宽度（如 C2），或者用两个字母分别表示断屑槽的形式和加工性质（如 CF 表示 C 型断屑槽、精加工用；CR 表示 C 型断屑槽、粗加工用；CM 表示 C 型断屑槽、半精加工用）。断屑槽的形式和尺寸是可转位刀片各参数中最活跃的因素。该代号应用短横线“ - ”与标准代号隔开，并不得使用⑧、⑨位已用过的代号（F、E、T、S、Q、P、R、L、N）。当第⑧、⑨位只使用其中一位时，则写在第⑧位上，且中间不需空格。

例如，可转位刀片 SNUM150408ER-A2，代表正方形刀片，0°法后角，允许偏差等级为 U 级，带孔单面断屑槽，切削刃长度为 15.875mm，刀片厚度为 4.76mm，刀尖圆弧半径为 0.8mm，倒圆切削刃，右切，A 型断屑槽宽 2mm。

3. 可转位车刀刀片的夹紧方式

（1）可转位车刀刀片夹紧应满足的要求

1）定位精度高。刀片转位或更换新刀片后，刀尖位置的变化应在工件精度允许的范围内。

2）刀片夹紧可靠。夹紧元件应将刀片推向定位面，应保证刀片、刀垫、刀柄接触面紧密贴合，经得起冲击和振动，但夹紧力也不宜过大，应力分布应均匀，以免压碎刀片。

3）排屑通畅。刀片前面最好无障碍，以保证切屑排出流畅，并容易观察。特别是对于内孔车刀，最好不用上压式，以防止切屑缠绕划伤已加工表面。

4）使用方便。转换切削刃和更换新刀片方便、迅速，小尺寸刀具结构要紧凑。在满足以上要求的条件下，结构应尽可能简单，制造和使用应方便。

（2）可转位刀片夹紧方式及特点　GB/T 5343.1—2007《可转位车刀及刀夹　第 1 部分：型号表示规则》将夹紧方式归结为 4 种方式：孔夹紧（有孔刀片）（P）、顶面和孔夹紧（有孔刀片）（M）、顶面夹紧（无孔刀片）（C）和螺钉通孔夹紧（有孔刀片）（S），如图 1-26所示。而具体刀片的夹紧方式很多，典型的夹紧方式有以下几种：

1）孔夹紧式。孔夹紧式夹紧结构有直杆式和曲杆式两种结构形式。图 1-27a 所示为直杆式结构，旋进螺钉 6 时，顶压杠销 4 的下端，杠销以中部鼓形柱面为支点倾斜，借上端的鼓形柱面将刀片压向刀槽两定位侧面并紧固。刀垫 3 用弹簧套 5 定位，松开刀片时，刀垫借

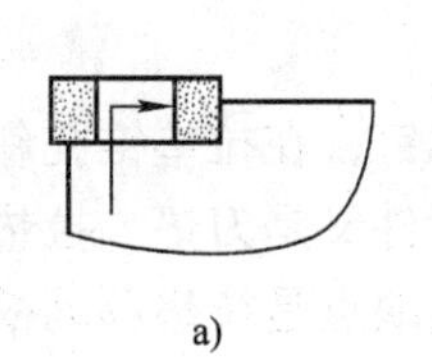

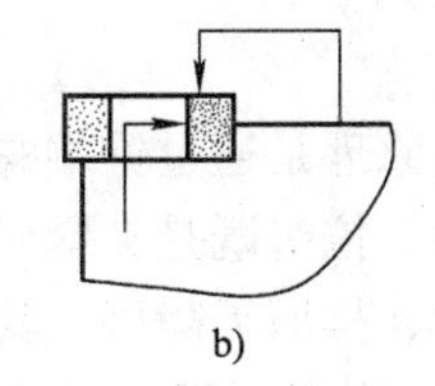

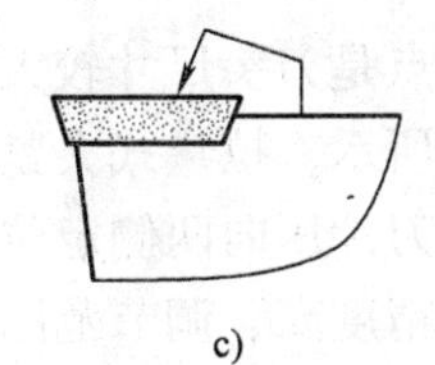

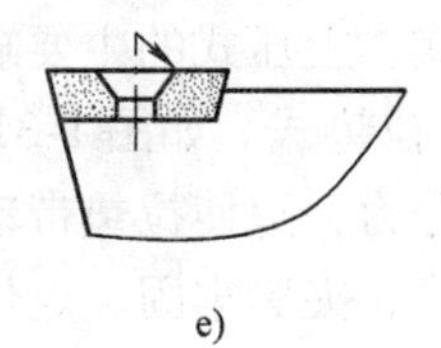

图 1-26　刀片夹紧方式

a）孔夹紧式(P)　b）顶面和孔夹紧式(M)　c）顶面夹紧式(C)　d）螺钉通孔夹紧式(S)

弹簧套的张力保持原来位置而不会松脱。图 1-27b 所示也是直杆式结构，所不同的是它靠螺钉锥体部分推压杠销下端。图 1-27c 所示为曲杆式结构，刀片 2 由曲杆 4 通过螺钉 8 夹紧，曲杆以其拐角凸部为支点摆动，弹簧 7 在松开螺钉 8 后反弹曲杆，起松开刀片的作用，弹簧套 5 制成半圆柱形，刀垫 3 靠弹簧套的张力定位在刀槽中。弹簧套的内壁与曲杆之间有较大间隙，便于曲杆在其中摆动。这种曲杆式夹紧结构是靠刀片两个侧面定位的，所以定位精度较高，刀片受力方向较为合理，夹紧可靠，刀头尺寸小，刀片装卸灵活，使用方便，是一种应用较多的夹紧形式。其缺点是结构复杂，制造较困难。

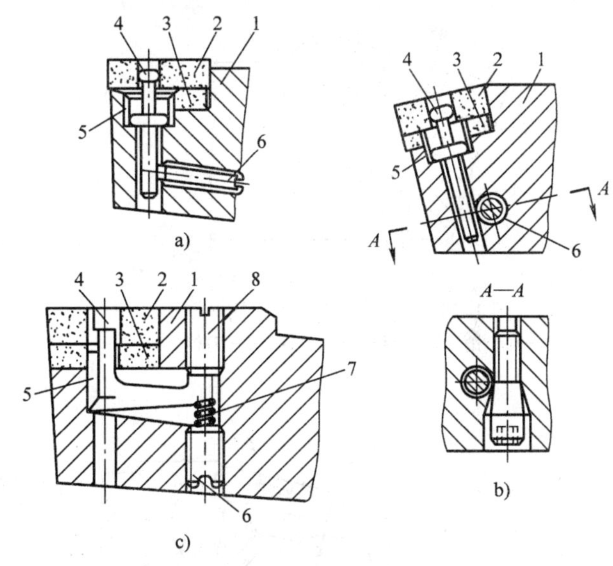

图 1-27　孔夹紧式夹紧结构

a)、b）直杆式　c）曲杆式

1—刀柄　2—刀片　3—刀垫　4—杠销（曲杆）

5—弹簧套　6、8—螺钉　7—弹簧

2）楔销式。如图 1-28 所示，刀片由销轴在孔中定位，楔块下压时把刀片推压在圆柱销上。松开螺钉时，弹簧垫圈自动抬起楔块。这种结构的夹紧力大，使用简单方便；但定位精度较低，且夹紧时刀片受力不均。

3）偏心销式。图 1-29 所示为偏心销式夹紧结构，它以螺钉为转轴，螺钉上端为偏心圆柱销，偏心量为 e。转动螺钉时，偏心销就可以夹紧或松开刀片，也可以用圆柱形转轴代替螺钉。但偏心螺钉销利用了螺纹的自锁性能，增加了防松性能。这种夹紧结构简单，使用方便；其主要缺点是很难保证双边的夹紧力均衡，当要求利用刀槽两个侧面定位夹固刀片时，要求转轴的转角公差极小，这在一般制造精度下是很难达到的，因此实际上往往是单边夹紧，在冲击和振动下刀片容易松动。这种结构适用于连续平稳的切削。

图 1-28　楔销式夹紧结构

1—刀垫　2—刀片　3—销轴

4—楔块　5—螺钉　6—弹簧垫圈

4）上压式。上述三种夹紧结构仅适用于带孔的刀片，对于不带孔的刀片，特别是带后角的刀片，则需采用上压式结构（图 1-30）。这种结构的夹紧力大，稳定可靠，装夹方便，制造容易。对于带孔刀片，也可采用销轴定位和上压式夹紧的组合方式。上压式的主要缺点是刀头尺寸较大。

5）拉垫式。如图1-31所示，拉垫式夹紧的原理是通过锥端螺钉，在拉垫锥孔斜面上产生一个分力，迫使拉垫带动刀片压向两侧定位面。拉垫既是夹紧元件又是刀垫。拉垫式结构简单紧凑、夹紧牢固、定位精度高、调节范围大、排屑无障碍。其缺点是拉垫移动槽不宜过长，一般为3～5mm，否则将使定位侧面的强度和刚度下降；另外，刀头刚度较弱，不宜用于粗加工。

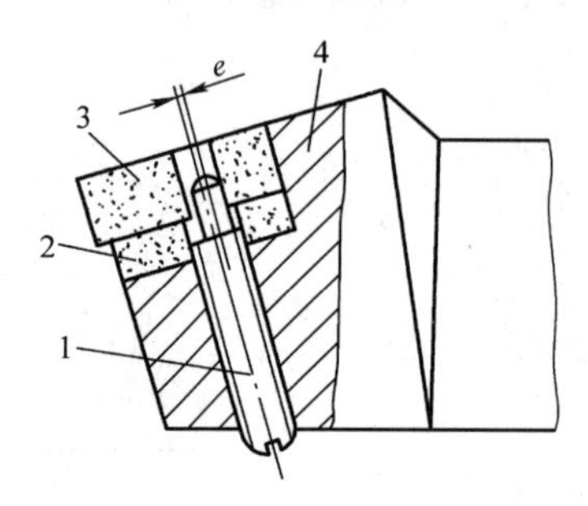

图1-29 偏心销式夹紧结构
1—偏心销 2—刀垫 3—刀片 4—刀柄

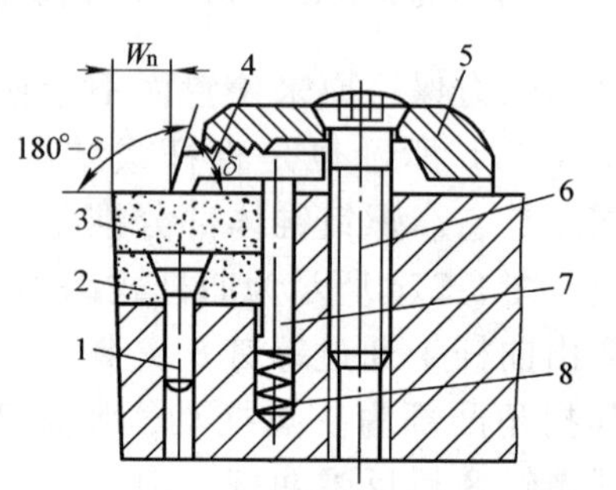

图1-30 上压式夹紧结构
1—销轴 2—刀垫 3—刀片 4—压板
5—锥孔压板 6—螺钉 7—支钉 8—弹簧

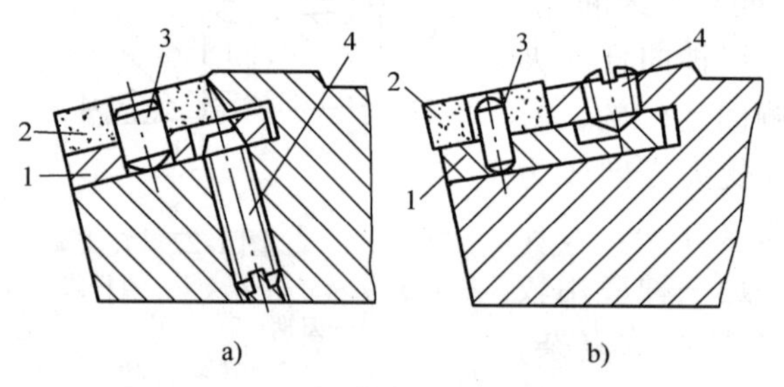

图1-31 拉垫式夹紧结构
1—拉垫 2—刀片 3—销轴 4—锥端螺钉

6）压孔式。如图1-32所示，用沉头螺钉直接紧固刀片，此结构紧凑，制造工艺简单，夹紧可靠。刀头尺寸可做得较小，其定位精度由刀柄定位面保证，适用于对容屑空间及刀具头部尺寸有要求的情况，如内孔车刀常采用此种结构。

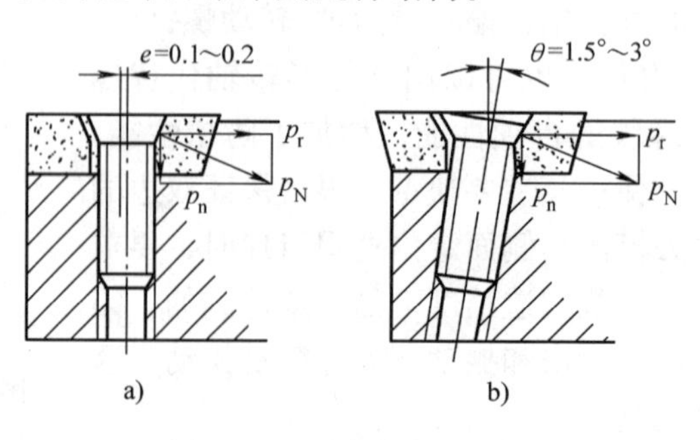

图1-32 压孔式夹紧结构

4. 可转位车刀几何角度的确定

可转位车刀的几何角度是由刀片角度与刀槽角度综合形成的，如图1-33所示。

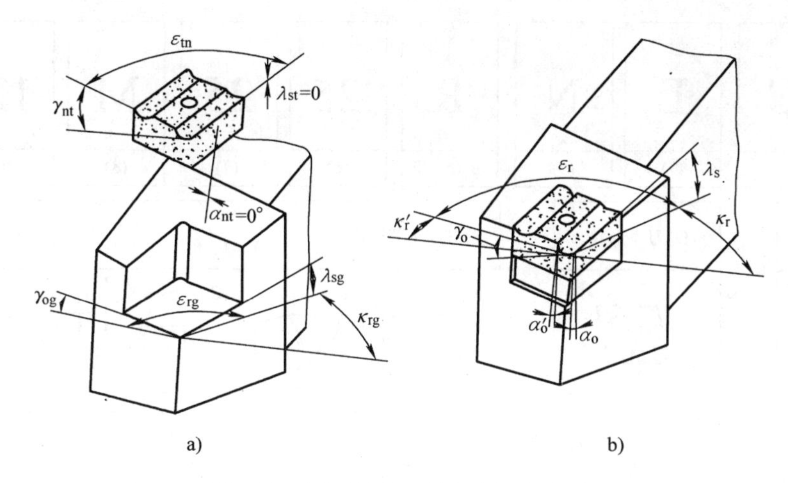

图 1-33　可转位车刀几何角度的形成

刀片角度是以刀片底面为基准度量的，安装到车刀上相当于法平面参考系角度。刀片的独立角度有刀片法前角 γ_{nt}、刀片法后角 α_{nt}、刀片刃倾角 λ_{st} 和刀片刀尖角 ε_{tn}。常用刀片的 $\alpha_{nt}=0°$、$\lambda_{st}=0°$。

刀槽角度以刀柄底面为基面度量，相当于正交平面参考系角度。刀槽的独立角度有刀槽前角 γ_{og}、刀槽刃倾角 λ_{sg}、刀槽主偏角 κ_{rg} 和刀槽刀尖角 ε_{rg}。通常刀柄设计成 $\varepsilon_{rg}=\varepsilon_r$，$\kappa_{rg}=\kappa_r$。

选用可转位车刀时，需按选定的刀片角度及刀槽角度来验算刀具几何参数的合理性。验算公式如下

$$\gamma_o \approx \gamma_{og}+\gamma_{nt} \tag{1-16}$$

$$\alpha_o \approx \alpha_{nt}-\gamma_{og} \tag{1-17}$$

$$\kappa_r \approx \kappa_{rg} \tag{1-18}$$

$$\lambda_s \approx \lambda_{sg} \tag{1-19}$$

$$\kappa_r' \approx 180°-\kappa_r-\varepsilon_r \tag{1-20}$$

$$\tan\alpha_o' \approx \tan\gamma_{og}\cos\varepsilon_r-\tan\lambda_{sg}\sin\varepsilon_r \tag{1-21}$$

例如，选用的刀片参数为 $\alpha_{nt}=0°$、$\lambda_{st}=0°$、$\gamma_{nt}=20°$、$\varepsilon_{tn}=60°$，选用的刀槽参数为 $\gamma_{og}=-6°$、$\lambda_{sg}=0°$、$\kappa_{rg}=90°$、$\varepsilon_{rg}=60°$，则刀具的几何角度为 $\kappa_r=90°$、$\lambda_s=0°$、$\gamma_o\approx14°$、$\alpha_o\approx6°$、$\kappa_r'=30°$、$\alpha_o'\approx2°12'$。

5. 可转位车刀的标记及选择

可转位车刀品种规格已标准化，GB/T 5343.2—2007《可转位车刀及刀夹　第 2 部分：可转位车刀型式尺寸和技术条件》对外圆和端面车刀的结构、参数及选配刀片等作出了规定，如图 1-34 所示。其他如可转位式螺纹车刀、可转位式切断（槽）刀的结构、参数及选配刀片等可参照有关制造企业的标准。选用者可按其用途选择可转位车刀的结构和品种，按机床中心高或刀架尺寸选择相应的尺寸规格。

需要特别指出的是，选择可转位外圆车刀的形式与主、副偏角时，除了要遵循刀具主、副偏角的选择原则外，还要考虑工件轮廓的形状。很多情况下，刀具的主、副偏角取决于工件轮廓的形状。例如车阶梯轴时，$\kappa_r\geqslant90°$；车削轮廓时，要确保后面和副后面不与工件轮廓发生干涉，否则将无法得到所需的工件轮廓。

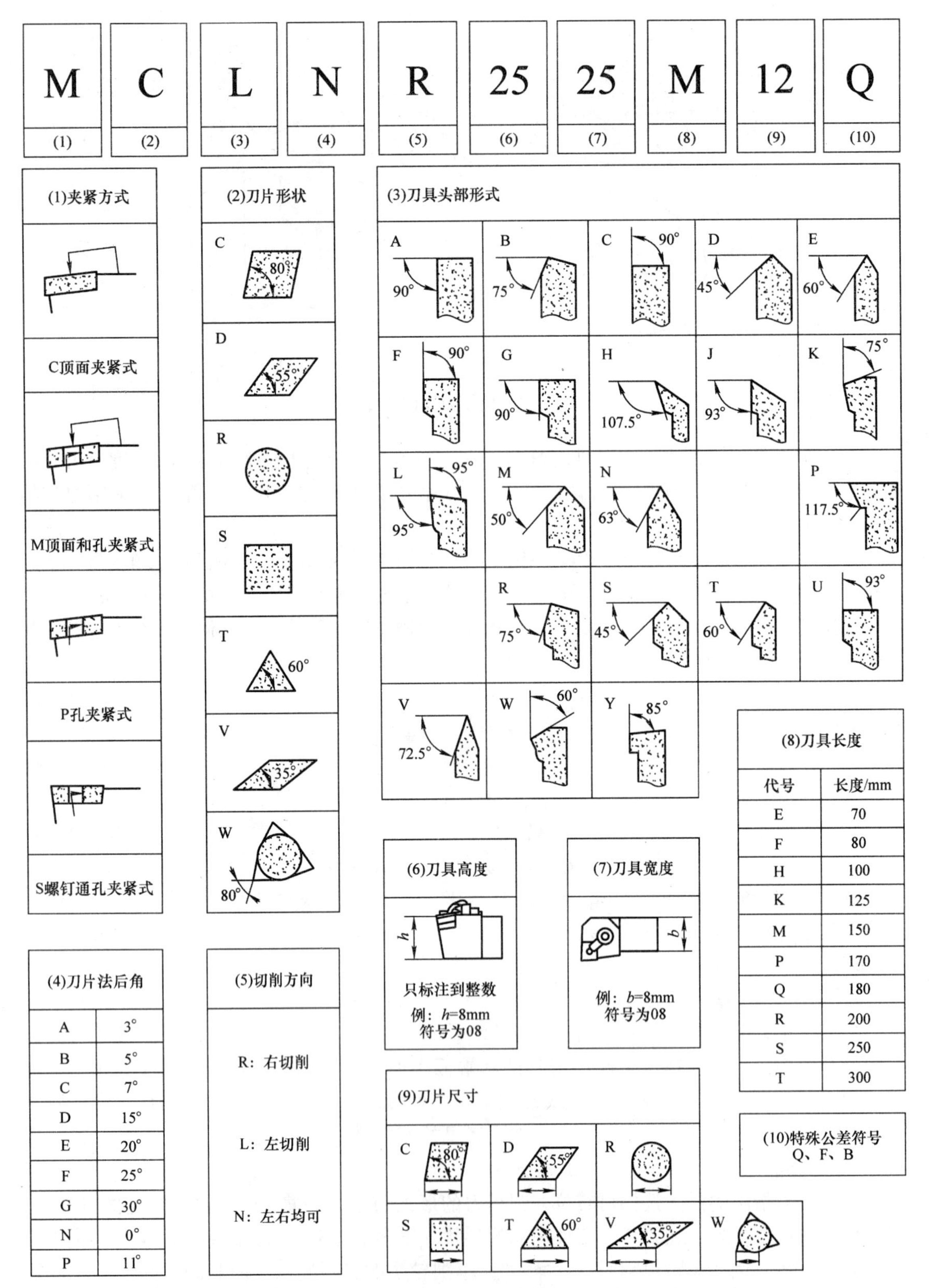

图 1-34　可转位式外圆、端面车刀的型号表示规则

注：第10位自编号是制造商根据需要增加的编码。

螺钉通孔夹紧式内孔车刀的结构简单、配件少，切屑流动比较通畅。为防止后面与内孔表面产生摩擦、挤压，一般应采用带一定后角的刀片。

模块6　车刀的刃磨

车刀用钝后必须刃磨，以恢复其合理的形状和角度。车刀是在砂轮机上刃磨的，刃磨高速工具钢车刀时，使用刚玉砂轮（一般为白色）；刃磨硬质合金车刀时，使用碳化硅砂轮（一般为绿色）。刃磨的顺序和姿势如图1-35所示。

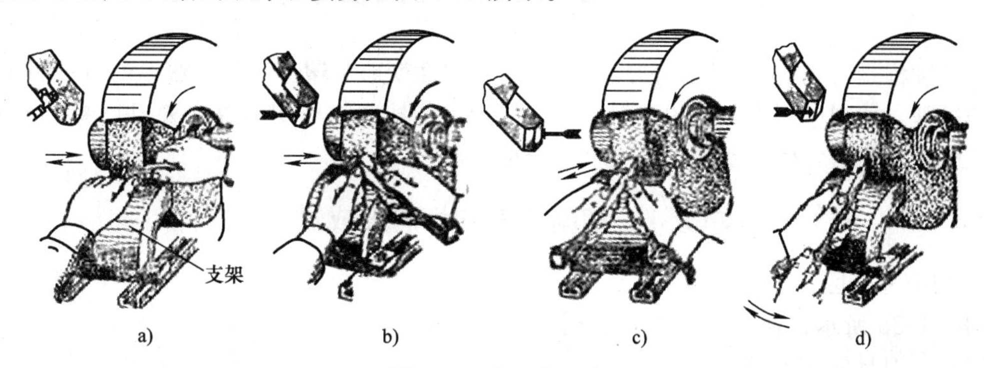

图1-35　车刀的刃磨

a）刃磨前面　b）刃磨副后面　c）刃磨后面　d）刃磨刀尖过渡刃

1. 刃磨前面

1）刀柄尾部下倾。

2）按前角大小倾斜前面。

3）使切削刃与刀柄底面平行或倾斜一定角度。

4）将前面自下而上慢慢接触砂轮。

2. 刃磨副后面

1）按副偏角大小，将刀柄向右偏斜。

2）按副后角大小，将刀头向上翘。

3）将副后面自下而上慢慢接触砂轮。

3. 刃磨后面

1）按主偏角大小，将刀柄向左偏斜。

2）按后角大小，将刀头向上翘。

3）将后面自下而上慢慢接触砂轮。

4. 刃磨刀尖过渡刃

1）刀尖上翘，使过渡刃处有后角。

2）左右移动或摆动刃磨。

车刀在砂轮机上刃磨后，还要用油石加全损耗系统用油将各面磨光，以延长车刀寿命和降低工件的表面粗糙度值。

5. 刃磨车刀时的注意事项

1）刃磨时，两手握稳车刀，使刀柄靠住支架，并使刃磨面轻贴砂轮。切勿用力过猛，以免挤碎砂轮，造成事故。

2）应将刃磨的车刀在砂轮圆周面上左右移动，以使砂轮磨耗均匀，不出沟槽。应避免在砂轮两侧面用力粗磨车刀，以致砂轮受力偏摆、跳动，甚至破碎。

3）刀头磨热时，应立即蘸水冷却，以免刀头因温度升高而软化。但刃磨硬质合金车刀时，不应蘸水，以免产生裂纹。

4）不要站在砂轮的正面，以防砂轮破碎时伤及操作者。

模块 7　金属切削过程的基本规律

切削过程是刀具前面挤压切削层，使之产生弹性变形和塑性变形，然后被刀具切离形成切屑的过程。切削过程中产生的切削变形、切削力、切削热与切削温度和刀具磨损等现象，对加工表面的质量、生产率和生产成本有着重要影响。

单元 1　切削变形和切屑形成过程

1. 切削变形区

如图 1-36 所示，在切削金属材料时，切削层受到刀具前面的挤压，出现了三个具有不同变形特点的区域：

（1）第Ⅰ变形区　始滑移面 *OA* 与终滑移面 *OM* 之间塑性变形区域。在切削力的作用下，切削层材料移近 *OA* 面，产生弹性变形；进入 *OA* 面后产生塑性变形，亦即 *OA* 面上剪应力τ达到材料的剪切屈服极限τ_s而发生剪切滑移。继续移动，剪切滑移量和剪应力逐渐增大。到达 *OM* 面时，剪应力最大，超过材料的剪切强度极限τ_b，剪切滑移结束，切削层被刀具切离，形成了切屑。此变形区是产生塑性变形和剪切滑移的区域，所以也叫剪切区。

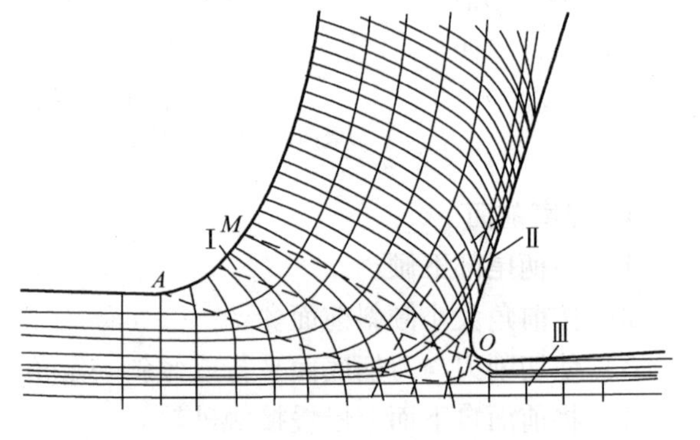

图 1-36　金属切削过程中三个变形区示意图

（2）第Ⅱ变形区　与刀具前面接触的切屑底层内产生塑性变形的区域。切屑在刀具前面流出时，受到前面的挤压和摩擦作用，使靠近前面处的金属纤维化，其方向基本上和前面平行。此变形区的变形是造成前面磨损和产生积屑瘤的主要原因，所以也叫积屑瘤区。

（3）第Ⅲ变形区　在已加工表面层内靠近切削刃的塑性变形区域。已加工表面受切削刃钝圆部分和后面的挤压、摩擦与回弹，造成纤维化与加工硬化。此变形区是造成已加工表面加工硬化和残余应力的主要原因，因此也叫冷硬区。

2. 切屑类型

根据剪切滑移后形成切屑的外形不同，可将切屑分为四种类型，如图 1-37 所示。

（1）带状切屑　在切削软钢、铜、铝和可锻铸铁等材料时，切削层经塑性变形后被刀具切离，其外形呈延绵不断的带状，并沿刀具前面流出。

形成条件：工件材料为塑性材料；γ_o 大，v_c 大，h_D 小。

切削现象：底面光滑，上表面呈毛茸状，切削力变化小，切削平稳。

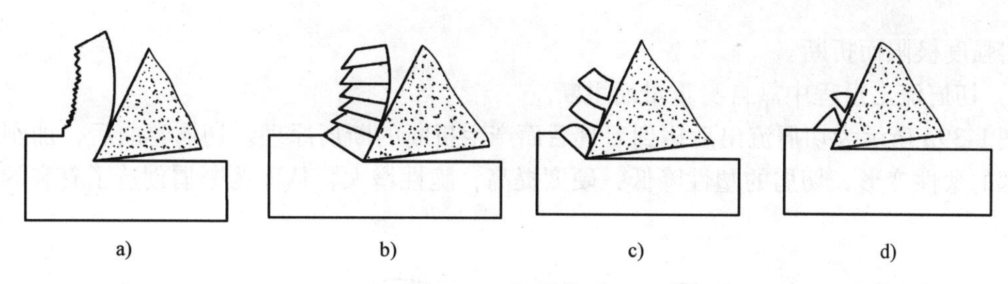

图 1-37　切屑类型
a）带状切屑　b）节状切屑　c）粒状切屑　d）崩碎切屑

（2）节状切屑（或称挤裂切屑）　切削层在塑性变形过程中，剪切面上局部位置处剪应力达到材料剪切强度极限而产生局部断裂，使切屑顶面开裂形成节状。

形成条件：工件材料塑性较小；γ_o 较小，v_c 较小，h_D 较大。

切削现象：上表面呈锯齿状，底面有时出现裂纹，切削力变化较小，切削较平稳，与刀具摩擦较小。

（3）粒状切屑（或称单元切屑）　在剪切面上产生的剪应力超过材料的剪切强度极限，形成的切屑被剪切断裂成梯形颗粒状。

形成条件：工件材料的塑性大（如低碳钢、铝合金）；γ_o 小，v_c 小，h_D 大。

切削现象：梯形粒状，切削力波动较大，切削不平稳，表面粗糙度值较大，易形成积屑瘤。

（4）崩碎切屑　在切削铸铁类、青铜等脆性金属时，切削层未经明显的塑性变形，而突然崩裂成切屑，形成崩碎切屑。

形成条件：工件为脆性材料（如灰铸铁、铸造锡青铜）；γ_o 小。

切削现象：切削力虽小，但切削力变化大，具有较大的冲击振动，工件表面凹凸不平。

对于同样材料，随着切削用量和刀具几何角度的改变，切屑类型可相互转化。

单元 2　切屑控制

切屑控制（又称切屑处理，工厂中一般简称为“断屑”）是指在切削加工中采取适当的措施，来控制切屑的卷曲、流出与折断，形成“可接受”的良好屑形。

1. 切屑的流向

控制切屑的流向是为了使切屑不损伤加工表面，便于对切屑进行处理，使切削顺利进行。影响切屑流向的主要参数是刀具刃倾角 λ_s、主偏角 κ_r 及前角 γ_o。如图 1-38 所示，$-\lambda_s$ 使切屑流向已加工表面，$+\lambda_s$ 使切屑流向待加工表面。当车刀的主偏角 $\kappa_r=90°$ 时，切屑流向是偏向已加工表面。使用负前角刀具，由于前面上的推力作用，切屑易流向加工工件一侧。

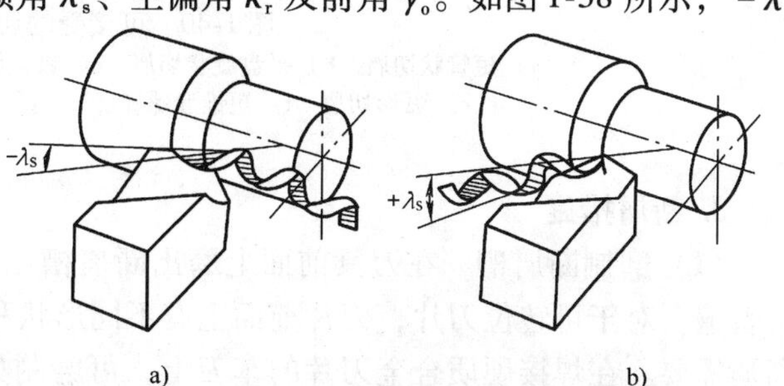

图 1-38　刃倾角对切屑流向的影响
a）$-\lambda_s$　b）$+\lambda_s$

2. 断屑原因与切屑形状

断屑原因主要有以下两方面：

1）切屑在流出过程中与阻碍物相碰，使切屑弯曲后产生的弯曲应力超过材料强度极限而折断。

2）切屑流出过程中靠自身重量而甩断。

图1-39a所示为切屑流出后碰到刀具后面产生折断的断屑原理。切屑卷曲后，加剧了切屑内部的塑性变形，切屑的塑性降低，硬度提高，脆性增大，从而为断屑创造了有利的内在条件。

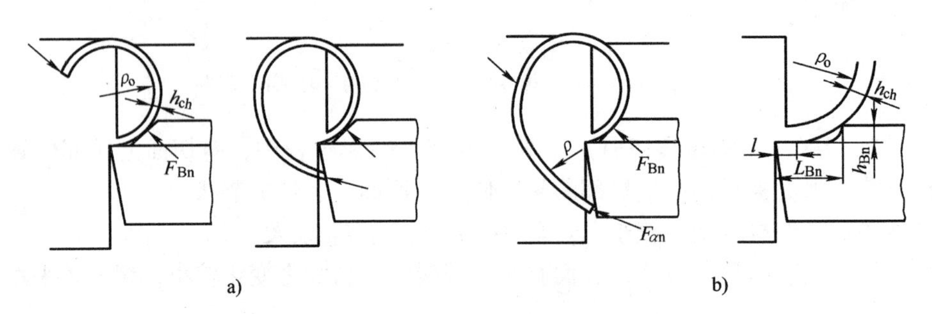

图1-39 切屑折断原理
a）切屑受力后卷曲 b）影响卷曲半径的参数

研究表明，切屑厚度 h_{ch} 增加时，卷曲半径 ρ 减小，台阶高度 h_{Bn} 增大，台阶宽度 L_{Bn} 减小，则切屑较易折断，如图1-39b所示。

生产中由于加工条件不同，形成的切屑形状有许多种。国家标准规定切屑形状与名称分为八类，图1-40所示为可接受的切屑形状。

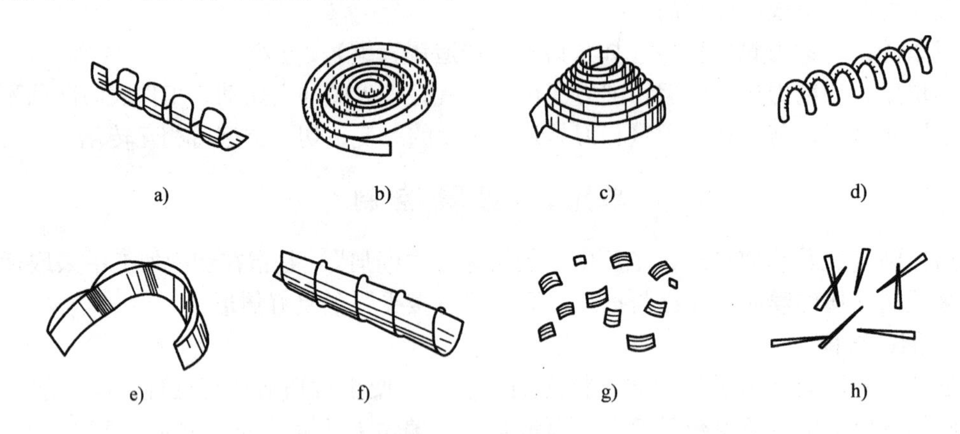

图1-40 可接受的切屑形状
a）短管状切屑 b）平盘旋状切屑 c）锥盘旋状切屑 d）短环形螺旋切屑
e）弧形切屑 f）短锥形螺旋切屑 g）单元切屑 h）针形切屑

3. 断屑措施

（1）磨制断屑槽 在刀具前面上磨出断屑槽是实现断屑的有效措施，在生产中使用非常普遍。对于可转位刀片，刀片前面上有不同形状和尺寸的断屑槽，可满足不同切削条件的断屑需要。在焊接硬质合金刀片的车刀上，可磨制如图1-41所示三种形式的断屑槽：折线型、直线圆弧型和全圆弧型。

折线型和直线圆弧型适用于碳素钢、合金钢、工具钢；全圆弧型的槽底前角 γ_n 大，适

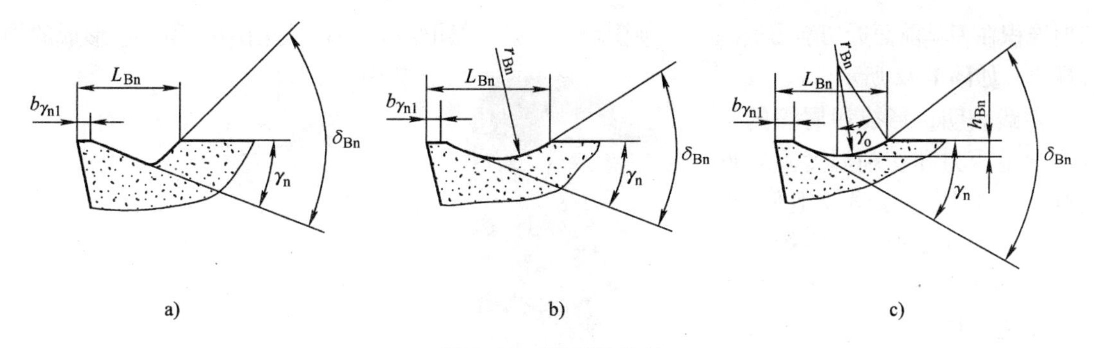

图 1-41　断屑槽形式
a）折线型　b）直线圆弧型　c）全圆弧型

合加工塑性高的金属材料，如低碳钢、不锈钢、锡青铜、黄铜、铝和重型刀具（如龙门刨床刨刀）。

影响断屑效果的断屑槽主要参数是槽宽 L_{Bn} 和槽深 h_{Bn}（r_{Bn}）。其中，槽宽 L_{Bn} 应确保一定厚度的切屑在流出时碰到断屑台，并在断屑台反屑角 δ_{Bn} 的作用下，使切屑卷曲，并减小卷曲半径 ρ。由于进给量 f 大，切屑厚度 h_{ch} 大，切屑不易卷曲，因此，应使槽宽 L_{Bn} 相应增大。表 1-6 所列为根据进给量与背吃刀量确定的槽宽 L_{Bn} 值。

表 1-6　断屑槽槽宽 L_{Bn}

进给量 f/(mm/r)	背吃刀量 a_p/mm	断屑槽槽宽 L_{Bn}/mm	
		低碳钢、中碳钢	合金钢、工具钢
0.3～0.5	1～3	3.2～3.5	2.8～3.0
0.3～0.5	2～5	3.5～4.0	3.0～3.2
0.3～0.6	3～6	4.5～5.0	3.2～3.5

（2）改变切削用量　在切削用量参数中，对断屑影响最大的是进给量 f，其次是背吃刀量 a_p、最后是切削速度 v_c。进给量 f 增大，使切屑厚度 h_{ch} 增大，受卷曲或碰撞后切屑易折断。低速切削时，由于切屑变形较充分，卷曲半径 ρ 减小，故较易使切屑折断。.

（3）改变刀具角度　主偏角 κ_r 是影响断屑的主要因素。主偏角增大，切屑厚度增大，则易断屑。所以，生产中断屑良好的车刀，常选取较大的主偏角，取 $\kappa_r=60°\sim90°$。

（4）其他断屑方法

1）固定附加断屑挡块。为了使切屑流出时可靠断屑，可在刀具前面固定可调距离和角度的挡块，使流出的切屑碰撞挡块而折断。此方法的不足之处是减小了出屑空间且易被切屑阻塞。

2）间断切削。采用断续切削、摆动切削或振动切削，实现间断切削，使切削厚度 h_D 发生变化，获得不等截面切屑，造成狭小截面处应力集中，强度减小，达到断屑目的。这类断屑方法的结构及装置较复杂。

3）切削刃上开分屑槽。这是较为常见的方法，例如，对于中等直径以上的钻头、圆柱形铣刀、拉刀等参与切削的切削刃较长的刀具，在相邻主切削刃上磨出交错分布的分屑槽，可使切屑分段流出，便于排屑和容屑。

单元 3　积　屑　瘤

积屑瘤是切削塑性金属（中碳钢、低碳钢、铝合金等的车、钻、铰、拉和螺纹加工）时，由切屑堆积在刀具前面近切削刃处的一个硬楔块，它处于第Ⅱ变形区内，是由摩擦和变形形成的物理现象，如图1-42所示。

实践表明，形成积屑瘤的主要原因是压力和切削温度。当近切削刃处的压力和温度很低时，切屑底层塑性变形小，摩擦因数小，积屑瘤不易形成；在高温时，切屑底层材料软化，摩擦因数减小，积屑瘤也不易产生。例如，切削中碳钢达到中等切削温度300~380℃时，积屑瘤的高度最大；当切削温度超过600℃时，积屑瘤消失。

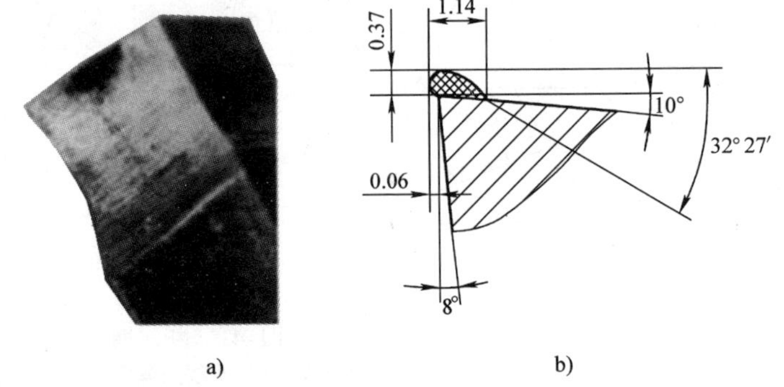

图1-42 高速工具钢刀具加工45钢时的积屑瘤
a）积屑瘤 b）积屑瘤的外形尺寸

积屑瘤对切削加工的影响有以下几个方面：

1）积屑瘤可以代替切削刃和前面进行切削，从而保护切削刃和前面，减少刀具的磨损。

2）积屑瘤的存在使刀具在切削时具有了更大的实际前角，减小了切屑变形，并使切削力下降。

3）积屑瘤具有一定的高度，其前端伸出切削刃之外，使实际的切削厚度增大，从而影响加工精度。

4）在切削过程中，积屑瘤是不断生长和破碎的，所以积屑瘤的高度也是在不断变化的，从而导致实际切削厚度的不断变化，引起局部过切，使零件的表面粗糙度值增大。同时，部分积屑瘤的碎片会嵌入已加工表面，影响零件的表面质量。

5）不稳定的积屑瘤不断地生长、破碎和脱落，积屑瘤脱落时会剥离前面上的刀具材料，加剧刀具的磨损。

积屑瘤对加工的影响有利有弊，但总的说来弊大于利，精加工时应尽量避免。常用的避免积屑瘤产生的方法有：

1）选择低速或高速加工，避开容易产生积屑瘤的切削速度区间，如图1-43所示。例如，高速工具钢刀具采用低速宽刀加工，硬质合金刀具采用高速精加工。

2）采用冷却性和润滑性好的切削液，减小刀具前面的表面粗糙度值等。

3）增大刀具前角，减小前面上的正压力。

4）采用预备热处理，适当提高工件材料的硬度，降低塑性，减小工件材料的加工硬化倾向。

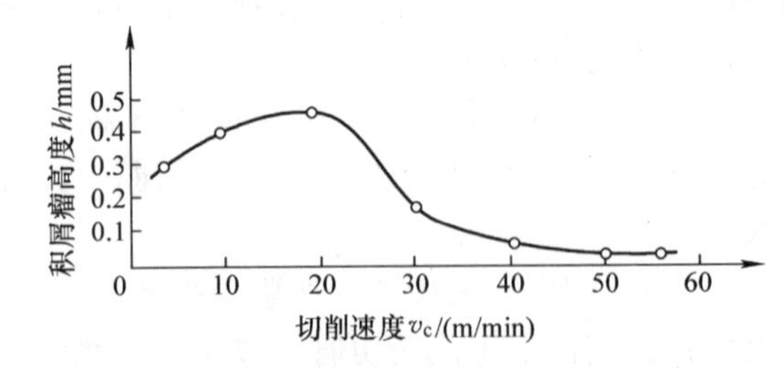

图1-43 切削速度对积屑瘤的影响
加工条件：材料45钢，$a_p=4.5\text{mm}$，$f=0.67\text{mm}$

单元4 切 削 力

切削力是工件材料抵抗刀具切削所产生的阻力。它是影响工艺系统强度、刚度和加工工件质量的重要因素。切削力是设计机床、刀具和夹具，计算切削动力消耗的主要依据，在自动化生产和精密加工中，也常利用切削力来检测和监控刀具磨损及加工表面质量。

1. 切削力的来源

切削力来源于三个方面，如图 1-44 所示。其一为克服被加工材料弹性变形的抗力；其二为克服被加工材料塑性变形的抗力；其三为克服切屑对刀具前面、工件过渡表面和已加工表面对刀具后面的摩擦力。

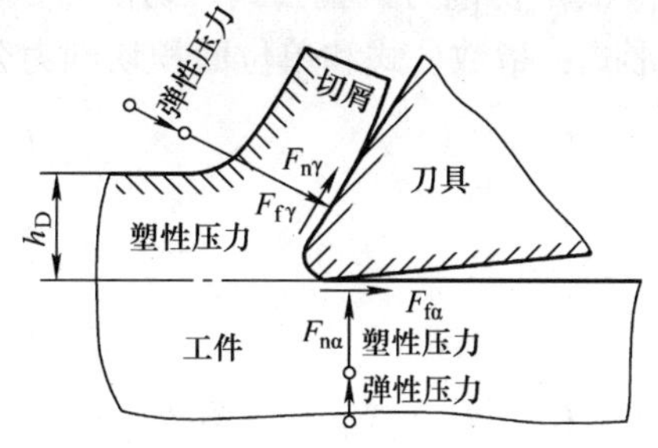

图 1-44 切削力的来源

2. 切削力的分解和作用

作用于车刀上的切削合力 F，如图 1-45 所示。为了测量和应用方便，常将 F 分解为相互垂直的三个分力，即进给力 F_f、背向力 F_p 和主切削力 F_c。

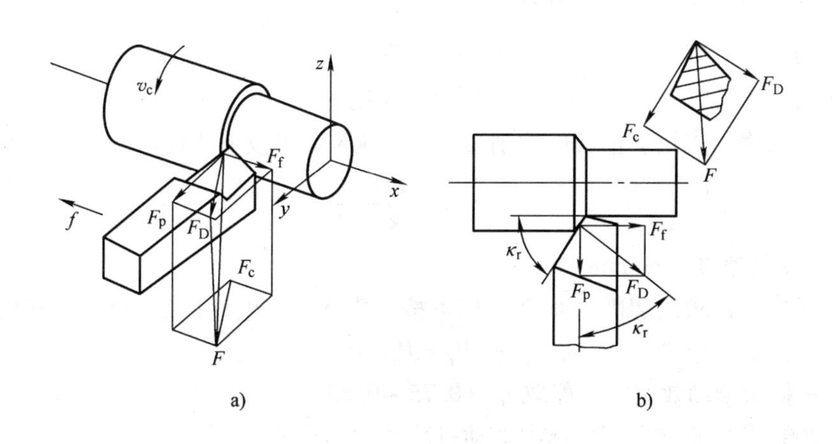

a) b)

图 1-45 切削合力及其分力

$$F = \sqrt{F_D^2 + F_c^2} = \sqrt{F_c^2 + F_p^2 + F_f^2} \qquad (1\text{-}22)$$

$$F_p = F_D \cos\kappa_r \qquad F_f = F_D \sin\kappa_r$$

式中 F_c——主切削力，它垂直于基面 p_r，与切削速度 v_c 方向一致，它消耗机床的主要功率，是计算切削功率、选取机床电动机功率和设计机床主传动机构的依据；

F_f——进给力，它作用于基面 p_r 内，与进给方向平行，是设计机床进给机构的依据；

F_p——背向力，它作用于基面 p_r 内，与进给方向垂直，它能使工件产生变形，是校验机床主轴在水平面内的刚度及相应零部件强度的依据；

F_D——作用于基面内的合力。

式（1-22）表明，当 $\kappa_r = 90°$时，$F_p \approx 0$、$F_f \approx F_D$，各分力的大小对切削过程会产生明显不同的作用。

根据试验，当 $\kappa_r = 45°$，$\lambda_s = 0°$，$\gamma_o \approx 15°$时，各分力间的近似关系为

$$F_c : F_p : F_f = 1 : (0.4 \sim 0.5) : (0.3 \sim 0.4)$$

随着车刀材料、车刀几何参数和切削用量、工件材料和车刀磨损情况等切削条件的不同，各分力之间的比例可以在较大范围内变化。

3. 切削力和切削功率的计算

（1）切削力试验公式　切削力试验公式是将试验数据通过数学整理后建立的，它有两种形式：指数公式和单位面积切削力公式。切削力 $F_{c、p、f}$(N) 的指数公式为

$$
\begin{aligned}
F_c &= C_{F_c} a_p^{x_{F_c}} f^{y_{F_c}} v_c^{n_{F_c}} K_{F_c} \\
F_p &= C_{F_p} a_p^{x_{F_p}} f^{y_{F_p}} v_c^{n_{F_p}} K_{F_p} \\
F_f &= C_{F_f} a_p^{x_{F_f}} f^{y_{F_f}} v_c^{n_{F_f}} K_{F_f}
\end{aligned}
\tag{1-23}
$$

式中　C_{F_c}、C_{F_p}、C_{F_f}——系数，由试验时根据加工条件和工件材料确定；

$x_{F_{c,p,f}}$、$y_{F_{c,p,f}}$、$n_{F_{c,p,f}}$——指数，表明切削用量对切削力的影响程度；

K_{F_c}、K_{F_p}、K_{F_f}——不同加工条件（与试验条件不同）时对各切削分力的修正系数。

（2）单位面积切削力　单位面积切削力 k_c（N/mm^2）可用单位切削层面积切削力表示，若已知单位面积切削力 k_c，则主切削力 F_c 为

$$F_c = k_c A_D = k_c a_p f = k_c h_D b_D \tag{1-24}$$

由此可见，利用单位面积切削力 k_c 计算主切削力 F_c 是一种简便的方法。

（3）切削功率　主运动消耗的切削功率 P_c（kW）可按下式计算

$$P_c = \frac{F_c v_c}{60 \times 1000} \tag{1-25}$$

式中　v_c——切削速度（m/min）。

根据式（1-25）求出切削功率 P_c，即可按下式计算主电动机的功率 P_E(kW)

$$P_E = P_c / \eta_c \tag{1-26}$$

式中　η_c——机床传动效率，一般取 $\eta_c = 0.75 \sim 0.85$。

式（1-26）是校验和选用机床主电动机功率的计算式。

表 1-7 所列是国内用硬质合金车刀（$\gamma_o = 10°$、$\kappa_r = 45°$、$\lambda_s = 0°$和 $r_\varepsilon = 2mm$）纵车外圆、横车及镗孔时，切削力公式中各系数、指数和单位面积切削力的值。

4. 影响切削力的因素

凡影响切削变形和摩擦的因素均会影响切削力，其中主要包括切削用量、工件材料和刀具几何参数三个方面。

（1）切削用量

1）背吃刀量 a_p 和进给量 f。如图 1-46 所示，若 a_p、f 分别增加 1 倍，则切削层面积也都增加 1 倍。a_p 增加 1 倍，切削宽度 b_D 增大 1 倍，故 F_c 也增大 1 倍，因此，切削力公式中的指数 $x_{F_c} = 1$；f 增大 1 倍时，切削厚度 h_D 也增大 1 倍，但切削变形程度减小，导致 F_c 也有所下降，综合考虑，F_c 的增长要慢于 f 的增长，因此，切削力公式中的指数 $y_{F_c} = 0.75$。

2）切削速度 v_c。切削塑性材料时，切削速度对切削力的影响如同对切削变形的影响规律。如图 1-47 所示，当 $v_c < 35m/min$ 时，由于积屑瘤的产生和消失，使车刀的实际前角 γ_{oe} 增大和减小，导致主切削力 F_c 的减小和增大。当 $v_c > 35m/min$ 时，随着 v_c 的增大，摩擦因数 μ 减小，致使主切削力 F_c 减小。另一方面，随着 v_c 的增大，切削温度也增大，被加工金属的强度和硬度降低，也导致了主切削力 F_c 的降低。因此，切削力公式中的指数 $n_{F_c} = -0.15$。

表 1-7　用硬质合金车刀纵车外圆、横车及镗孔时的系数、指数和单位面积切削力的值

加工材料	主切削力 F_c $F_c = C_{F_c} a_p^{x_{F_c}} f^{y_{F_c}} v_c^{n_{F_c}}$				背向力 F_p $F_p = C_{F_p} a_p^{x_{F_p}} f^{y_{F_p}} v_c^{n_{F_p}}$				进给力 F_f $F_f = C_{F_f} a_p^{x_{F_f}} f^{y_{F_f}} v_c^{n_{F_f}}$			
	C_{F_c}	x_{F_c}	y_{F_c}	n_{F_c}	C_{F_p}	x_{F_p}	y_{F_p}	n_{F_p}	C_{F_f}	x_{F_f}	y_{F_f}	n_{F_f}
结构钢、铸钢，R_m = 650MPa	2795	1.0	0.75	−0.15	1940	0.90	0.6	−0.3	2880	1.0	0.5	−0.4
不锈钢 12Cr18Ni，硬度 141HBW	2000	1.0	0.75	0	—	—	—	—	—	—	—	—
灰铸铁，硬度 190HBW	900	1.0	0.75	0	530	0.9	0.75	0	450	1.0	0.4	0
可锻铸铁，硬度 150HBW	790	1.0	0.75	0	420	0.9	0.75	0	375	1.0	0.4	0

加工材料	单位面积切削力 $k_c = C_{F_c}/f^{1-y_{F_c}}$ f/(mm/r)										
	0.1	0.15	0.20	0.24	0.30	0.36	0.41	0.48	0.56	0.66	0.71
结构钢、铸钢，R_m = 650MPa	4991	4508	4171	3937	3777	2630	3494	3367	3213	3106	3038
不锈钢 12Cr18Ni，硬度 141HBW	3571	3226	2898	2817	2701	2597	2509	2410	2299	2222	2174
灰铸铁，硬度 190HBW	1607	1451	1304	1267	1216	1169	1125	1084	1034	1000	978
可锻铸铁，硬度 150HBW	1419	1282	1152	1120	1074	1032	994	958	914	883	864

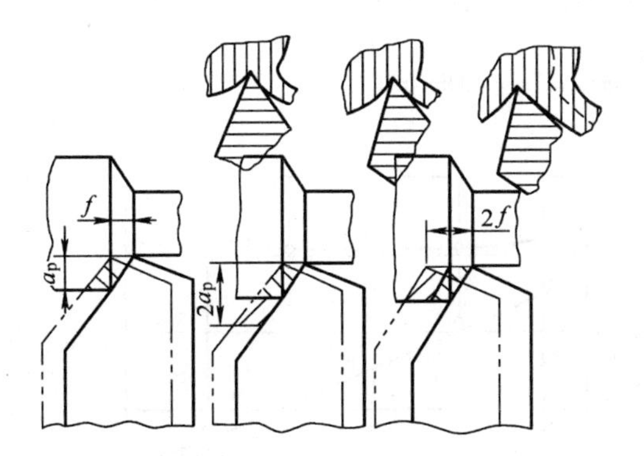

图 1-46　改变 a_p、f 对切削层面积的影响

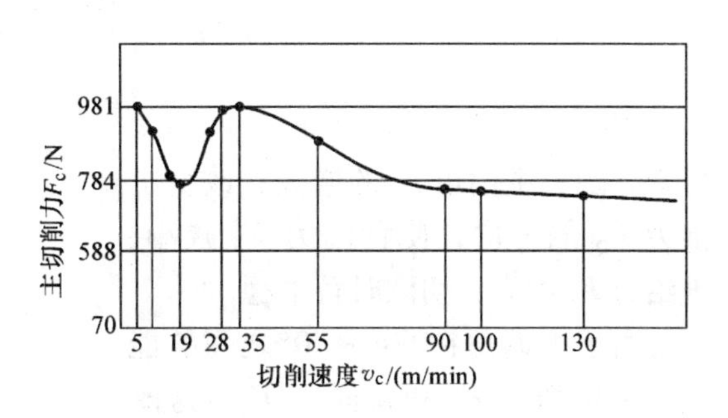

图 1-47　v_c 对 F_c 的影响

加工条件：工件 45 钢，刀具 YT15，$\gamma_o = 15°$、$\kappa_r = 45°$、$\lambda_s = 0°$，$a_p = 2$mm，$f = 0.2$mm/r

加工脆性材料时，因切削变形和摩擦均较小，故切削速度对切削力影响不大。

（2）工件材料　工件材料的硬度和强度越高，其剪切屈服强度 τ_s 就越高，主切削力 F_c 就越大；工件材料的塑性和韧性越高，则切削变形越大，切屑与刀具间的摩擦增加，故主切削力 F_c 越大；而脆性材料（如铸铁）的强度低，摩擦力小，塑性变形小，加工硬化小，其切削力也比钢小。

（3）刀具几何角度

1）前角 γ_o。前角 γ_o 增大，切削变形减小，各切削分力均减小，如图 1-48 所示。

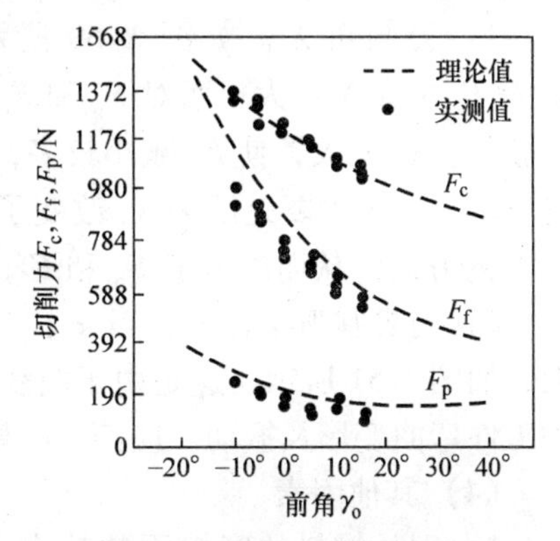

图 1-48　前角 γ_o 对 F_c 的影响

实践证明，加工脆性金属（如铸铁、青铜等）时，

由于切削变形和加工硬化很小，所以前角对切削力的影响不显著。

2）主偏角 κ_r。如图1-49所示，主偏角在30°~60°的范围内增大，因切削厚度 h_D 增大，故切削变形减小，主切削力 F_c 减小；当主偏角为60°~70°时，主切削力 F_c 最小；主偏角继续增大，因刀尖圆弧半径 r_ε 所占的切削宽度 b_D 的比例增大，切屑流出时挤压加剧，所以造成主切削力 F_c 增大。

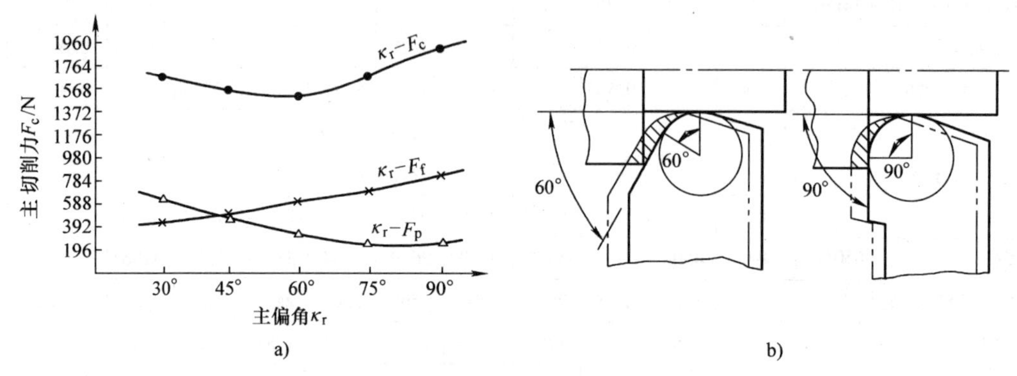

图1-49 主偏角 κ_r 对主切削力的影响

a）κ_r 对 F_c 的影响 b）κ_r 对切削宽度 b_D 的影响

加工条件：正火45钢，刀具YT15，$\gamma_o=15°$、$\kappa_r'=10°\sim12°$、$\alpha_o=6°\sim8°$，$a_p=3\text{mm}$，$f=0.3\text{mm/r}$，$v_c=100\text{m/min}$

由式 $F_p=F_D\cos\kappa_r$ 和 $F_f=F_D\sin\kappa_r$ 可知，随着主偏角 κ_r 的增大，改变了推力 F_D 的方向，使背向力 F_p 减小、进给力 F_f 增大，切削时较平稳。

由于主偏角在60°~70°之间的能减小主切削力 F_c 和背向力 F_p，这既能减少功率的消耗，又较适宜在加工系统刚性较差的条件下进行切削。因此，生产中在车削轴类零件时广泛使用75°车刀。

3）刃倾角 λ_s。如图1-50所示，λ_s 对 F_c 的影响不大，而对 F_p 和 F_f 影响较大。λ_s 增大，使 F_p 减小较多，F_f 有所增大。这主要是因为 λ_s 改变了合力 F 的方向，从而影响了 F_p 和 F_f。

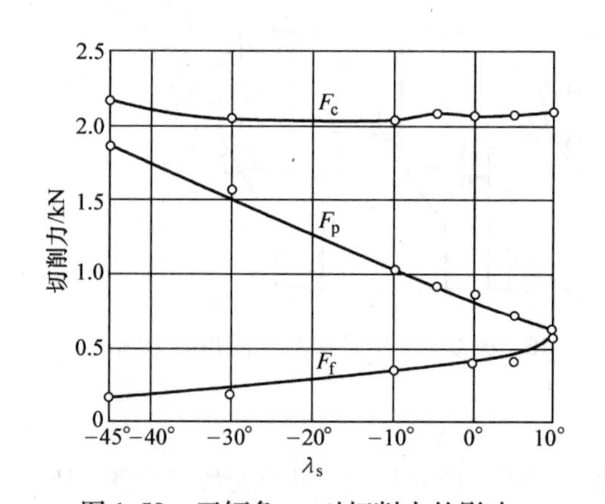

图1-50 刃倾角 λ_s 对切削力的影响

工件材料：45钢（正火），187HBW；

刀具结构：焊接式平前面外圆车刀；刀具材料：YT15；

几何参数：$\gamma_o=18°$、$\alpha_o=6°$，$\alpha_o'=4°\sim6°$，$\kappa_r=75°$、$\kappa_r'=10°\sim12°$；

切削用量：$a_p=3\text{mm}$，$f=0.35\text{mm/r}$，$v_c=100\text{m/min}$

4）刀尖圆弧半径 r_ε。当 κ_r、f 和 a_p 一定时，r_ε 增大，F_c 变化不大，但 F_f 减小，F_p 增大，如图1-51所示。这是由于曲线切削刃上各点的 κ_r 减小所致，所以，为防止在切削过程中工件弯曲变形及振动，应使 r_ε 尽量减小。

（4）其他因素

1）刀具材料的摩擦因数越小，切削力越小。各类刀具材料中，摩擦因数按高速工具钢、K类硬质合金、P类硬质合金、陶瓷和金刚石的顺序依次减小。

2）前面磨损会使刀具的实际前角增大，切削力减小。后面磨损，刀具与工件的摩擦增大，切削力增大。前、后面同时磨损时，切削力先减小，后逐渐增大。F_p 增加的速度最快，F_c 增加的速度最慢。

3）刀具的前、后面刃磨质量越好，摩擦因数越小，切削力越小。

4）使用润滑性能好的切削液，能有效地减少摩擦，使切削力减小。

计算切削力时，考虑到各个参数对切削力的影响，需对切削力数值进行相应的修正，其修正系数可通过切削试验确定。表1-8所列为硬质合金车刀加工碳素钢、铸铁时，工件材料、前角和主偏角对切削力影响的修正系数。

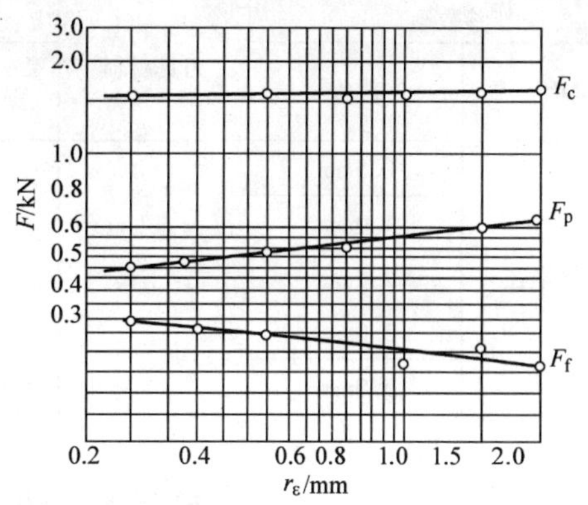

图1-51　刀尖圆弧半径 r_ε 对切削力的影响

工件材料：45钢（正火），187HBW；

刀具结构：焊接式平前面外圆车刀；刀具材料：YT15；

几何参数：$\gamma_o=18°$、$\alpha_o=6°\sim7°$，$\kappa_r=75°$、$\kappa_r'=10°\sim12°$；

切削用量：$a_p=3\text{mm}$，$f=0.35\text{mm/r}$，$v_c=93\text{m/min}$

表1-8　硬质合金车刀加工碳素钢、铸铁时对切削力影响的修正系数

参数		刀具材料	修正系数 K			
名称	数值		名称	切削力		
				F_c	F_p	F_f
主偏角 κ_r	30°	硬质合金	$K_{\kappa_r F}$	1.08	1.30	0.78
	45°			1.0	1.0	1.0
	60°			0.94	0.77	1.11
	75°			0.92	0.62	1.13
	90°			0.89	0.50	1.17
	30°	高速工具钢		1.08	1.63	0.7
	45°			1.0	1.0	1.0
	60°			0.98	0.71	1.27
	75°			1.03	0.54	1.51
	90°			1.08	0.44	1.82
前角 γ_o	−15°	硬质合金	$K_{\gamma_o F}$	1.25	2.0	2.0
	−10°			1.2	1.8	1.8
	0°			1.1	1.4	1.4
	10°			1.0	1.0	1.0
	20°			0.9	0.7	0.7
	12°~15°	高速工具钢		1.15	1.6	1.7
	20°~25°			1.0	1.0	1.0
刃倾角 λ_s	5°	硬质合金	$K_{\lambda_s F}$	1.0	0.75	1.07
	0°				1.0	1.0
	−5°				1.25	0.85
	−10°				1.5	0.75
	−15°				1.7	0.65

（续）

参数		刀具材料	修正系数 K			
			名称	切削力		
名称	数值			F_c	F_p	F_f
刀尖圆弧半径 r_ε	0.5mm	高速工具钢	$K_{r_\varepsilon F}$	0.87	0.66	1.0
	1.0mm			0.93	0.82	
	2.0mm			1.0	1.0	
	3.0mm			1.04	1.14	
	5.0mm			1.1	1.33	

单元5　切削热和切削温度

切削热与切削温度是切削过程中的另两个重要物理现象，它们对刀具磨损、刀具寿命及加工工艺系统热变形均有重要影响。

1. 切削热的来源与传散

如图1-52所示，切削热的来源为三个变形区产生的弹性变形功、塑性变形功所转化的热量 $Q_{变}$，以及切屑与刀具摩擦功、工件与刀具摩擦功所转化的热量 $Q_{摩}$。其中，在剪切面上塑性变形热占的比例最大；切削脆性金属时，则后面摩擦热占的比例较大。

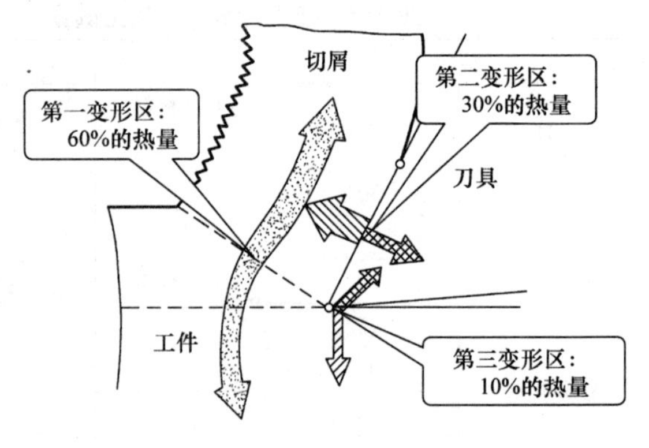

图1-52　切削塑性材料时切削热的产生与传导

切削热通过切屑、刀具、工件和周围介质（空气或切削液）传出。采用不同的切削加工方法，切削热沿不同传导途径传递出去的比例也各不相同，见表1-9。

热量传导的比例与切削速度有关，切削速度增加时，由摩擦生成的热量增多，但切屑带走的热量也增加，刀具中的热量减少，留在工件中的热量更少。所以在高速切削时，切屑中的温度很高，而工件和刀具中的温度较低。

表1-9　不同加工方法切削热的传导比例

传导途径	干车削	钻削	传导途径	干车削	钻削
切屑	50%~86%	28%	刀具	10%~40%	15%
工件	3%~9%	52%	周围介质	1%	5%

2. 切削温度分布

切削温度是指切削区域的平均温度，通常是指刀具前面与切屑接触区的平均温度。切削热主要是通过切削温度影响切削加工的。切削温度的高低取决于产生热量的多少和传散热量的快慢两方面因素。

图1-53所示为用试验方法测得的在正交平面内的切削温度分布规律：

1）剪切面上各点的温度基本一致。由此可以推断，剪切面上各点的应力应变规律基本变化不大。

2）前面和后面上的最高温度都处在离切削刃有一定距离的地方，这是摩擦热沿刀面不断增加的缘故。温度最高点出现在前面上。

3）在剪切区域内，垂直剪切方向上的温度梯度较大。这是由于剪切滑移的速度很快，热量来不及传导出来，从而形成了较大的温度梯度。

4）垂直前面的切屑底层温度梯度大，距离前面 0.1 ~ 0.2mm 处，温度就可能下降一半。这说明前面上的摩擦集中在切屑的底层，因此，切削温度对前面的摩擦因数有较大影响。

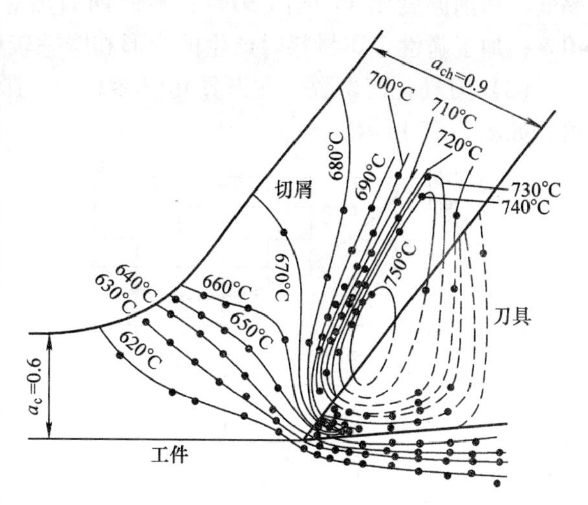

图 1-53　二维切削中的温度分布

5）后面的接触长度很小，因此温度的升降是在极短时间内完成的，导致已加工表面受到一次热冲击。

6）工件材料的塑性越大，前面上的接触长度越大，切削温度的分布就越均匀。工件材料的脆性越大，最高温度所在的点离切削刃就越近。

7）工件材料的热导率越低，刀具前、后面的温度就越高。

3. 影响切削温度的因素

切削时，影响产生热量和传散热量的因素有切削用量、工件材料、刀具几何参数和切削液等。

（1）切削用量　通过试验得到的切削温度 θ 的经验公式为

$$\theta = C_\theta v_c^{z_\theta} f^{y_\theta} a_p^{x_\theta} \tag{1-27}$$

式中　C_θ——切削温度系数；

z_θ、y_θ、x_θ——切削用量对切削温度的影响指数。

使用高速工具钢和硬质合金刀具切削中碳钢时，切削温度系数 C_θ 和指数 x_θ、y_θ、z_θ 见表 1-10。

表 1-10　切削温度系数及指数

刀具材料	加工方法	C_θ	z_θ			y_θ	x_θ
高速工具钢	车削	140 ~ 170	0.35 ~ 0.45			0.2 ~ 0.3	0.08 ~ 0.1
	铣削	80					
	钻削	150					
硬质合金	车削	320	f /（mm/r）	0.1	0.41	0.15	0.05
				0.2	0.31		
				0.3	0.26		

对比表中数据可知，$z_\theta > y_\theta > x_\theta$，说明切削用量三要素对切削温度的影响为 $v_c > f > a_p$。

（2）工件材料　工件材料主要是通过硬度、强度和热导率来影响切削温度的。材料的硬度、强度低，热导率高，产生的切削温度低。高碳钢（合金钢）的强度和硬度高，热导率低，切削温度比 45 钢高 30%；不锈钢的热导率约是 45 钢的 1/3，切削温度比 45 钢高 40%；加工脆性金属材料时产生的变形和摩擦较小，故切削温度比 45 钢低 20%。

（3）刀具几何参数　在刀具几何参数中，影响切削温度最为明显的因素是前角和主偏角，如图 1-54 所示。

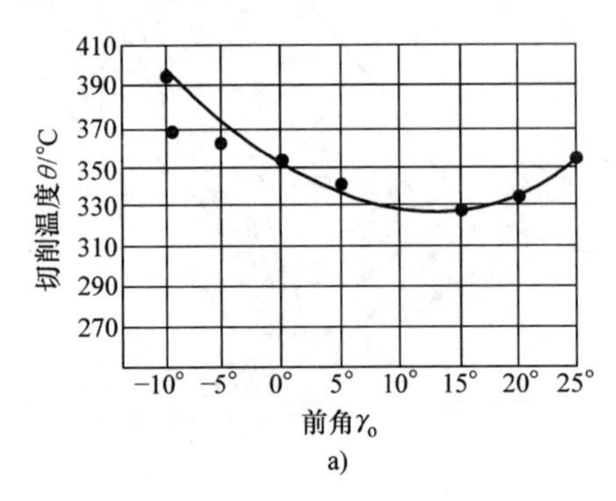

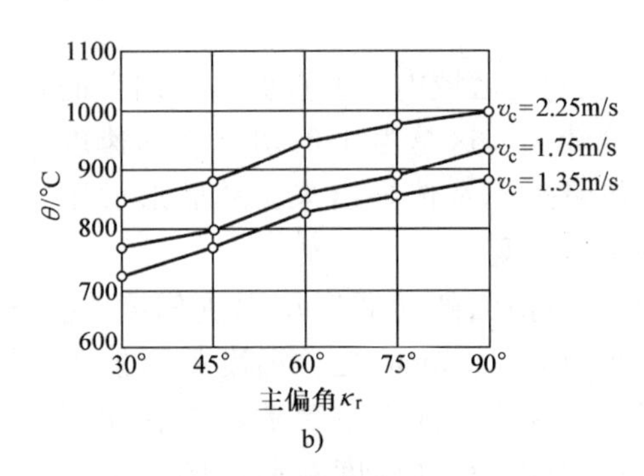

图 1-54　前角 γ_o 和主偏角 κ_r 对切削温度 θ 的影响
a）γ_o 对 θ 的影响　b）κ_r 对 θ 的影响

前角增大，能减小变形和摩擦，降低切削温度；但前角 γ_o 过大，刀头体积将减小，散热条件变差，θ 上升。实践表明，$\gamma_o \approx 15°$对降低切削温度最为有效。

κ_r 减小，切削变形和摩擦增加，切削热增加；但 κ_r 减小后刀头体积增大，散热条件大为改善，因此 θ 降低。

（4）切削液　浇注切削液是降低切削温度的重要措施。切削液对切削温度的影响，与切削液的导热性能、比热、流量、浇注方式及其本身的温度有很大的关系。从导热性能来看，油类切削液不如乳化液，乳化液不如水基切削液。

单元 6　刀具磨损和破损

切削时，刀具在高温条件下受到工件和切屑的摩擦作用，刀具材料逐渐被磨损或出现破损。刀具磨损后，使工件的加工精度降低，表面粗糙度值增大，并导致切削力加大、切削温度升高，甚至产生振动，严重时会导致不能继续正常切削。因此，刀具磨损直接影响生产率、加工质量和生产成本。

1. 刀具磨损的形式

刀具磨损的形式分为正常磨损和非正常磨损两类。

（1）正常磨损　正常磨损是指随着切削时间的增加，磨损逐渐扩大的磨损形式，如图 1-55所示。它主要包括以下三种形式。

1）前面磨损。前面上出现月牙洼磨损，其深度为 *KT*，宽度为 *KB*，中心是切削温度最高处，这是由于刀屑流出时产生摩擦和高温高压作用形成的。这种磨损形态比较少见，一般发生在以较大切削速度和切削厚度（h_D >0.5mm）加工塑性金属时。

2）后面磨损。后面磨损分为三个区域：刀尖磨损 *C* 区，磨损量 *VC* 由刀尖处强度低、温度集中造成；中间磨损 *B* 区，除均匀磨损量 *VB* 外，在其磨损严重处的最大磨损量为 VB_{max}，这是由摩擦和散热差所致；边界磨损 *N* 区，切削刃与待加工表面交界处的磨损量为 *VN*，这是由高温氧化和表面硬化层作用引起的。后面单独磨损多半是在切削厚度小，特别

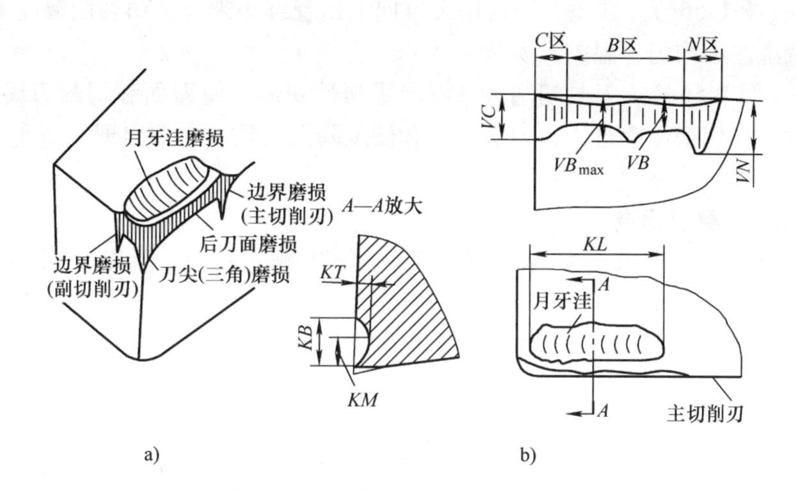

图 1-55　刀具的正常磨损形式
a）刀具的磨损形态　b）刀具磨损的测量

是加工铸铁等脆性材料时出现。

前、后面同时磨损，为常见磨损形态。

3）副后面磨损。在切削过程中，因副后角 α_o' 及副偏角 κ_r' 过小，致使副后面受到严重摩擦而产生磨损。

（2）非正常磨损　非正常磨损也称破损，其常见形式如图 1-56 所示。

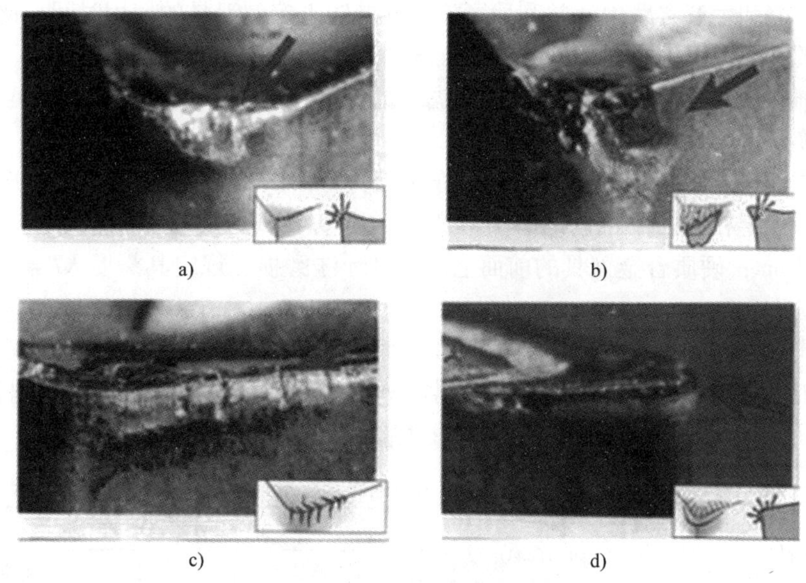

图 1-56　非正常磨损形式
a）崩碎　b）崩刃　c）热裂　d）塌陷

1）崩碎（图 1-56a）。在切削刃上出现细小崩碎。为切削刃强度低、受冲击和切削层中硬质点作用所致。

2）崩刃（图 1-56b）。在刀尖或切削刃处崩裂。刀具材料变脆、刀尖或切削刃强度低，且切削负荷大，中间切入或切出等情况下易产生崩刃。

3）热裂（图1-56c）。在垂直于切削刃方向上出现细小裂纹。由切削温度不均匀、间断切削和切削液浇注不均匀，温差大所致。

4）塌陷（图1-56d）。刀具切削区域因严重塑性变形，使刀面和切削刃周围产生塌陷。由切削温度过高和切削压力过大，刀头强度和硬度降低所致，主要出现在高速工具钢和硬质合金刀具上。

2. 磨损过程和磨损标准

由于多数切削情况下都会发生后面磨损，且 *VB* 测量方便，所以常用 *VB* 值衡量磨损程度。

（1）磨损过程　正常的磨损过程要经历如图1-57所示的三个阶段：

1）初期磨损阶段（Ⅰ）。开始切削时，将新刃磨的切削刃和刀面上残留的粗糙不平很快磨去。

2）正常磨损阶段（Ⅱ）。磨损量 *VB* 随着切削时间的增加而逐渐加大。这一阶段是刀具工作的有效阶段。

3）急剧磨损阶段（Ⅲ）。在温度升高、刀具性能下降的情况下，磨损量 *VB* 急剧增大，不久刀具将丧失切削能力。

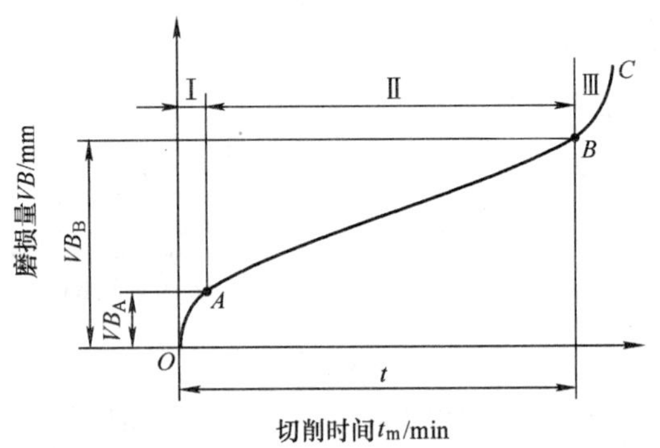

图1-57　刀具磨损过程曲线

在理论研究和生产实践中，常利用磨损过程曲线来控制刀具的使用时间，比较和衡量刀具切削性能的好坏、工件材料切削的难易程度、刀具角度选择的合理与否等。

（2）磨损标准　磨损标准也称磨损判据、磨钝标准。刀具磨损值达到规定的标准时应该重磨或更换切削刃。

国家标准（GB/T 16461—1996《单刃车削刀具寿命试验》）规定的磨损标准是：对于正常磨损形式，规定在后面 *B* 区内的磨损带宽度 $VB=0.3$mm；对于非正常磨损，取磨损带宽度 $VB_{max}=0.6$mm；硬质合金刀具的前面上产生月牙洼磨损，规定其深度 $KT=(0.06+0.3f)$ mm 为前面磨损标准。

在生产实践中，刀具磨损标准常根据加工性质、刀具材料和工件材料等确定。加工质量要求越高，刀具材料的硬度越高，工件材料的塑性越好，机械加工工艺系统越差时，*VB* 越小。表1-11所列为车刀的磨损标准，供使用时参考。

表1-11　车刀的磨损标准

工件材料	加工性质	磨损标准 *VB*/mm	
		高速工具钢	硬质合金
碳素结构钢、合金钢	粗车	1.5～2.0	1.0～1.4
	精车	1.0	0.4～0.6
灰铸铁、可锻铸铁	粗车	2.0～3.0	0.8～1.0
	精车	1.5～2.0	0.6～0.8
耐热钢、不锈钢	粗、精车	1.0	1.0
陶瓷车刀		0.5	

3. 刀具磨损原因及减轻措施

（1）磨粒磨损　即工件材料中的氧化物、碳化物和氮化物等硬质点，铸、锻工件表面硬的夹杂物，以及切屑、加工表面粘附的积屑瘤残片等，如同“磨粒”对刀具表面（前面、后面）进行摩擦和刻划。其磨损强度（即磨损快慢程度）取决于硬质点与刀具的硬度差。减轻磨损的措施为采用热处理使工件材料所含硬质点减小、变软，或选用硬度高、细晶粒的刀具材料。

（2）相变磨损　高速切削时，切削温度升高，刀具材料产生相变，刀具发生塑性变形而失去切削性能（前面塌陷、切削刃卷曲），称为相变磨损。减轻相变磨损的措施为：合理选择切削用量，以降低切削温度。

（3）粘结磨损　中速切削时，切屑与刀具前面粘结产生积屑瘤，滑动过程中产生剪切破坏，带走刀具材料粘结颗粒，或使切削刃和前面小块剥落，即粘结磨损。减轻粘结磨损的措施为：增加系统刚度，减轻振动，以避免大颗粒的脱落。

（4）扩散磨损　扩散磨损是在高温作用下，工件与刀具材料中的合金元素相互扩散置换造成的。如WC类硬质合金在800～900℃时，W、C原子向切屑中扩散，切屑中的Fe、C原子向刀具中扩散，原子间相互置换后（脱碳、贫钨），降低了刀具中原子间的结合强度和耐磨性。选用化学稳定性好的刀具材料可以减轻扩散磨损。

（5）氧化磨损　当切削温度达到700～800℃时，硬质合金材料中的WC、TiC和Co与空气中的氧发生化合作用，形成硬度和强度较低的氧化膜。由于空气不易进入切削区域，易在刀具后面近待加工表面处形成氧化膜。工件表层中的氧化皮、冷硬层和硬杂质点对氧化膜产生连续摩擦，造成氧化磨损，如图1-55所示的边界磨损VN。

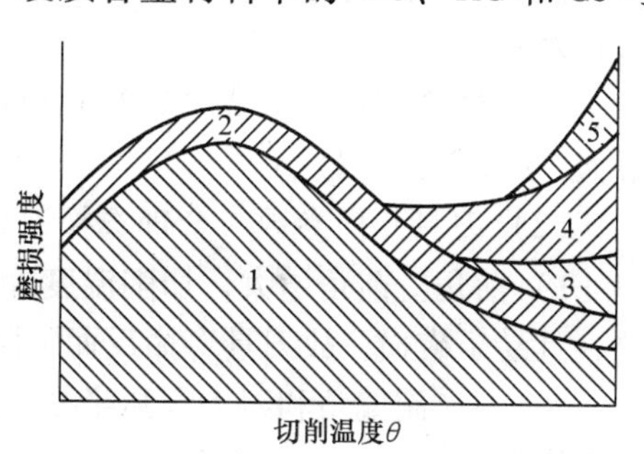

图1-58　切削温度对刀具磨损强度的影响
1—粘结磨损　2—磨粒磨损
3—扩散磨损　4—相变磨损　5—氧化磨损

刀具磨损是由机械摩擦和热效应两方面作用造成的。在不同的条件下，刀具磨损的原因也不同。如图1-58所示，在低、中速范围内，磨粒磨损和粘结磨损是刀具磨损的主要原因，如拉削、铰孔、攻螺纹时，刀具磨损主要属于这类磨损。中等速度以上切削时，热效应使高速工具钢刀具产生相变磨损，使硬质合金刀具产生粘结、扩散和氧化磨损。

单元7　刀具寿命

1. 刀具寿命及刀具总寿命的概念

（1）刀具寿命T　一把刃磨好的刀具从开始切削直至磨损量达到磨损标准所经历的实际切削时间称为刀具寿命，单位为min。在自动化生产中，常用达到工件尺寸、几何精度的工件数量来衡量刀具寿命。

（2）刀具总寿命　即一把新刀从投入使用到报废为止总的切削时间，它等于刀具寿命和刃磨次数（或可转位刀具的边数）的乘积。

刀具寿命是衡量刀具材料的切削性能、工件材料的切削加工性及刀具几何参数是否合理的重要参数。

2. 刀具寿命方程式

通过单因素刀具磨损试验，即固定其他条件，分别改变v_c、f、a_p做刀具磨损试验，可得出磨损曲线。根据已确定的磨损标准，可从磨损曲线上求出对应的 T 值，再在双对数坐标中分别画出 v_c-T、$f-T$、a_p-T 曲线，经数据处理后可得到下列刀具寿命试验公式

$$v_c=A/T^m$$
$$f=B/T^n$$
$$a_p=C/T^p$$

将上述三式综合整理得

$$T=C_T K_T/(v_c^{1/m} f^{1/n} a_p^{1/p}) \tag{1-28}$$

式中 C_T——与工件材料、刀具材料和其他切削条件有关的常数；

A、B、C——常数；

m、n、p——v_c、f、a_p 对刀具寿命的影响程度指数；

K_T——其他因素对刀具寿命影响的修正系数。

用 YT15 硬质合金车刀切削 $R_m=0.736\text{GPa}$ 的碳素钢时，切削用量与刀具寿命的试验公式为

$$T=C_T K_T/(v_c^5 f^{2.25} a_p^{0.75}) \tag{1-29}$$

3. 影响刀具寿命的因素

由于切削温度对刀具的磨损有着决定性影响，因此，凡是影响切削温度的因素都会影响刀具寿命。

（1）切削用量　从式（1-29）可以看出，v_c、f、a_p 增大，刀具寿命 T 减小，且 v_c 影响最大，f 次之，a_p 最小。

（2）刀具几何参数　合理选择刀具几何参数能提高刀具寿命。

1）前角。前角增大，切削温度降低，刀具寿命增加；但 γ_o 过大，切削刃强度低，散热差，且易于破损，故刀具寿命反而下降了。

2）主、副偏角和刀尖圆弧半径。κ_r 减小，刀具强度增加，散热条件得到改善，故刀具寿命增加。

适当减小 κ_r' 和增大 r_ε 都能提高刀具强度，改善散热条件，使刀具寿命增加。

（3）工件材料　工件材料的强度、硬度和韧性越高，产生的切削温度越高，刀具寿命越短。此外，工件材料的热导率越小，切削温度越高，刀具寿命越短。

（4）刀具材料　刀具材料是影响刀具寿命的重要因素，选用热导率、耐磨性、热硬性越高，化学稳定性越好的刀具材料，刀具寿命越长。采用涂层刀具和使用高性能刀具材料，是提高刀具寿命的有效途径。

4. 刀具寿命确定原则

在实际生产中，首先是确定一个合理的刀具寿命 T 值，然后根据已知刀具寿命确定切削速度 v_c。合理确定刀具寿命有两种方法：最高生产率刀具寿命和最低生产成本刀具寿命。一般采用最低生产成本刀具寿命，但在生产需要时也可采用最高生产率刀具寿命。

各种刀具寿命一般根据下列原则制订：

1）复杂、高精度、多刃的刀具寿命应比简单、低精度、单刃的刀具寿命长。

2）对于机夹可转位刀具，由于换刀时间短、为了使切削刃始终处于锋利状态，刀具寿命可选得短些。

3）对于换刀、调刀比较复杂的数控刀具、自动线刀具以及在多刀加工时，刀具寿命应

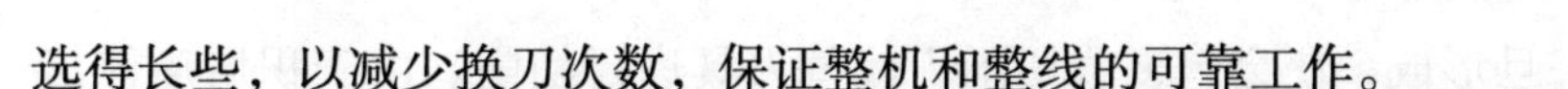

选得长些，以减少换刀次数，保证整机和整线的可靠工作。

4）精加工刀具的切削负荷小，刀具寿命应比粗加工刀具选得长些。

5）大件加工时，为避免一次进给过程中中途换刀，刀具寿命应选得长些。

单元 8　已加工表面的表面粗糙度

已加工表面的表面质量一般通过表面粗糙度、表面层硬化程度、表层残余应力、表层微观裂纹和表层金相组织状态来评定。这些指标对零件的使用性能有很大影响，其中，表面粗糙度是评定已加工表面质量的最重要指标。

1. 表面粗糙度的形成

在机械加工中，表面粗糙度形成的原因大致可归纳为两个方面：一是几何因素，也称为理论表面粗糙度，由切削运动和刀具的几何形状产生；二是物理因素，包括积屑瘤、鳞刺、切削变形、刀具的边界磨损、切削刃与工件相对位置的变动等。

（1）几何因素　图 1-59a 所示为刀尖圆弧半径 $r_\varepsilon=0$ 的车刀，纵车外圆时，当刀具每完成一个进给量 f 后，残留在已加工表面上未被切除的残留面积为 $\triangle abc$ 的面积。残留面积是形成表面粗糙度的主要组成部分，残留面积也称为理论表面粗糙度，常用其高度 R_{max} 表示，其公式为

$$f=\overline{ad}+\overline{db}=R_{max}\cot\kappa_r+R_{max}\cot\kappa_r'$$

$$R_{max}=\frac{f}{\cot\kappa_r+\cot\kappa_r'} \tag{1-30}$$

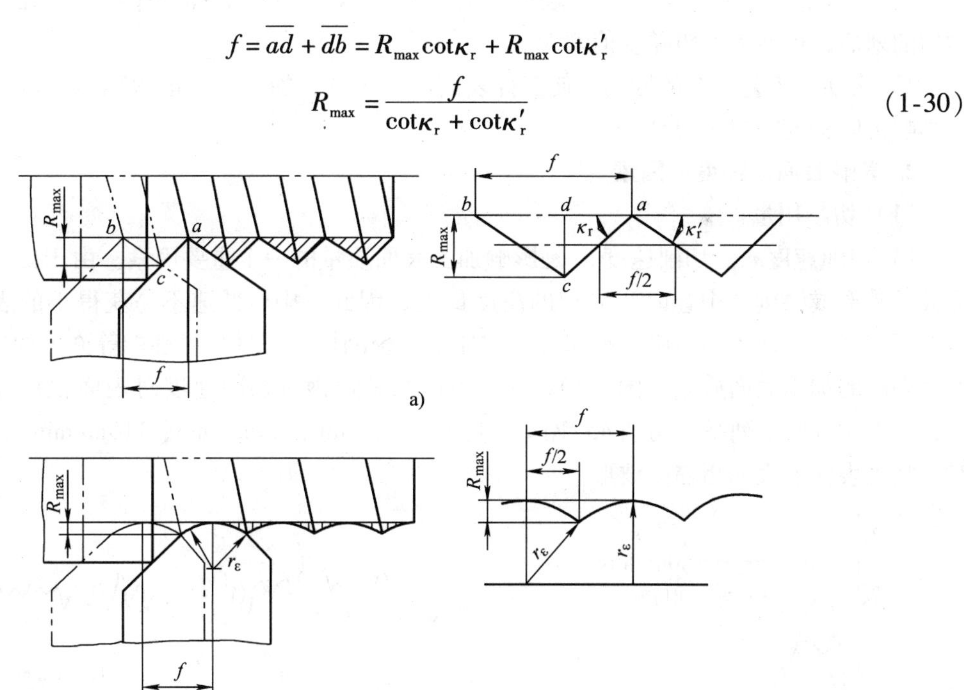

图 1-59　切削层残留面积

a）$r_\varepsilon=0$　b）$r_\varepsilon>0$

图 1-59b 所示为 $r_\varepsilon>0$ 时形成的残留面积高度 R_{max}，其公式为

$$R_{max}=r_\varepsilon-\sqrt{r_\varepsilon^2-\left(\frac{f}{2}\right)^2}\approx\frac{f^2}{8r_\varepsilon} \tag{1-31}$$

（2）物理因素

1）积屑瘤。积屑瘤一旦形成，便会包裹着切削刃代替刀具进行切削。由于积屑瘤伸出切削刃之外，且外形轮廓很不规则，因而在已加工表面上，将沿着切削刃相对于工件运动的方向切出一道道深浅和宽窄不同的犁沟，增大了表面粗糙度值。拉削圆孔、键槽等表面时，为平行于轴线的犁沟；铰孔时，孔壁上会出现螺旋形的犁沟。

2）鳞刺。鳞刺是在已加工表面上出现的鳞片状毛刺，常发生于中低速、大进给量、较小前角切削塑性、韧性较大的金属时（如车、刨、拉、攻螺纹、插齿、滚齿加工等）。图1-60所示为鳞刺形成的四个阶段。鳞刺将使表面质量严重恶化。

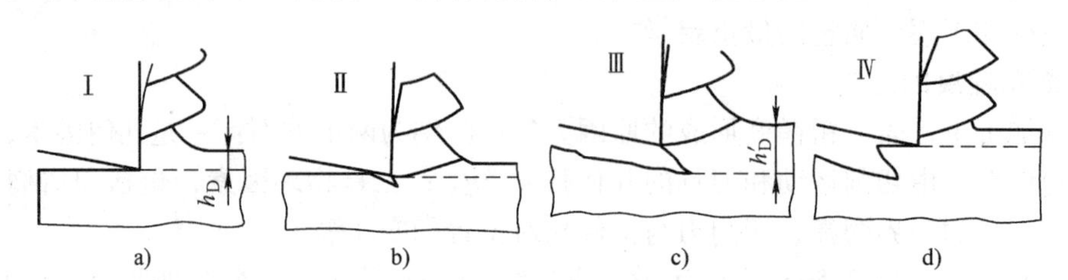

图1-60 鳞刺形成的四个阶段

a）抹拭阶段Ⅰ b）导裂阶段Ⅱ c）层积阶段Ⅲ d）切顶阶段Ⅳ

3）刀具磨损。刀具后面或刀尖产生微崩时，将对已加工表面产生挤压、摩擦，形成不均匀的划痕，可使表面粗糙度值增大。

4）振动。工艺系统的振动会使工件表面出现振纹，加大工件的表面粗糙度值，严重时会影响机床精度并损坏刀具。

2. 影响表面粗糙度的因素

（1）切削用量

1）切削速度 v_c。切削速度 v_c 是影响加工表面质量的一个重要因素。由于低速时切削变形大且易形成鳞刺，中速时积屑瘤的高度最大，因此，中、低速不易获得小的表面粗糙度值，而需辅以其他改善措施；高速时，在加工系统刚性、刀具材料性能等许可的条件下，能达到很高的加工表面质量。图1-61a所示为切削易切钢时切削速度对表面粗糙度的影响曲线；图1-61b所示列举了切削45钢时，在 v_c = 23m/min、30m/min、110m/min 和 180m/min 时已加工表面的表面粗糙度波形。

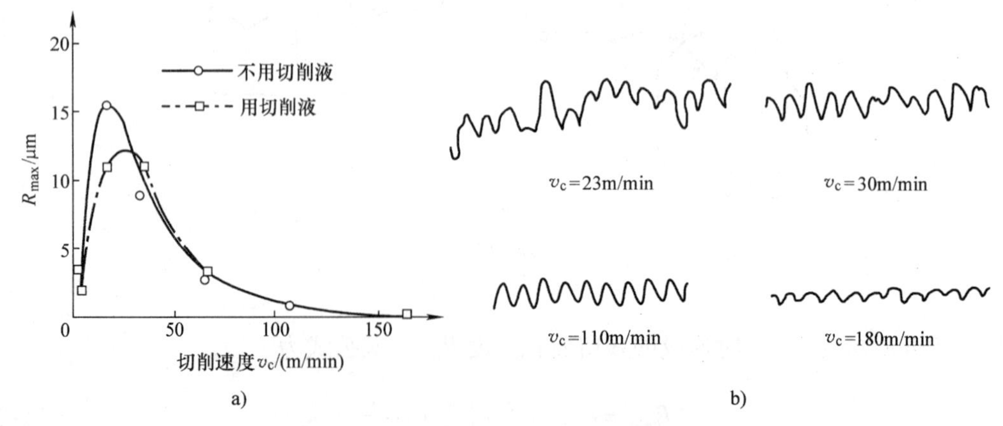

图1-61 v_c 对表面粗糙度 Ra 值的影响

a）v_c 对表面粗糙度的影响曲线 b）不同 v_c 时的表面粗糙度波形

2）进给量 f。进给量 f 是影响表面粗糙度最为显著的一个因素，由式（1-30）和式（1-31）可知，进给量 f 越小，残留面积高度 R_{max} 越小；此外，鳞刺、积屑瘤和振动均不易产生，因此表面质量越高。但 f 太小时，切削厚度减薄，加剧了切削刃钝圆半径对加工表面的挤压，使硬化严重，不利于表面粗糙度值的减小，有时甚至会引起自激振动而使表面粗糙度值增大。所以，生产中用硬质合金刀具切削时 f 不宜小于 0.05mm/r。

为了提高生产率，减少因进给量 f 增大而使表面粗糙度增大的影响，通常可利用提高切削速度 v_c 或选用较小副偏角、磨出倒角刀尖 b_ε 或修圆刀尖 r_ε 的办法来降低表面粗糙度值。

（2）刀具的几何参数

1）前角 γ_o。增大刀具前角能减小切削变形、摩擦和切削力，有效抑制积屑瘤、鳞刺的产生，减小振动振幅，从而减小表面粗糙度值。图 1-62 所示为不同前角对表面粗糙度的影响规律。但前角太大会削弱刀具强度和减小散热面积，加速刀具磨损。因此，为提高加工表面质量，应在刀具强度和刀具寿命允许的条件下，尽量选用大的前角 γ_o。

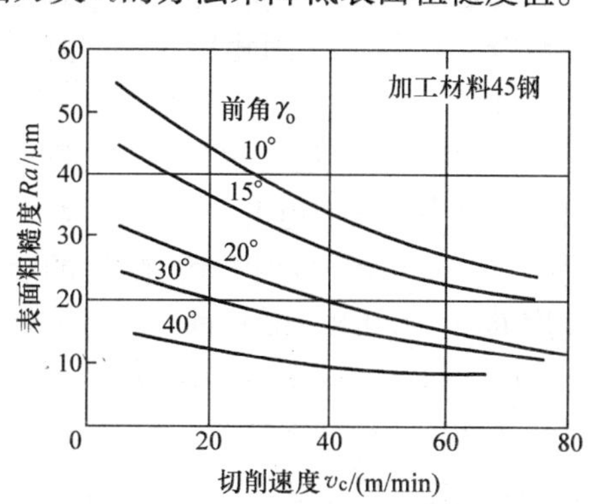

图 1-62　γ_o 对 Ra 的影响

2）主偏角 κ_r、副偏角 κ_r' 和刀尖圆弧半径 r_ε。减小主偏角可使残留面积高度 R_{max} 减小，但由于减小主偏角会使背向力显著增大而引起振动，所以，若要通过改变主偏角来改善加工表面质量，应考虑加工工艺系统的刚性是否允许。生产中常采用减小副偏角和增大刀尖圆弧半径的方法来减小残留面积高度 R_{max}。图 1-63 所示为副偏角 κ_r' 和刀尖圆弧半径 r_ε 对表面粗糙度 Ra 值的影响曲线。

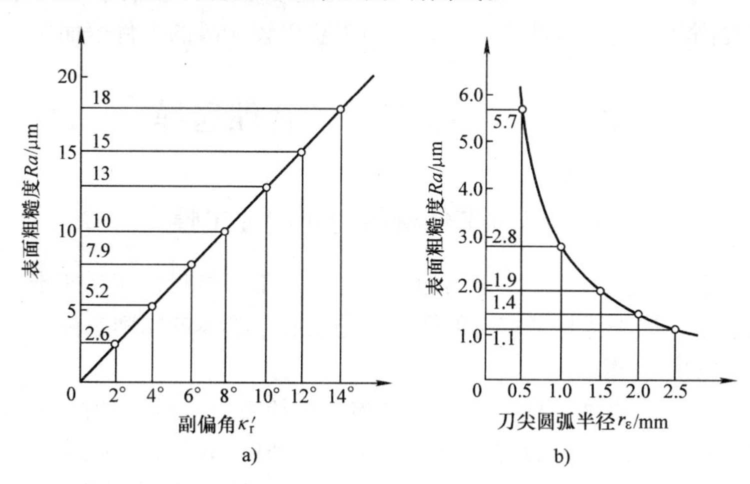

图 1-63　κ_r' 和 r_ε 对 Ra 的影响

a）$\kappa_r'-Ra$ 曲线　b）$r_\varepsilon-Ra$ 曲线

生产中刀具几何参数对表面粗糙度的影响，主要是各参数综合影响的结果。对前角 γ_o、主偏角 κ_r 和副偏角 κ_r' 进行正交切削试验，图 1-64 所示为 6 组不同的组合对表面粗糙度的影响波形。由试验曲线可知，减小副偏角（$\kappa_r'=5°$）、增大前角（$\gamma_o=15°$）和主偏角（$\kappa_r=75°$）时的表面粗糙度 Ra 值最小且波形平整。由此可知，在不影响刀面对已加工表面摩擦的情况下，减小副偏角κ_r'是减小表面粗糙度 Ra 值的较有效的措施。

(3) 刀具材料　刀具材料对加工表面质量的影响，主要决定于它们与加工材料间的摩擦因数、亲和程度、刀具材料的耐磨性和磨削性。

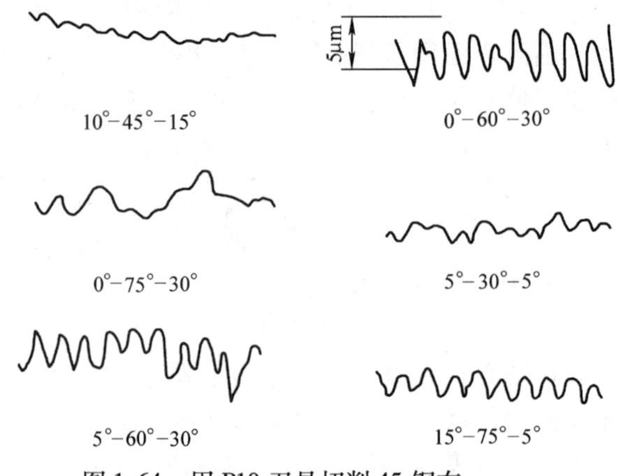

图 1-64　用 P10 刀具切削 45 钢在 γ_o、κ_r、κ_r'不同组合时对 Ra 波形的影响

高速工具钢在刃磨时较易获得锋利切削刃和光整的刀面，在精车时配合其他切削参数及切削液，表面粗糙度 Ra 值可达 2.5 ~ 1.25μm；硬质合金刀具在高速车削时，表面粗糙度 Ra 值可达 0.8μm；陶瓷刀具可选用很高的切削速度，其摩擦因数小，不易粘屑，刀具不易磨损，切削钢的表面粗糙度 Ra 值为 0.8 ~ 0.4μm，切削铸铁时 Ra 值可达 0.8 ~ 1.6μm；CBN 刀具的耐磨性好，经精细刃磨后在高速切削时，表面粗糙度 Ra 值可达 0.10μm；金刚石刀具切削时的摩擦因数是陶瓷刀具的1/3，其刃口非常锋利、光洁及平直，有极高的硬度和耐磨性，切削时背吃刀量小，加工非铁材料时可获得非常高的表面质量（Ra 值为 0.1 ~ 0.05μm）。

(4) 切削液　高速工具钢等在低速切削过程中，浇注润滑性良好的切削液可减小积屑瘤、鳞刺的影响，减小表面粗糙度 Ra 值。高速切削时，由于切削液浸入切削区域较困难、切屑流出时被带走且零件转动时被甩出，因此对表面粗糙度 Ra 值影响不明显。

(5) 热处理　当工件材料塑性较大，而表面粗糙度值又要求很小时，可在精加工前进行调质处理，以提高其硬度，降低其塑性，有利于获得较光滑的工件表面。

模块 8　切削条件的合理选择

单元 1　工件材料的切削加工性

工件材料的切削加工性是指在一定的加工条件下，工件材料被切削的难易程度。材料被加工的难易程度，不仅取决于材料本身的性能，还取决于具体的切削条件。

1. 切削加工性的评价指标

(1) 工件材料的使用性能指标　工件材料的物理和力学性能是切削加工性的重要影响因素，因此，通常根据工件材料的物理和力学性能（硬度 HBW、抗拉强度 R_m、伸长率 A、冲击韧度和热导率）来划分切削加工性等级，衡量切削该材料的难易程度。表 1-12 所列的材料切削加工性等级，能较为直观和全面地反映切削加工的难易。

例如，正火 45 钢的性能为 229HBW，R_m = 0.598GPa，A = 16%，冲击韧度为 588kJ/m^2，热导率为 50.24W/(m·K)，从表 1-12 中查出各项性能的切削加工性等级为“4-3-2-2-4”，因而正火 45 钢属于较易切削的金属材料。

(2) 相对切削加工性指标　通常将切削 45 钢（170 ~ 229HBW，R_m = 0.637GPa）达到刀具寿命 T = 60min 的切削速度 v_{060}作为标准，在相同的加工条件下，切削其他材料的 v_{60}与

v_{060}的比值 K_r 称为相对切削加工性指标，即

$$K_r = \frac{v_{60}}{v_{060}} \tag{1-32}$$

表 1-12　工件材料切削加工性等级

切削加工性		易切削			轻易切削		较难切削			难切削			
等级代号		0	1	2	3	4	5	6	7	8	9	9_a	9_b
硬度	HBW	≤50	>50~100	>100~150	>150~200	>200~250	>250~300	>300~350	>350~400	>400~480	>480~635	>635	
	HRC					>14~24.8	>24.8~32.3	32.3~38.1	>38.1~43	>43~50	>50~60	>60	
抗拉强度 R_m/GPa		≤0.196	>0.196~0.441	>0.441~0.588	>0.588~0.784	>0.784~0.98	>0.98~1.176	>1.176~1.372	>1.372~1.568	>1.568~1.764	>1.764~1.96	>1.96~2.45	>2.45
伸长率 A（%）		≤10	>10~15	>15~20	>20~25	>25~30	>30~35	>35~40	>40~50	>50~60	>60~100	>100	
冲击韧度 a_k/(kJ/m²)		≤196	>196~392	>392~588	>588~784	>784~980	>980~1372	>1372~1764	>1764~1962	>1962~2450	>2450~2940	>2940~3920	
热导率 /[W/(m·K)]		418.68~293.08	<293.08~167.47	<167.47~83.47	<83.47~62.80	<62.80~41.87	<41.87~33.5	<33.5~25.12	<25.12~16.75	<16.75~8.37	<8.37		

$K_r>1$ 表示较 45 钢易切削；$K_r<1$ 表示较 45 钢难切削，属于难切削材料，如调质 45Cr、65Mn、不锈钢、钛合金、奥氏体锰钢、镍基高温合金等。目前常用的工件材料，按相对切削加工性 K_r 可分为 8 级，见表 1-13。

表 1-13　工件材料相对切削加工性等级

加工性等级	名称及种类		相对加工性 K_r	代表性材料
1	很容易切削材料	一般非铁金属	>3.0	QAl 9-4、铝镁合金
2	容易切削材料	易切削钢	2.5~3.0	退火 15Cr，R_m=0.373~0.441GPa
3		较易切削钢	1.6~2.5	正火 30 钢切削 R_m=0.441~0.549GPa
4	普通材料	一般钢及铸铁	1.0~1.6	45 钢、灰铸铁
5		稍难切削材料	0.65~1.0	20Cr13 调质，R_m=0.834GPa 85 钢，R_m=0.883GPa
6	难切削材料	较难切削材料	0.5~0.65	45Cr 调质，R_m=1.03GPa 65Mn 调质，R_m=0.932~0.981GPa
7		难切削材料	0.15~0.5	50CrV 调质、07Cr19Ni11Ti、某些钛合金
8		很难切削材料	<0.15	某些钛合金、铸造镍基高温合金

此外，根据不同的加工条件与要求，也可按刀具寿命指标、加工表面质量、切削力和切屑控制或断屑的难易程度等指标来衡量工件材料切削加工性的好坏。

2. 常用材料的切削加工性简述

（1）铸铁　铸铁属于较易切削加工材料。切削铸铁时变形小，切削力小，切削温度较低，易产生崩碎切屑，有微振，不易得到小的表面粗糙度值。灰铸铁、可锻铸铁、球墨铸铁的石墨分别呈片状、团絮状和球状，它们的强度依次提高，切削加工性随之变差。在铸铁的基体组织中，若珠光体和碳化物的含量增多，则硬度提高，切削加工性变差。

选用刀具：通用型高速工具钢、K类硬质合金。

刀具几何参数：较小前角 γ_o。

切削用量：较小切削速度 v_c。

（2）碳素结构钢 普通碳素钢的切削加工性主要取决于含碳量。低碳钢的硬度低，塑性和韧性高，故切削变形大，切削温度高，易产生粘屑和积屑瘤，断屑困难，不易得到小的表面粗糙度值，故低碳钢的切削加工性较差。

选用刀具：高速工具钢、P类硬质合金。

刀具几何参数：较大的前角 γ_o 和后角 α_o， $+\lambda_s$ 和较大的 κ_r，切削刃锋利。

切削用量：高速工具钢采用低速，硬质合金采用较高切削速度。

高碳钢的硬度高，塑性及热导率低，切削力大，切削温度高，刀具易磨损，刀具寿命短，故高碳钢的切削加工性较差。

选用刀具：高速工具钢、P类硬质合金、涂层刀具、Al_2O_3 陶瓷刀具。

刀具几何参数：较小的前角 γ_o，很窄的负倒棱，较小的 κ_r。

（3）合金结构钢 合金渗碳钢（如20Cr、20CrMnTi）属于低碳合金钢，其中加入了一定量的合金元素，使钢的强度提高，塑性和韧性有所下降，切削加工性提高，与低碳钢基本相同。

合金调质钢（如40Cr、40Mn2）属于中碳钢，其中加入了合金元素，使强度和硬度提高，塑性和韧性降低，热导率降低，其切削加工性较中碳钢差，基本等同于高碳钢。

（4）不锈钢 不锈钢的种类较多，常用的有马氏体不锈钢和奥氏体不锈钢。以奥氏体不锈钢07Cr19Ni11Ti为例，其硬度为291HBW、$R_m = 0.539\text{GPa}$、$A = 40\%$、冲击韧度为 2452kJ/m^2、热导率为14W/(m·K)，切削加工性等级为“5-2-6-9-8”，属于难切削材料。它具有如下特点：

1）伸长率是45钢的2.5倍，冲击韧度是45钢的4倍，塑性高，加工硬化严重，切削力大。

2）切削温度比45钢高200～300℃，热导率只有45钢的1/3，刀具容易磨损。

3）容易粘刀和生成积屑瘤，从而影响已加工表面质量。

4）断屑困难。

选用刀具：M类、K20、K30类硬质合金，不宜采用P类硬质合金。

刀具几何参数：较大的前角 γ_o，$-\lambda_s$，负倒棱，切削刃锋利。

切削用量：切削速度 v_c 较切削45钢低40%，背吃刀量 a_p 较大。

3. 改善材料切削加工性的途径

（1）进行适当热处理 在金属材料性能及工艺要求允许的范围内，可采取适当的热处理方法来改善材料的切削加工性。例如，低碳钢进行正火处理，细化晶粒，可提高硬度，降低韧性；高碳钢通过退火处理，可使其硬度降低，便于切削；不锈钢进行调质处理，可降低其塑性，以便于加工；灰铸铁可进行退火处理，以降低表皮硬度，消除内应力。

（2）合理选用刀具材料 根据加工材料的性能与要求，选择与之匹配的刀具材料。例如，加工含钛元素的各类难加工材料时，应选用K类或M类硬质合金刀具，以防止与P类硬质合金发生亲和作用；YS、YM类可用于切削高温合金、奥氏体锰钢、淬火钢和冷硬铸铁等。

（3）其他措施

1）合理选择刀具几何参数。即从减小切削力、改善热量传散、增加刀具强度、有效断屑、减少摩擦和提高刃磨质量等方面来调节各参数间的大小关系，达到改善切削加工性的作用。

2）保持切削系统的足够刚性。

3）选用高效切削液及有效浇注方式。

4）采用新的切削加工技术，如加热切削、低温切削和振动切削等。

单元2　切　削　液

合理选用切削液能有效地减小切削力、降低切削温度，从而延长刀具寿命，防止工件发生热变形，提高加工质量。此外，使用高性能切削液也是改善某些难加工材料切削加工性的一个重要措施。

1. 切削液的作用

（1）冷却作用　切削液浇注在切削区域内，利用液体吸收大量热，并以热传导、对流和汽化等方式来降低切削温度。

（2）润滑作用　切削过程中，由于刀具与切屑、工件之间存在很大的压力，切削液难以进入液体润滑状态，只能形成边界润滑。带油脂的极性分子吸附在刀具的前、后面上，形成了物理性吸附膜；添加的硫、氯、磷等极压添加剂可与金属表面产生化学反应而形成牢固的化学性吸附膜，从而在高温时减小接触面间的摩擦，减小刀具磨损，提高润滑效果。

（3）排屑和洗涤作用　在磨削、钻削、深孔加工和自动化生产中，利用浇注或高压喷射的方法排除切屑或引导切屑流向，冲洗机床及工具上的细屑与磨粒。

（4）缓蚀作用　切削液中加入了缓蚀添加剂，它能与金属表面发生化学反应而生成保护膜，从而起到缓蚀等作用。

此外，切削液应满足具有物理、化学稳定性（抗泡沫性、抗霉菌变质性、无变质臭味），排放时不污染环境，对人、机无害和使用经济性等要求。

2. 切削液的种类及应用

生产中常用的切削液有以冷却为主的水溶性切削液和以润滑为主的油溶性切削液。

（1）水溶性切削液　水溶性切削液包括水溶液、乳化液和合成切削液。

1）水溶液。主要成分为软水，加入防锈剂、防霉剂，具有较好的冷却效果。主要用于粗加工及普通磨削加工。

2）乳化液。乳化液是水和乳化油混合后经搅拌形成的乳白色液体。乳化油由矿物油、脂肪酸、皂、催渗乳化剂和乳化稳定剂配制而成。乳化液用途广泛，能自行配制。表1-14列举了粗加工、精加工和用复杂刀具加工碳钢时乳化液的配制浓度。

表1-14　乳化液的选用

加工要求	粗车、普通磨削	切割	粗铣	铰孔	拉削	齿轮加工
浓度（%）	3~5	10~20	5	10~15	10~20	15~25

3）合成切削液。合成切削液是国内外推广使用的高性能环保型切削液，其主要成分为水、催渗剂和防锈剂。主要用于高速磨削、难加工材料的钻孔、铣削和攻螺纹。

（2）油溶性切削液　油溶性切削液主要有切削油和极压切削油。

1）切削油。切削油包括矿物油、动植物油和复合油（矿物油与动植物油的混合油），其中常用的是矿物油。

矿物油包括 20 号、32 号机械油、轻柴油和煤油等。机械油的润滑性较好，在普通精车、螺纹精加工中使用甚广；轻柴油的流动性好，有冲洗作用，在自动机加工中使用较多；煤油的渗透性突出，也具有冲洗作用，故常用于精加工铝合金、精刨铸铁和用高速工具钢铰刀精铰孔等场合。浇注煤油能明显减小表面粗糙度值和提高刀具寿命。

2）极压切削油。极压切削油是在矿物油中添加氯、硫、磷等极压添加剂配制而成的。高温、高压下，它们快速地与金属发生反应生成氯化铁、硫化铁等化学吸附膜，在 400 ~ 800℃（依次为磷化物、氯化物、硫化物）的高温时仍能起润滑作用。因此，极压切削油在高速加工、精加工及对难加工材料进行切削时使用较多。

需要注意的是：因硫会腐蚀铜，故切削铜和铜合金时，不能使用含硫的切削液；切削铝时，不宜使用水溶液、硫化切削油及含氯的切削液（高温时水会使铝产生针孔；硫化切削油可与铝形成强度高于铝本身的化合物，不但不能起到润滑作用，反而会增大刀具与切削表面间的摩擦）；陶瓷刀具因对热裂很敏感，一般不使用切削液。

3. 固体润滑剂

固体润滑剂中使用最多的是二硫化钼（MoS_2）。MoS_2 润滑膜具有很小的摩擦因数（0.05 ~ 0.09）、高的熔点（1185℃）、高的抗压性（3.1GPa）和牢固的附着力。切削时可将 MoS_2 涂在刀面或工作表面上，也可添加在切削油中，在高温、高压情况下仍能保持很好的润滑和耐磨性。此外，使用 MoS_2 润滑剂能防止粘结和抑制积屑瘤形成，从而延长刀具寿命和减小表面粗糙度值。

固体润滑剂是一种很好的环保型润滑剂，已用于车孔、铰孔、深孔攻螺纹、拉孔等加工中。

单元 3　刀具几何参数的选择

1. 刀具的合理几何参数

刀具几何参数选择得是否合理，对刀具的使用寿命、加工质量、生产率和加工成本等有着重要影响。所谓刀具的合理几何参数，是指在保证加工质量的前提下，能够满足刀具使用寿命长、生产率较高、加工成本较低等条件的刀具几何参数。一般来说，刀具的合理几何参数包含以下四个方面的基本内容：

（1）刀具角度　包括前角 γ_o、后角 α_o、主偏角 κ_r、副偏角 κ_r' 和刃倾角 λ_s 等。

（2）前、后面形式　如前面上磨出断屑槽、卷屑槽，后面上双重刃磨或铲背等。

（3）切削刃形状　如直线刃、折线刃、圆弧刃、月牙弧刃、波形刃等，刀尖（及过渡刃）的形状也属于刃形问题。

（4）刃口形状　切削刃的剖面形式，简称刃区形式。

以上四方面的内容是相互联系的，从整体上构成一个合理的刀具切削部分。

2. 前角 γ_o 的功用及其选择

（1）前角的功用

1）直接影响切削区域的变形程度。增大刀具前角，可使切削刃锋利，减小刀面挤压切削层时的塑性变形，减小切屑流经前面时的摩擦阻力，从而减小了切削力、切削热和切削功率。

2）直接影响切削刃与刀头强度、受力性质和散热条件。刀具前角大，将导致切削刃与刀头的强度降低，刀头的散热体积减小；过分加大前角，有可能导致切削刃处出现弯曲应力，造成崩刃。

3）直接影响切屑形态和断屑效果。较小的前角可以增大切屑的变形，使之易于脆化断裂。

4）影响加工表面质量。增大前角可减小表面粗糙度值，值得注意的是，前角的大小同切削过程中的振动现象有关，减小前角或者采用负前角时，振幅将急剧增大。

（2）前角的选择原则和参数值

1）工件材料。工件材料的强度、硬度低，可以取较大的甚至是很大的前角；工件材料的强度、硬度高，应取较小的前角；加工特别硬的工件时，前角要取得很小甚至取负值；加工塑性材料，尤其是冷加工硬化严重的材料时，应取较大的前角；加工脆性材料时，可取较小的前角。

2）加工性质。精加工时前角应大些；粗加工（特别是断续切削）承受冲击性载荷，或粗切有硬皮的铸件时，为保证切削刀具有足够的强度，应适当减小前角。但在采取某些强化切削刃及刀尖的措施之后，也可增大前角至合理的数值。成形刀具及展成法刀具，为减小刀具的刃形误差对零件加工精度的影响，常取较小的前角，甚至取 $\gamma_o=0°$。

3）刀具材料。刀具材料的抗弯强度较低、韧性较差时，应选用较小的前角，如高速工具钢刀具与硬质合金刀具相比允许选用较大的前角（可增大 5°～10°）；陶瓷刀具的抗弯强度是高速工具钢的 1/3～1/2，故其前角应比硬质合金还小。

4）工艺系统刚性。工艺系统刚性差和机床功率不足时，应选取较大的前角。

5）对于数控机床和自动生产线所用刀具，应考虑保障刀具尺寸公差范围内的使用寿命及工作的稳定性，而选用较小的前角。

3. 后角 α_o 的功用及其选择

（1）后角的功用

1）后角的主要功用是减小后面与过渡表面之间的摩擦。增大后角能减小摩擦，从而提高已加工表面的质量和刀具的使用寿命。

2）后角越大，切削刃钝圆半径 r_n、楔角越小，切削刃越锋利。

3）在同样的磨钝标准 VB 下，后角大的刀具由新用到磨钝所磨去的金属体积较大，这也是增大后角可以提高刀具寿命的原因之一。但它带来的问题是刀具的径向磨损值 NB 大（$\Delta_1 \to \Delta_2$），当工件尺寸精度要求较高时，就不宜采用大后角，或需要进行切深补偿调整，如图 1-65 所示。

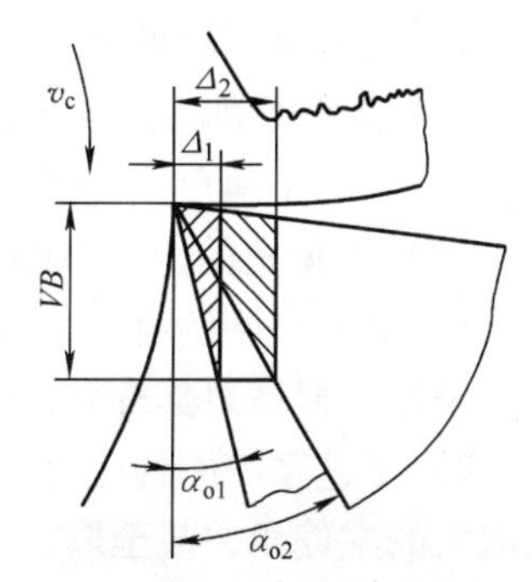

图 1-65 后角重磨后对加工精度的影响

4）增大后角将使切削刃和刀头的强度削弱，散热体积减小；且 NB 一定时的磨耗体积小，刀具寿命低。

（2）后角的选择原则和参数值

1）加工性质。用于粗加工、强力切削及承受冲击载荷的刀具，要求切削刃强固，应取较小的后角（$\alpha_o=6°\sim8°$）；

精加工时，刀具磨损主要发生在切削刃区和后面上，增大后角可提高刀具寿命和加工表面质量，宜取 $\alpha_o=8°\sim12°$。

2）工件材料。工件材料的硬度、强度较高时，为保证切削刃强度，宜取较小的后角；加工脆性材料时，切削力集中在刃区附近，宜取较小的后角；工件材质较软、塑性较大或易发生加工硬化时，后面的摩擦对加工表面的质量及刀具磨损影响较大，应适当加大后角。

3）工艺系统刚性。工艺系统刚性差，容易出现振动时，应适当减小后角。

4）加工精度。对于各种有尺寸精度要求的刀具，为了限制重磨后刀具尺寸的变化，宜取较小的后角。

表1-15所列为硬质合金车刀合理前角、后角的参考值，高速工具钢车刀的前角一般比表中的值大5°~10°。

表1-15　硬质合金车刀合理前角、后角的参考值

工件材料	合理前角参考值		合理后角参考值	
	粗车	精车	粗车	精车
低碳钢	20°~25°	25°~30°	8°~10°	10°~12°
中碳钢	10°~15°	15°~20°	5°~7°	6°~8°
合金钢	10°~15°	15°~20°	5°~7°	6°~8°
淬火钢	-15°~-5°		8°~10°	
不锈钢（奥氏体）	15°~20°	20°~25°	6°~8°	8°~10°
灰铸铁	10°~15°	5°~10°	4°~6°	6°~8°
铜及铜合金（脆）	10°~15°	5°~10°	5°~8°	6°~8°
铝及铝合金	30°~35°	35°~40°	8°~10°	10°~12°
钛合金（$R_m\leqslant1.177$GPa）	5°~10°		10°~15°	

4. 主偏角 κ_r、副偏角 κ_r' 的功用及其选择

（1）主偏角和副偏角的功用

1）减小主、副偏角，可减小切削加工残留面积高度，提高表面质量。

2）影响切削层的形状，尤其是主偏角直接影响同时参与工作的切削刃长度和单位切削刃的负荷。

3）增大主偏角，可使背向力减小，切削平稳。

4）主偏角和副偏角决定刀尖角 ε_r，从而直接影响刀尖的强度和散热体积。减小主偏角，可以降低切削温度，提高刀具寿命。

5）大的主偏角使切削厚度增大，断屑性能好。

（2）主偏角的选择原则和参数值

1）加工很硬的材料，如冷硬铸铁和淬火钢时，为减轻单位切削刃上的负荷，改善刀头散热条件，提高刀具寿命，宜取较小的主偏角。

2）工艺系统刚性较好时，减小主偏角可提高刀具寿命；刚性不足（如车细长轴）时，应取大的主偏角，甚至取主偏角 $\kappa_r\geqslant90°$，以减小背向力 F_p，减少振动。

3）对于需要从中间切入的，以及仿形加工的车刀，应增大主偏角和副偏角；有时由于工件形状的限制，如车阶梯轴，需要使用 $\kappa_r=90°$ 的偏刀。

4）单件小批生产，希望用1～2把刀具加工出工件上的所有表面（外圆、端面、倒角）时，应选取通用性较好的45°车刀或与直角台阶相适应的90°车刀。

（3）副偏角的选择原则和参考值　副切削刃的主要任务是最终形成已加工表面，因此，副偏角κ_r'的合理数值首先应满足加工表面的质量要求，再考虑刀尖强度和散热要求。此外，选取副偏角也要考虑振动问题，但与主偏角相比，振动的影响比较小。

1）在不引起振动的情况下，刀具的副偏角可选取较小的数值，如车刀、面铣刀和刨刀均可取$\kappa_r'=5°\sim10°$。

2）精加工刀具的副偏角应取得更小一些，必要时可磨出一段$\kappa_r'=0°$的修光刃，修光刃长度b_ε'应略大于进给量，即$b_\varepsilon'\approx(1.2\sim1.5)f$。

3）加工高强度、高硬度材料或断续切削时，应取较小的副偏角（$\kappa_r'=4°\sim6°$），以提高刀尖强度。

4）对于切断刀、锯片铣刀和槽铣刀等，为了保证刀头强度和重磨后刀体强度变化较小，只能取很小的副偏角，即$\kappa_r'=1°\sim2°$

5. 刃倾角λ_s的功用及其选择

（1）刃倾角的功用

1）影响切屑流出方向。如图1-66所示，当$\lambda_s=0°$时，切屑沿主切削刃垂直方向流出；当$\lambda_s>0°$时，切屑流向待加工表面，适用于精加工；当$\lambda_s<0°$时，切屑流向已加工表面，容易划伤工件表面，适用于粗加工。

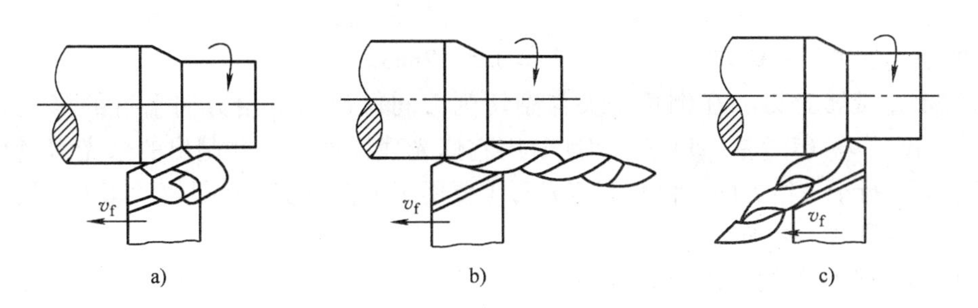

图1-66　刃倾角对切屑流向的影响
a）$\lambda_s=0$　b）$\lambda_s<0$　c）$\lambda_s>0$

2）影响刀尖强度和刀尖散热条件。在非自由不连续切削时，负的刃倾角使远离刀尖的切削刃处先接触工件，可避免刀尖受到冲击；正的刃倾角将使冲击载荷首先作用于刀尖。同理，负的刃倾角可使刀头强固，刀尖处的散热条件较好，有利于提高刀具寿命。生产中，常在选用较大前角的，同时选取负的刃倾角，以解决“锋利与强固”的矛盾。

3）影响切入切出的平稳性。当刃倾角$\lambda_s=0$时，切削刃同时切入和切出，冲击力大；当刃倾角$\lambda_s\neq0$时，切削刃逐渐切入工件，冲击小，而且刃倾角值越大、切削刃越长、切削刃单位长度上的负荷越小，切削过程越平稳。

4）影响切削分力之间的比值。以外圆车刀为例，当刃倾角λ_s从$+10°$变化到$-45°$时，F_p约增大2倍，这将造成工件弯曲变形和振动。

（2）刃倾角的选择原则和参考值　加工钢件或铸铁件时，粗车取$\lambda_s=-5°\sim0°$，精车取$\lambda_s=0°\sim5°$；有冲击负荷或断续切削时，取$\lambda_s=-15°\sim-5°$。加工高强度钢、淬硬钢或强力切削时，为提高刀头强度，宜取 $\lambda_s = -30° \sim -10°$。当工艺系统的刚度较差时，一般不宜采用负刃倾角，以避免背向力的增加。对于金刚石和立方氮化硼车刀，宜取 $\lambda_s = -5° \sim 0°$。

6. 刀尖修磨形式

在刀具上，强度较差、散热条件不好的位置是刀尖，即主、副切削刃连接处。为强化刀尖，常在刀尖处修磨出如图 1-67 所示的三种过渡刃：修圆刀尖、倒角刀尖和倒角带修光刃，以提高刀尖处的强度，加强热量传散，减小残留面积，提高进给量。

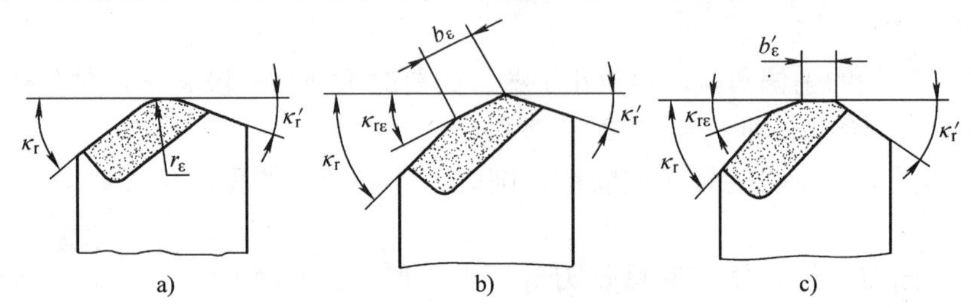

图 1-67 刀尖修磨形式

a）修圆刀尖 b）倒角刀尖 c）倒角带修光刃

（1）修圆刀尖 修圆刀尖的刀具常用于精加工和半精加工。若在粗加工刀具和切削难加工材料刀具上修圆刀尖，则在系统刚性足够的条件下可提高进给量。通常刀尖圆弧半径 $r_\varepsilon = 0.2 \sim 2\text{mm}$。

过大的刀尖圆弧半径会使背向力 F_p 增大，影响断屑。

（2）倒角刀尖 倒角刀尖主要用于车刀、可转位面铣刀和钻头的粗加工、半精加工和有间断的切削加工，一般取 $\kappa_{r\varepsilon} = \kappa_r/2$、$b_\varepsilon = 0.5 \sim 2\text{mm}$。

（3）倒角带修光刃 在倒角刀尖与副切削刃间做出与进给方向平行的修光刃，其上 $\kappa'_{r\varepsilon} = 0$，宽度 $b'_\varepsilon = (1.2 \sim 1.5) f$，切削时用它修光残留面积。磨制出的修光刃应平直、锋利，且装刀平行于进给方向。倒角带修光刃主要用于工艺系统刚性足够的车刀、刨刀和面铣刀的较大进给量的半精加工。

7. 刃口修磨形式

主切削刃的刃口有如图 1-68 所示的 5 种修磨形式：锋刃、修圆刃口、负倒棱刃口、平棱刃口及负后角倒棱刃口。

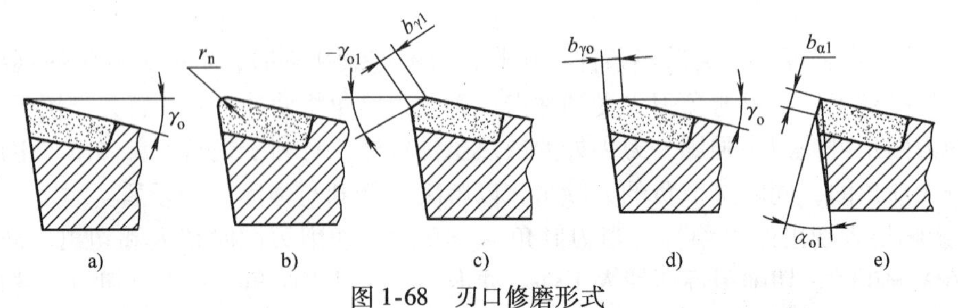

图 1-68 刃口修磨形式

a）锋刃 b）修圆刃口 c）负倒棱刃口 d）平棱刃口 e）负后角倒棱刃口

（1）锋刃 高速工具钢刀具精加工时磨出锋利刃口，在合理的刀具角度和切削用量条件下，能获得很高的加工表面质量。用硬质合金刀具加工韧性高的材料时，为减少切削刃粘屑，应磨制锋利刃口。

（2）修圆刃口　修圆刃口在可转位刀片上较普遍，一般取 $r_n<0.1$mm，它切削时提高了刃口强度，尤其是在切削硬材料时能提高切削用量。

（3）负倒棱刃口及平棱刃口　负倒棱刃口、平棱刃口均可提高刃口强度和抗冲击能力，并能改善散热条件，提高刀具寿命。但过大的刃口修磨量会使切削力增加而易引起振动，通常取刃口倒棱宽度 $b_{\gamma1}=f/2$，倒棱角度 $\gamma_{o1}=-5°\sim-15°$。

（4）负后角倒棱　负后角倒棱在切削时起阻尼作用，能抑制振动。修磨的负倒棱宽度 $b_{\alpha1}=0.1\sim0.3$mm、负后角 $\alpha_{o1}=-3°\sim-5°$，生产中的切断刀、高速螺纹车刀和细长轴车刀上均有采用。0°后角倒棱称为刃带，在制造、刃磨钻头、铰刀、拉刀等定尺寸刀具时，有利于控制和保持尺寸精度。

单元4　切削用量的选择

切削用量三要素对切削力、刀具磨损和刀具寿命、产品加工质量等都有直接影响。合理的切削用量是指充分利用刀具的切削性能和机床性能（功率、转矩），在保证质量的前提下，使得切削效率最高和加工成本最低的切削用量。

1. 选择切削用量的原则

要制订合理的切削用量，需要综合考虑生产率、加工质量和加工成本。

（1）切削用量对生产率的影响　以外圆车削为例，粗加工时毛坯的余量较大，加工精度和表面粗糙度值要求均不高，在制订切削用量时，要在保证刀具寿命的前提下，尽可能地以提高生产率和降低加工成本为目标。切削用量三要素 v_c、f、a_p 中的任何一个参数增加1倍，都可使生产率增加1倍。通常背吃刀量不宜取得过小，否则为了切除余量，可能使进给次数增加，这样会增加辅助时间，反而会使金属切除率降低。

（2）切削用量对刀具寿命的影响　在切削用量三要素中，切削速度 v_c 对刀具寿命的影响最大，进给量 f 的影响次之，背吃刀量 a_p 的影响最小。因此，从保证合理的刀具寿命角度来考虑，应首先选择尽可能大的背吃刀量 a_p；其次按工艺和技术条件的要求选择较大的进给量 f；最后根据合理的刀具寿命，用计算法或查表法确定切削速度 v_c。

（3）切削用量对加工质量的影响　在切削用量三要素中，切削速度 v_c 增大时，切削变形和切削力有所减小，已加工表面的表面粗糙度值减小；进给量 f 增大时，切削力将增大，而且表面粗糙度值会显著增大；背吃刀量 a_p 增大时，主切削力 F_c 成比例增大，使工艺系统的弹性变形增大，并可能引起振动，从而降低加工精度，使已加工表面的表面粗糙度值增大。因此，在精加工和半精加工时，常常采用较小的背吃刀量 a_p 和进给量 f，较高的切削速度（如硬质合金车刀）或较低的切削速度（如高速工具钢宽刃精车刀）。

选择切削用量的基本原则和步骤是：先定 a_p，再选 f，最后确定 v_c。必要时需校验机床功率是否允许。

2. 切削用量的选定

（1）背吃刀量 a_p

1）粗加工（表面粗糙度 Ra 值为50～12.5μm）。除留给后道工序的余量外，当加工余量不多且较均匀，工艺系统刚性足够时，应使背吃刀量一次切除余量，即 $a_p=A$（A 为半径方向加工余量）。

2）加工面上有硬化层、氧化皮或硬杂质。若加工余量足够，则 a_p 也应加大。若 $A>$

6mm，工艺系统刚度不足或断续切削等需分两次切除余量，则第一次背吃刀量 a_{p1} = （2/3 ~ 3/4）A，第二次背吃刀量 a_{p2} = （1/4 ~ 1/3）A。

3）半精加工（表面粗糙度 Ra 值为6.3 ~3.2μm）。$a_p = A$，背吃刀量一般为0.5 ~2mm。

4）精加工（表面粗糙度 Ra 值为1.6 ~0.8μm）。$a_p = A$，背吃刀量为0.1 ~0.5mm。

（2）进给量 f　粗加工时，由于工件的表面质量要求不高，进给量的选择主要受切削力的限制。在机床进给机构的强度、车刀刀柄的强度和刚度、工件的装夹刚度等工艺系统强度良好，且硬质合金或陶瓷刀片等刀具的强度较大的情况下，可选用较大的进给量。断续切削时，为减小冲击，要适当减小进给量。

在半精加工和精加工时，因背吃刀量较小，切削力不大，进给量的选择主要考虑加工质量和已加工表面的表面粗糙度值，进给量一般取较小值。

在实际生产中，进给量常常根据经验或查表法确定。粗加工时，根据加工材料、车刀刀柄尺寸、工件直径及已确定的背吃刀量，按表1-16选择进给量。在半精加工和精加工时，则根据表面粗糙度值的要求，按工件材料、刀尖圆弧半径和切削速度由表1-17选择进给量。

表1-16　硬质合金及高速工具钢车刀粗车外圆和端面时进给量的参考值

工件材料	车刀刀柄尺寸 $B \times H$ /mm×mm	工件直径 /mm	背吃刀量/mm				
			≤3	>3~5	>5~8	>8~12	>12
			进给量/(mm/r)				
碳素结构钢和合金结构钢	16×25	20	0.3~0.4	—	—	—	—
		40	0.4~0.5	0.3~0.4	—	—	—
		60	0.5~0.7	0.4~0.6	0.3~0.5	—	—
		100	0.6~0.9	0.5~0.7	0.5~0.6	0.4~0.5	—
		400	0.8~1.2	0.7~1.0	0.6~0.8	0.5~0.6	—
	20×30 25×25	20	0.3~0.4	—	—	—	—
		40	0.4~0.5	0.3~0.4	—	—	—
		60	0.6~0.7	0.5~0.7	0.4~0.6	—	—
		100	0.8~1.0	0.7~0.9	0.5~0.7	0.4~0.7	—
		600	1.2~1.4	1.0~1.2	0.8~1.0	0.6~0.9	0.4~0.6
	25×40	60	0.6~0.9	0.5~0.8	0.4~0.7		—
		100	0.8~1.2	0.7~1.1	0.6~0.9	0.5~0.8	—
		1000	1.2~1.5	1.1~1.5	0.9~1.2	0.8~1.0	0.7~0.8
铸铁及铜合金	16×25	40	0.4~0.5	—	—	—	—
		60	0.6~0.8	0.5~0.8	0.4~0.6	—	—
		100	0.8~1.2	0.7~1.0	0.6~0.8	0.5~0.7	—
		400	1.0~1.4	1.0~1.2	0.8~1.0	0.6~0.8	—
	20×30 25×25	40	0.4~0.5	—	—	—	—
		60	0.6~0.9	0.5~0.8	0.4~0.7	—	—
		100	0.9~1.3	0.8~1.2	0.7~1.0	0.5~0.8	—
		600	1.2~1.8	1.2~1.6	1.0~1.3	0.9~1.1	0.7~0.9

注：1. 加工断续表面及有冲击的工件时，表内的进给量应乘以系数 k，k=0.75 ~0.85。

2. 加工耐热钢及其合金时，不采用大于1.0mm/r的进给量。

3. 加工淬硬钢时，表内进给量应乘以系数 k，当材料硬度为44 ~56HRC时，k=0.8；当硬度为57 ~62HRC时，k=0.5。

表 1-17 根据表面粗糙度值选择进给量的参考值

工件材料	表面粗糙度 Ra 值/μm	切削速度/(m/min)	刀尖圆弧半径/mm		
			0.5	1.0	2.0
			进给量/(mm/r)		
碳素结构钢和合金结构钢	10~5	≤50	0.3~0.5	0.45~0.60	0.55~0.70
		>50	0.4~0.55	0.55~0.65	0.65~0.70
	5~2.5	≤50	0.18~0.25	0.25~0.30	0.30~0.40
		>50	0.25~0.30	0.30~0.35	0.35~0.50
	2.5~1.25	≤50	0.10	0.11~0.15	0.15~0.22
		>50~100	0.11~0.16	0.16~0.25	0.25~0.35
		>100	0.16~0.20	0.20~0.25	0.25~0.35
铸铁及铜合金	10~5	不限	0.25~0.40	0.40~0.50	0.50~0.60
	5~2.5		0.15~0.25	0.25~0.40	0.40~0.60
	2.5~1.25		0.10~0.15	0.15~0.25	0.20~0.35

确定了粗、精加工进给量后，须按机床实有进给量进行修正后，才可实际使用。

（3）切削速度 v_c 确定了 a_p 和 f 后，即可根据要求达到的刀具寿命 T 来确定刀具寿命允许的切削速度 v_T

$$v_T = \frac{C_v}{T^m a_p^{x_v} f^{y_v}} K_v \tag{1-33}$$

式中 C_v——与工件材料、刀具材料和其他切削条件有关的常数；

x_v、y_v——达到刀具寿命 T 时，a_p、f 对 v_T 的影响指数；

K_v——达到刀具寿命 T 时，其他因素对 v_T 的修正系数。

式中各系数和指数可查阅切削用量手册。切削速度也可以由表 1-18 选定，并按下列步骤换算生产中所用的切削速度 v_c

$$v_T \rightarrow n\left(=\frac{1000v_T}{\pi d}\right) \rightarrow n_{实}\text{（接近的机床实有转速）} \rightarrow v_c\left(=\frac{\pi d n_{实}}{1000}\right)$$

在实际生产中，选择切削速度的一般原则是：

1）粗车时，背吃刀量 a_p 和进给量 f 均较大，故应选择较低的切削速度；精加工时，背吃刀量 a_p 和进给量 f 均较小，因此应选择较高的切削速度，同时应尽量避开积屑瘤和鳞刺产生的区域。

2）当加工材料的强度及硬度较高时，应选较低的切削速度；反之选较高的切削速度。材料的切削加工性越差，如加工奥氏体不锈钢、钛合金和高温合金时，切削速度应选得越低。易切削钢的切削速度要比同硬度的普通碳钢的高，加工灰铸铁的切削速度要比加工中碳钢时的低，加工铝合金和铜合金的切削速度则比加工钢时高得多。

3）刀具材料的切削性能越好时，切削速度应选得越高。

4）在断续切削或加工锻、铸件等带有硬皮的工件时，为了减小冲击和热应力，应适当降低切削速度。

5）加工大件、细长轴和薄壁工件时，要选用较低的切削速度；在工艺系统刚度较差的情况下，切削速度应避开产生自激振动的临界速度。

表 1-18 国产焊接和可转位车刀切削速度参考值

工件材料	热处理状态	刀具材料	v_c/(m/min)		
			$a_p=0.3\sim2$mm $f=0.08\sim0.3$mm/r	$a_p=2\sim6$mm $f=0.3\sim0.6$mm/r	$a_p=6\sim10$mm $f=0.6\sim1$mm/r
碳素钢	正火	YT15、YT30、YT5R、YC35、YC45	130~160	90~110	60~80
	调质		100~130	70~90	50~70
合金钢	正火	YT30、YT5R、YM10	110~130	70~90	50~70
	调质	YW1、YW2、YW3、YC45	80~110	50~70	40~60
不锈钢	正火	YG8、YG6A、YG8N、YW3、YM051、YM10	70~80	60~70	50~60
淬火钢	>45HRC	YT510、YM051、YM052	>45HRC，30~50	60HRC，20~30	—
钛合金	—	YS2T、YD15	$a_p=1.1$mm $f=0.1\sim0.3$mm/r	$a_p=2$mm $f=0.1\sim0.3$mm/r	$a_p=3$mm $f=0.1\sim0.3$mm/r
			36~65	28~49	26~44
灰铸铁	(<190HBW)	YG8、YG8N	90~120	60~80	50~70
	(190~225HBW)	YG3X、YG6X、YG6A	80~110	50~70	40~60
冷硬铸铁	≥45HRC	YG6X、YG8M、YM053、YD15、YS2、YDS15	$a_p=3\sim6$mm，$f=0.15\sim0.3$mm/r，15~17		

思考与练习

1. 车削直径为80mm、长200mm棒料外圆，要求加工到ϕ72mm，刀具每分钟沿工件轴向移动150mm，$n=300$r/min，试计算v_c、f、a_p和材料切除率Q。

2. 刀具正交平面参考系平面中p_r、p_s、p_o及其刀具角度γ_o、α_o、κ_r、κ'_r、λ_s如何定义？用平面图表示。

3. 法平面参考系与其基本角度定义和正交平面参考系及其刀具角度定义有何异同点？

4. 假定工作平面参考系的刀具角度是如何定义的？

5. 在题1中，若刀具的主偏角为$\kappa_r=75°$，试求其切削厚度、切削宽度和切削层公称横截面积。

6. 什么叫静止参考系和工作参考系？它们之间有何区别？

7. 工作正交平面参考系p_{re}、p_{se}、p_{oe}及其工作角度γ_{oe}、α_{oe}、κ_{re}、κ'_{re}、λ_{se}如何定义？

8. 简述刀具切削部分材料应具备的性能。

9. 常用的硬质合金有几类？列举常用牌号及其用途。

10. 金刚石与立方氮化硼各有何特点？它们分别适用于什么场合？

11. 简述常用硬质合金焊接刀片的型号及其使用范围。

12. 可转位车刀刀片如何标记？用规定的标记方法表示一种常用刀片的形状、尺寸、精度、结构等。

13. 可转位外圆、端面车刀如何标记？用规定的标记方法表示一种常用可转位外圆、端面车刀。

14. 试述刃磨车刀时的注意事项。

15. 试述切削过程中三个变形区的位置及其变形的特点。

16. 影响切削力的因素有哪些？

17. 为什么生产中在车削轴类零件时广泛选用75°车刀？

18. 刀具磨损过程分哪几个阶段？各阶段的特点是什么？

19. 在表1-19中分别用“↑”（提高、上升）和“↓”（减小、下降），或用变化曲线表示各因素对切削规律的影响趋势（刀具材料为硬质合金，工件材料为碳素结构钢，加工方式为外圆纵车）。

表 1-19 题 19 表

切削规律 切削因素	切削用量			工件材料硬度↑	刀具几何参数				加切削液
	v_c↑	a_p↑	f↑		γ_o↑	κ_r↑	r_ε↑	$b_{\gamma1}\times\gamma_{o1}$↑	
F_c									
θ									
VB									
T									
Ra									

20. 在生产中，为了减小已加工表面的表面粗糙度值，可采取哪些措施？
21. 衡量材料切削加工性的常用指标有哪些？其中根据工件材料的哪几项性能来判别加工性等级？
22. 试述改善工件材料切削加工性的途径。
23. 试述 v_{060} 的含义。
24. 简述浇注切削液的主要作用。
25. 常用切削液有哪些类型？各用于哪些场合？
26. 刀具的几何参数主要包括哪几方面？
27. 试述切削用量的选择原则。
28. 已知工件材料为 45 钢，$R_m=0.598\text{GPa}$，锻件，工件尺寸如图 1-69 所示。加工要求：车外圆至 ϕ48mm，表面粗糙度 Ra 值为 3.2μm，尺寸公差等级为 IT8。机床采用 CA6140 型卧式车床。刀具为焊接式 YT15 硬质合金外圆车刀，刀柄尺寸为 16mm×25mm×150mm，几何参数为 $\gamma_o=15°$，$\alpha_o=7°$，$\kappa_r=75°$，$\kappa_r'=15°$，$\lambda_s=0°$，$r_\varepsilon=0.6\text{mm}$，$b_{\gamma1}=0.2\text{mm}$，$\gamma_{o1}=-10°$。加工方案：粗车→半精车。试求半精车外圆的切削用量，并注明资料来源。

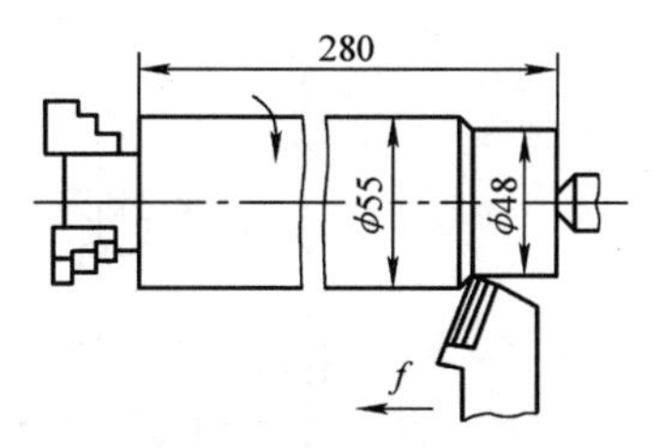

图 1-69 题 28 图

孔加工刀具的应用

【教学目标】

最终目标：能正确选用孔加工刀具，能合理选择切削用量，会刃磨普通钻头。

促成目标：

1）熟悉孔加工刀具的类型、结构及材料，掌握孔加工刀具的正确选用方法。

2）了解孔加工刀具的几何参数。

3）掌握合理选择切削用量的方法。

4）掌握普通钻头的刃磨方法。

模块1　案 例 分 析

图2-1所示为某公司生产的机座立体图，图2-2所示为其零件图，试分析该机座零件中批量生产时的机械加工工艺过程，并确定孔加工刀具。

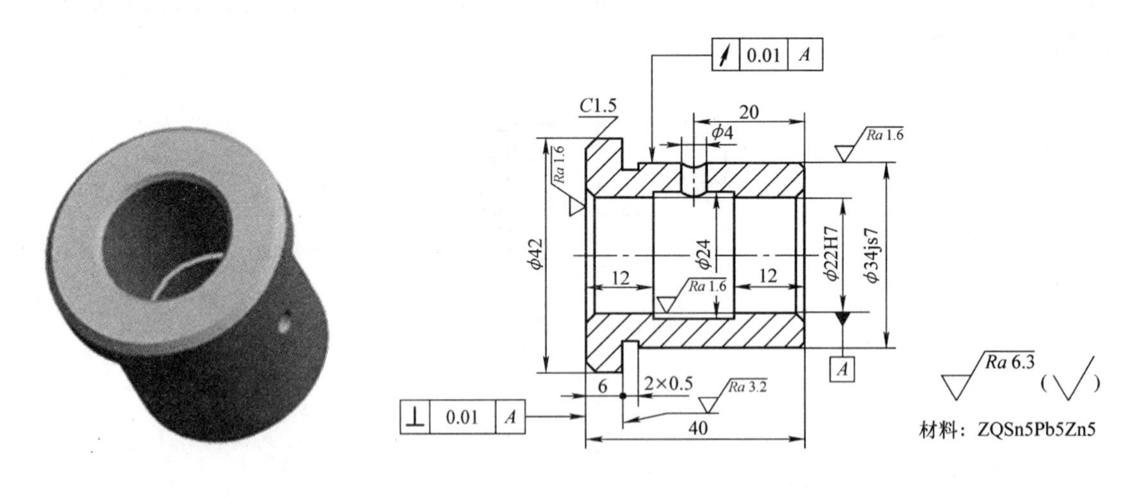

图2-1　机座立体图　　图2-2　机座零件图

单元1　技术要求分析

1. 尺寸公差

如图2-2所示，该机座内孔ϕ22H7的公差等级为IT7级，基孔制；外圆ϕ34js7也为IT7级。因此，孔的精度相对外圆来讲要求较高。

2. 几何公差

外圆 $\phi34js7$ 对孔 $\phi22H7$ 轴线的径向圆跳动公差为 0.01mm；左端面对孔 $\phi22H7$ 轴线的垂直度公差为 0.01mm。该零件外圆和内孔之间以及左端面和内孔之间的位置精度要求较高。

3. 表面粗糙度

外圆 $\phi34js7$、内孔 $\phi22H7$ 和左端面的表面粗糙度 Ra 值均不大于 1.6μm；机座台阶表面的表面粗糙度 Ra 值不大于 3.2μm，其余表面粗糙度 Ra 值不大于 6.3μm。

从上述分析可以看出，机座的重要加工表面为内孔 $\phi22H7$、外圆 $\phi34js7$，主要加工表面是左端面和台阶面。因此，保证内孔 $\phi22H7$、外圆 $\phi34js7$、左端面本身的尺寸精度，以及外圆、左端面与内孔之间的相互位置精度和表面粗糙度，是该机座加工的关键。

单元 2　工艺过程分析

制订工艺过程的依据是零件的结构、技术要求、生产类型和设备条件等。该机座属于短套类零件，其直径尺寸和轴向尺寸均不大，粗加工可以单件加工，也可以多件加工。单件加工时，每件都要留出装夹工件的长度，因此原材料浪费较多，所以这里采用多件加工的方法。

该机座的材料为 ZQSn5Pb5Zn5。其外圆的尺寸公差等级为 IT7 级，采用精车可以满足要求；内孔的尺寸公差等级也是 IT7 级，铰孔可以满足要求。内孔的加工顺序为钻→车孔→铰孔。主要定位基准为两端中心孔和孔 $\phi22H7$。

机座中批量生产时的加工工艺路线为：备料（6 件合一）→钻中心孔→粗车外圆→钻孔 $\phi22H7$ 成单件→车内槽 $\phi24$mm，车、铰孔 $\phi22H7$→精车外圆→钻径向油孔 $\phi4$mm→去毛刺→终检→入库。

单元 3　设备及工艺装备的选择

1. 设备的选择

根据机座的外廓尺寸、加工精度、生产类型，加工设备选用通用机床。本例中除钻径向油孔 $\phi4$mm 时选用 Z512 台式钻床外，其余工序均选用 CA6140 型车床。

2. 刀具的选择

根据零件的不同结构选择具体的刀具。B2.5 中心钻一件，用来加工两端的中心孔；$\phi4$mm 和 $\phi20$mm 钻头各一件，分别用来钻 $\phi4$mm 径向油孔和 $\phi22H7$ 底孔；$\phi22H7$ 粗、精铰刀各一把，用于粗、精铰 $\phi22H7$ 孔；90°外圆粗、精车刀各一把，分别用来粗、精车外圆；60°、90°内孔车刀和 2mm、3mm 切槽刀各一把，分别用来车内孔、内槽和切槽；45°车刀一把，用于倒角。

3. 量具的选择

因该零件的生产类型为中批量生产，量具以通用量具为主。外圆 $\phi34js7$ 的公差等级为 IT7 级，使用 25～50mm 的外径千分尺测量；内孔 $\phi22H7$ 也为 IT7 级，可选用 0～25mm 的内径千分尺或专用塞规；径向圆跳动和垂直度的检验采用千分表测量；其他工序尺寸用 0～150mm 的游标卡尺测量即可满足要求。

基于以上分析，孔加工所用刀具为中心钻、麻花钻和铰刀。图 2-3 所示为机座孔加工示意图。

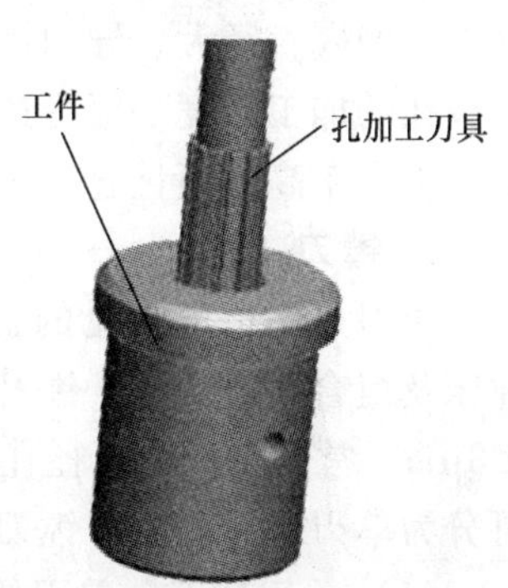

图 2-3　机座孔加工示意图

模块2　孔加工刀具的种类和用途

在工件实体材料上钻孔或扩大已有孔的刀具统称为孔加工刀具，在机械加工中，孔加工刀具的应用非常广泛。

由于孔的形状、规格、精度要求和加工方法不同，孔加工刀具种类很多。按其用途可分为在实体材料上加工孔用刀具和加工已有孔用刀具两类。

单元1　在实体材料上加工孔用刀具

1. 扁钻

扁钻是一种古老的孔加工刀具，它的切削部分为铲形，结构简单，制造成本低，切削液容易导入孔中，但切削和排屑性能较差。

2. 麻花钻

麻花钻是孔加工刀具中应用最为广泛的刀具，特别适合于直径小于30mm的孔的粗加工，直径大一点的也可用于扩孔。麻花钻按其制造材料不同可分为高速工具钢麻花钻和硬质合金麻花钻，在钻孔中以高速工具钢麻花钻为主（详见模块3）。

3. 中心钻

中心钻主要用于加工轴类零件的中心孔，根据其结构特点分为不带护锥的中心钻（A型）、带护锥的中心钻（B型）和弧形中心钻（R型）三种。钻孔前，先钻中心孔，这样有利于钻头的导向，可防止孔发生偏斜。

4. 深孔钻

深孔钻一般用来加工深度与直径的比值较大的孔，由于切削液不易到达切削区域，刀具的冷却散热条件差，切削温度高，刀具寿命降低；加上刀具细长，刚度较差，钻孔时容易发生引偏和振动。为保证深孔加工质量和深孔钻的寿命，深孔钻在结构上必须解决断屑、排屑、冷却、润滑和导向等问题。

单元2　加工已有孔用刀具

1. 铰刀

铰刀是中小直径未淬硬孔的精加工刀具，也可用于高精度孔的半精加工。由于铰刀的齿数多、槽底直径大、导向性及刚度好，而且铰刀的加工余量小、制造精度高、结构完善，所以铰孔的加工精度一般可达IT6～IT8级，表面粗糙度 Ra 值可达1.6～0.2μm。铰孔操作方便，生产率高，而且容易获得高质量的孔，所以在生产中应用极为广泛（详见模块4）。

2. 镗刀

镗刀是一种很常见的扩孔用刀具，在许多机床上都可以用镗刀镗孔（如车床、铣床、镗床及组合机床等）。镗孔的加工精度可达IT6～IT8级，表面粗糙度 Ra 值可达6.3～0.8μm，常用于较大直径孔的粗加工、半精加工和精加工。镗刀根据结构特点及使用方式，可分为单刃镗刀和双刃镗刀。

（1）单刃镗刀　单刃镗刀的刀体结构与车刀相似，只有一个主切削刃，其结构简单、制造方便、通用性强，但刚度比车刀差得多。单刃镗刀通常选取较大的主偏角和副偏角、较小的刃倾角和刀尖圆弧半径，以减少切削时的背向力。图2-4所示为不同结构的单刃镗刀。加工小直径孔的镗刀通常做成整体式，加工大直径孔的镗刀可做成机夹式或机夹可转位式。

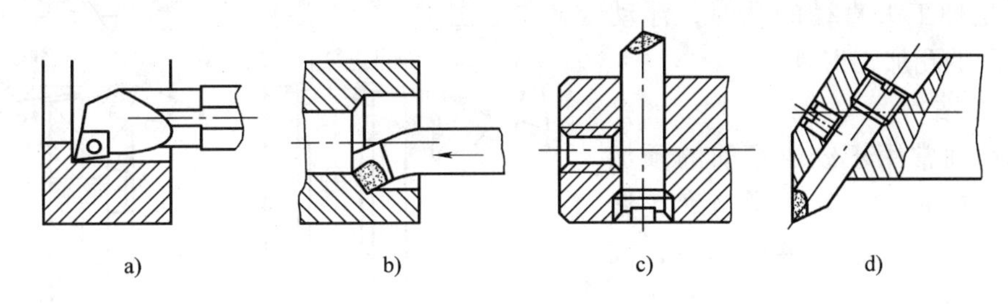

图2-4　单刃镗刀

a）可转位式镗刀　b）整体焊接式镗刀　c）机夹式通孔镗刀　d）机夹式不通孔镗刀

新型的微调镗刀（图2-5）调节方便，调节精度高。镗不通孔时，镗刀头与镗杆轴线倾斜53°8′。微调螺母的螺距为0.5mm，微调螺母上刻有80格，调节时，微调螺母每转过一格，镗刀头沿径向的移动量为

$$\Delta R = [(0.5/80)\sin 53°8'] \text{mm} = 0.005\text{mm}$$

镗通孔时，刀头若垂直于镗杆安装，则可根据螺母刻度进行调整。这种刀具适用于坐标镗床、自动线和数控机床。

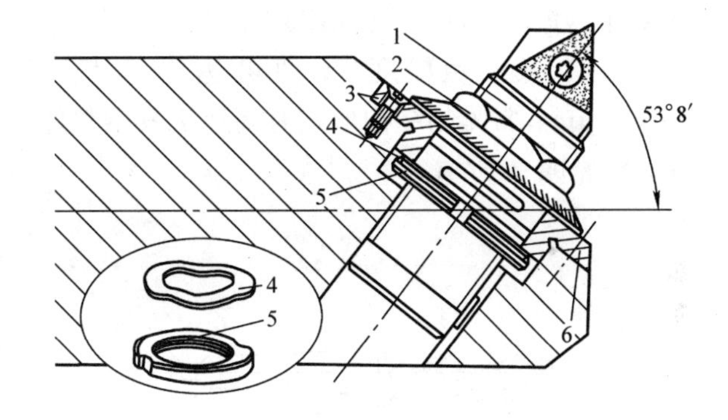

图2-5　微调镗刀

1—镗刀头　2—微调螺母　3—螺钉
4—波形垫圈　5—调节螺母　6—固定座套

（2）双刃镗刀　双刃镗刀的两切削刃在两个对称位置同时进行切削，故可消除由背向力对镗杆的作用而造成的加工误差。用这种镗刀切削时，孔的直径尺寸是由刀具保证的，刀具外径根据工件孔径确定，其结构比单刃镗刀复杂，刀片和刀柄制造较困难，但生产率较高。所以，双刃镗刀适用于加工精度要求较高、生产批量大的场合。

双刃镗刀可分为定装镗刀和浮动镗刀两种。整体定装镗刀（图2-6）的直径尺寸不能调节，刀片一端有定位凸肩，供刀片装在镗杆中定位使用。刀片用螺钉或楔块紧固在镗杆中。可调浮动镗刀（图2-7）的直径尺寸可在一定范围内调节。镗孔时，刀片不紧固在刀柄上，可以浮动并自动定心；刀片位置由两切削刃上的切削力平衡，故可消除由于镗杆偏摆及刀片安装所造成的误差。这

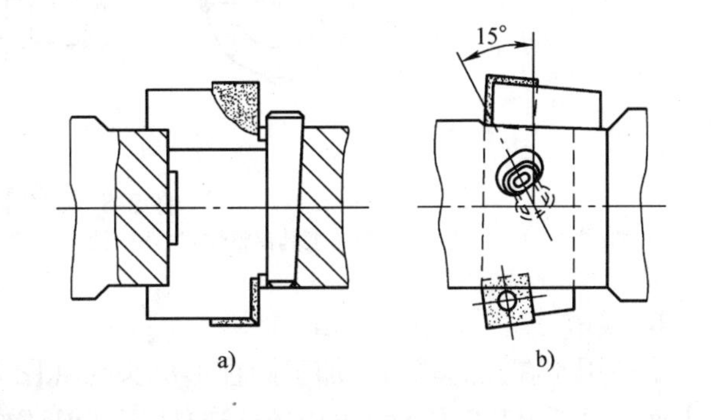

图2-6　定装镗刀及其装夹

种镗刀不能校正孔的直线度误差和孔的位置偏差，所以要求加工孔的直线度误差小、表面粗糙度 Ra 值不大于 3.2 μm，而且不能加工孔径在 ϕ20mm 以下的孔。由于具有制造简单、刃磨方便等优点，在单件、小批量生产中，特别是加工大直径的孔时，浮动镗刀是实用的孔加工刀具。

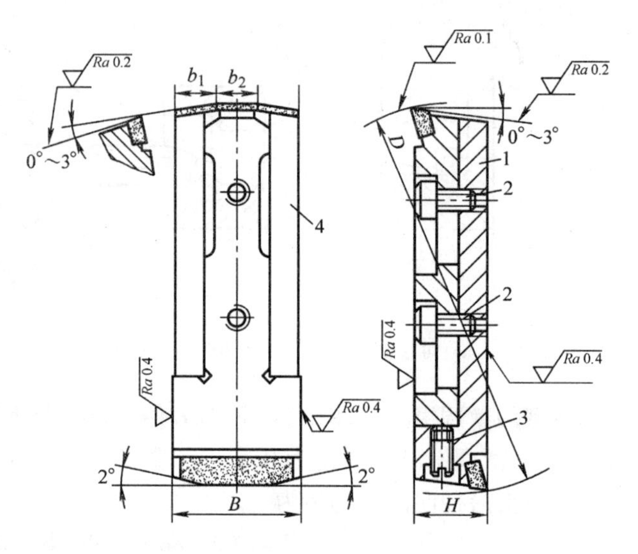

图 2-7 硬质合金浮动镗刀

1—上刀体 2—紧固螺钉 3—调节螺钉 4—下刀体

3. 扩孔钻

扩孔钻通常用于铰或磨前的预加工或毛坯孔的扩大，其外形与麻花钻类似。扩孔钻通常有 3 ~4 个刃带，没有横刃，前角和后角沿切削刃的变化小，故加工时导向效果好，轴向抗力小，切削条件优于钻孔。另外，扩孔钻的主切削刃较短、容屑槽浅，刀齿数目多、钻心粗壮、刚度强，切削过程平稳，扩孔余量小。因此，扩孔时可采用较大的切削用量，且加工质量比麻花钻好。一般加工精度可达 IT10 ~ IT11，表面粗糙度 Ra 值可达 6.3 ~3.2 μm。常见的结构形式有高速工具钢整体式、镶齿套式和硬质合金可转位式，分别如图 2-8a、b、c 所示。

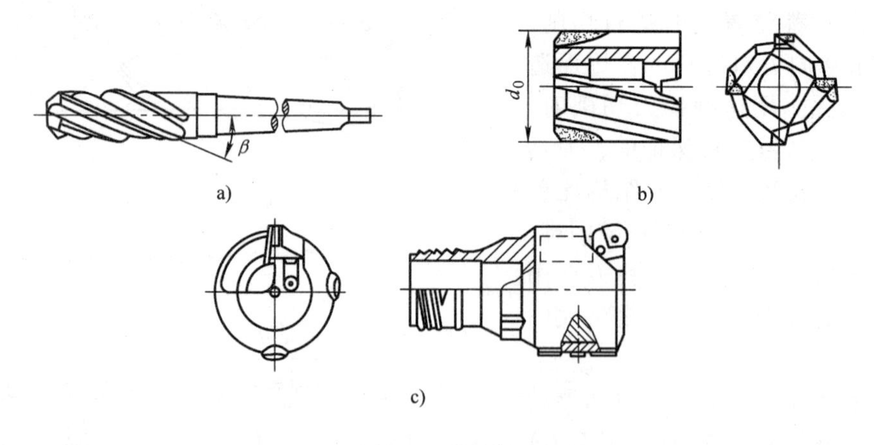

图 2-8 扩孔钻

a）高速工具钢整体式 b）镶齿套式 c）硬质合金可转位式

4. 锪钻

锪钻用于在孔的端面上加工圆柱形沉头孔（图 2-9a）、锥形沉头孔（图 2-9b、c）或凸台表面（图 2-9d）。锪钻上的定位导向柱用来保证被锪的孔或端面与原来的孔有一定的同轴度和垂直度。导向柱可以拆卸，以便制造锪钻的端面齿。锪钻可制成高速工具钢整体结构或硬质合金镶齿结构。

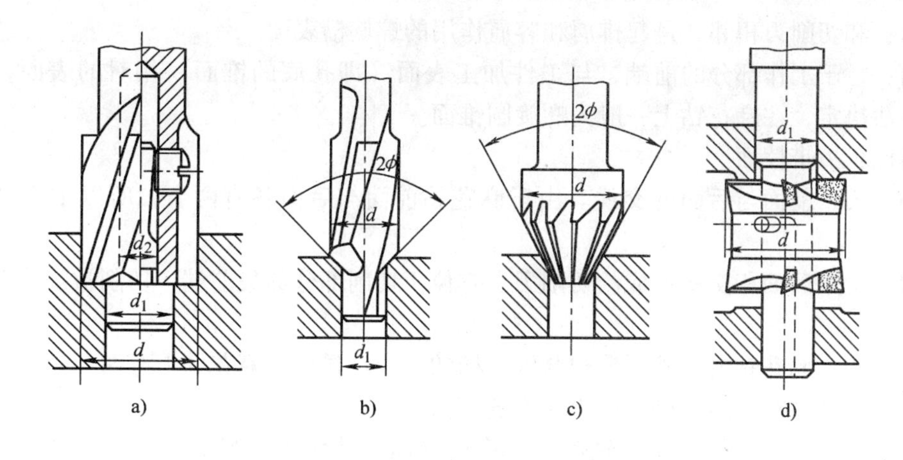

图 2-9 锪钻

模块 3 麻 花 钻

单元 1 麻花钻的结构要素

钻削加工中最常用的刀具为麻花钻，它是一种粗加工用刀具，其常用规格为 ϕ0.1 ~ ϕ80mm。麻花钻按柄部形状分为直柄麻花钻和锥柄麻花钻；按制造材料分为高速工具钢麻花钻和硬质合金麻花钻。其中，硬质合金麻花钻一般制成镶片焊接式，直径在 5mm 以下时通常制成整体式。

图 2-10a、b 所示为麻花钻的结构图，麻花钻主要由工作部分、柄部和颈部所组成。

1. 工作部分

麻花钻的工作部分分为切削部分和导向部分。

（1）切削部分 如图 2-10c 所示，切削部分担负主要的切削工作，包含以下结构要素。

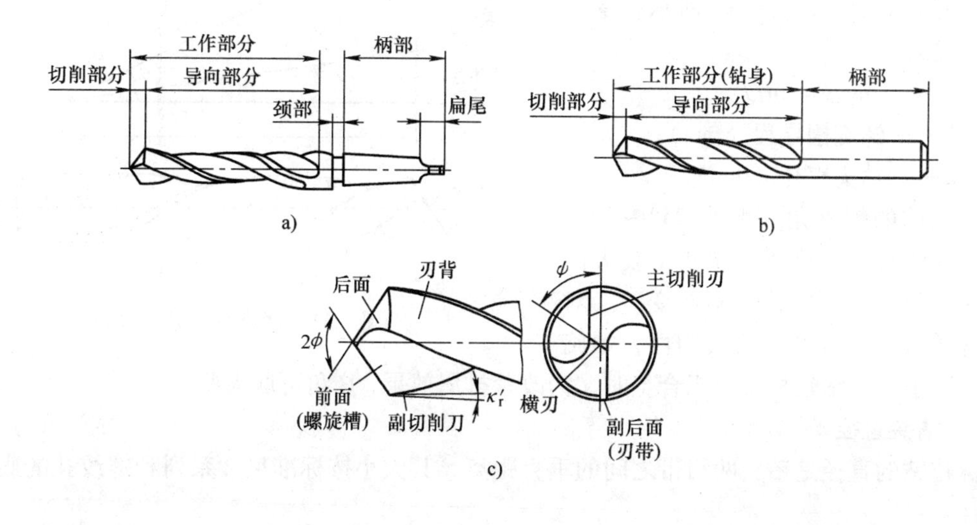

图 2-10 麻花钻的结构

前面：和切削刃相邻，是起排屑和容屑作用的螺旋槽表面。

后面：位于工作部分的前端，与工件加工表面（即孔底的锥面）相对的表面，其形状由刃磨方法决定，在麻花钻上一般为螺旋圆锥面。

副后面：刃带棱面。

主切削刃：前面与后面的交线。由于麻花钻前面与后面各有两个，所以主切削刃也有两条。

横刃：两个后面相交所形成的切削刃。它位于切削部分的最前端，切削被加工孔的中心部分。

副切削刃：麻花钻前端外圆棱边与螺旋槽的交线。显然，麻花钻上有两条副切削刃。

刀尖：两条主切削刃与副切削刃相交的交点。

（2）导向部分　用于钻头在钻削过程中的导向，并作为切削部分的后备部分。它包含了刃沟、刃瓣和刃带。刃带是其外圆柱面上两条螺旋形的棱边，由它们控制孔的廓形和直径，保持钻头进给方向。为减少刃带与已加工孔孔壁之间的摩擦，一般将麻花钻的直径沿锥柄方向做成逐渐减小的锥度，形成倒锥，相当于副切削刃的副偏角。

2. 柄部

柄部用于装夹钻头和传递动力。当钻头直径小于 13mm 时，通常做成直柄（圆柱柄），如图 2-10b 所示；直径在 13mm 以上时，做成莫氏锥度的圆锥柄，如图 2-10a 所示。

3. 颈部

颈部是柄部与工作部分的连接部分，并作为磨外径时砂轮退刀和打印标记处。小直径的钻头不做出颈部。

单元 2　麻花钻的结构参数

1. 螺旋角 β

螺旋角是钻头刃带棱边螺旋线展开成直线后与钻头轴线的夹角，它相当于副切削刃刃倾角，如图 2-11 所示。螺旋角的公式为

$$\tan\beta = \pi d/P$$

式中　P——螺旋槽导程（mm）；

d——钻头直径（mm）。

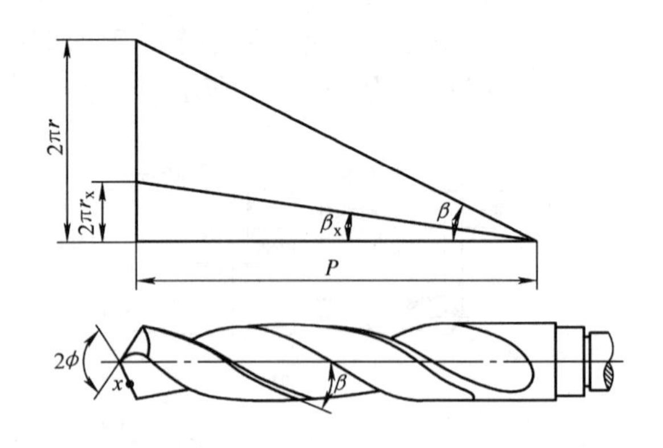

图 2-11　麻花钻的螺旋角

麻花钻的螺旋角一般为 25°～32°。增大螺旋角有利于排屑，能获得较大前角，使切削轻快，但钻头刚性变差。对于小直径钻头，为提高钻头刚性，螺旋角 β 可取小些；钻软材料、铝合金时，为改善排屑效果，β 角可取大些。

2. 钻头直径 d

麻花钻的直径是钻头两刃带之间的垂直距离，其大小按标准尺寸系列和螺纹孔的底孔直径设计。

单元3 麻花钻的几何角度

1. 麻花钻的标注参考系

麻花钻具有较复杂的外形和切削部分。为便于标注其几何参数，依据麻花钻的结构特点和工作时的运动特点，除使用基面 p_r、切削平面 p_s 和正交平面 p_o 外，还使用了端平面 p_t、柱剖面 p_z和中剖面 p_c，其定义分别如下。

（1）端平面 p_t　与麻花钻轴线垂直的平面。该平面也是切削刃上任意一点的背平面 p_p，并垂直于该点的基面。

（2）柱剖面 p_z　主切削刃上任一点的柱剖面是通过该点，并以该点的回转半径为半径、以麻花钻轴线为轴心的圆柱面。它与该点的工作平面 p_f 相切，并与基面在该点垂直。

（3）中剖面 p_c　通过麻花钻轴线，并与两主切削刃平行的轴向剖面。

图 2-12a 所示为麻花钻的标注参考系。与车刀的标注参考系相比，虽然基面、切削平面、正交平面的定义相同，但位置不同。外圆车刀上各点的基面相互平行，而麻花钻的主切削刃上各点的切削速度的方向不同，因此基面的位置也不同（过轴线并与选定点的速度方向垂直）。相应地，各点的切削平面和正交平面的位置也不相同。

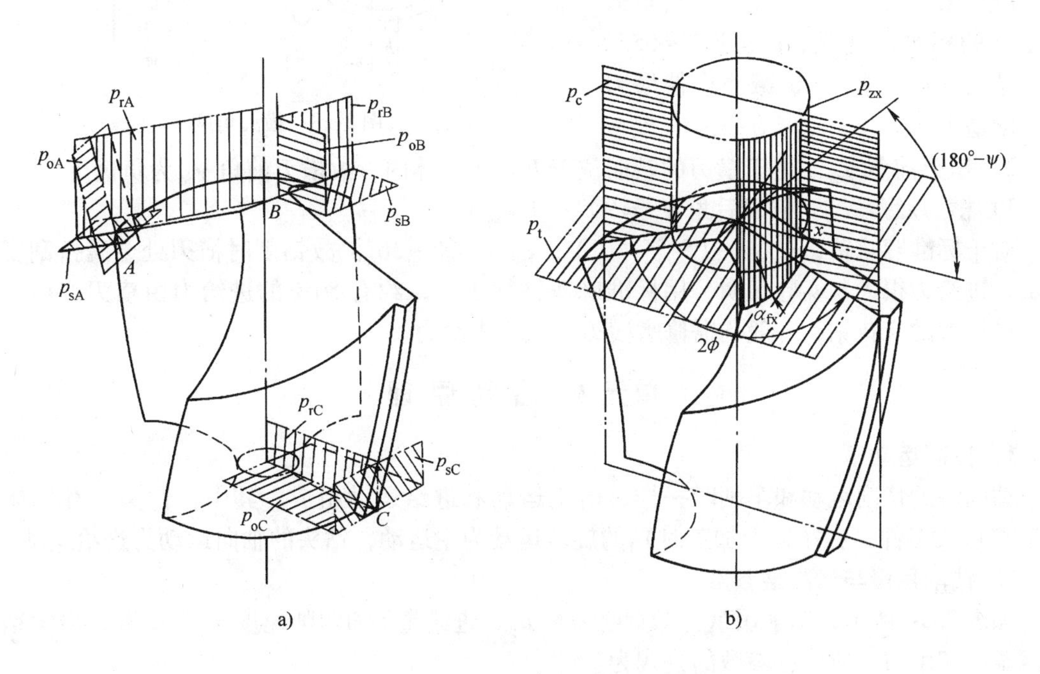

图 2-12　麻花钻的标注参考系及刃磨角度

a）标注参考系　b）刃磨角度

2. 麻花钻的刃磨角度

（1）顶角 2ϕ　如图 2-12b 所示，顶角是两主切削刃在中剖面内投影的夹角。顶角越小，则主切削刃越长，切削宽度越大，单位切削刃上的负荷越小，进给力越小，这对钻头的轴向稳定性有利。另外，外圆处的刀尖角增大，有利于散热和提高刀具寿命。但顶角减小会使钻尖强度减弱，切屑变形增大，导致扭矩增加。标准麻花钻的顶角 2ϕ 约为 118°。

（2）外缘后角 α_f　麻花钻主切削刃上选定点的后角，用柱剖面中的轴向后角 α_f（相当于假定工作面内的后角）来表示，如图 2-12 中的 α_{fx}。这个后角在一定程度上反映了钻头进行圆周运动时，后面与孔底加工表面之间的摩擦情况，也能直接反映出进给量对后角的影响，同时，角 α_f 也便于测量。

钻头后角是刃磨得到的。刃磨时，要注意将其外缘处的后角磨得小些（8°~10°），靠近钻心处磨得大些（20°~25°）。这样可以与切削刃上各点前角的变化相适应，使各点的楔角大致相等，散热体积基本一致，从而既能达到其锋利程度、强度和寿命的相对平衡，又能弥补由于钻头轴向进给运动而使切削刃上各点实际工作后角减小所产生的影响，同时可改善横刃的工作条件。钻头的名义后角是指外圆处的后角。

（3）横刃角度　如图 2-13 所示，横刃是麻花钻端面上一段与轴线垂直的切削刃，该切削刃的角度包括横刃斜角 ψ、横刃前角 $\gamma_{o\psi}$ 和横刃后角 $\alpha_{o\psi}$。

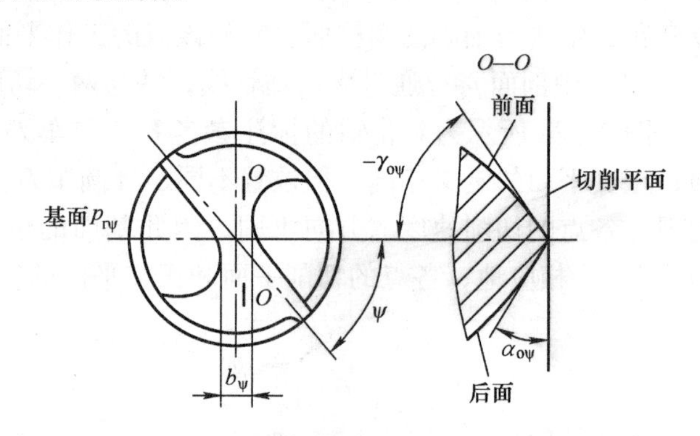

图 2-13　横刃角度

1）横刃斜角 ψ。在端平面中测量的横刃与中剖面之间的夹角，它是刃磨钻头时自然形成的。对于顶角、后角刃磨正常的标准麻花钻，ψ = 47°~55°，后角越大，ψ 角越小。ψ 减小会使横刃的长度增大。

2）横刃前角 $\gamma_{o\psi}$。由于横刃的基面位于刀具的实体内，故横刃前角 $\gamma_{o\psi}$ 为负值。

3）横刃后角 $\alpha_{o\psi}$。横刃后角 $\alpha_{o\psi} = 90° - |\gamma_{o\psi}|$。

对于标准麻花钻，$\gamma_{o\psi} = -(54°\sim60°)$，$\alpha_{o\psi} = 30°\sim36°$。故钻削时横刃处金属挤刮变形严重，进给力很大。实验表明，用标准麻花钻加工时，约有 50% 的进给力由横刃产生。对于直径较大的麻花钻，一般均需修磨横刃以减小进给力。

单元 4　钻 削 原 理

1. 钻削运动

钻削时的切削运动和车削时一样，由主运动和进给运动组成。其中，钻头（在钻床上加工时）或工件（在车床上加工时）的旋转运动为主运动，钻头的轴向运动为进给运动。

2. 钻削用量与切削层参数

如图 2-14 所示，钻削用量包括背吃刀量 a_p、进给量 f 和切削速度 v_c 三要素，由于钻头有两条主切削刃，所以各参数的公式为

背吃刀量　$a_p = d/2$

每刃进给量（mm/z）　$f_z = f/2$

切削速度（m/min）　$v_c = \pi dn/1000$

钻孔时切削层参数包括切削层厚度 h_D（mm）和切削层宽度 b_D（mm），其公式分别为

$$h_D \approx \frac{f}{2}\sin\phi$$

$$b_D \approx \frac{d}{2\sin\phi}$$

每刃切削层的公称横截面积（mm^2）为

$$A_D = \frac{df}{4}$$

材料切除率（mm^3/min）为

$$Q = \frac{\pi d^2 fn}{4} \approx 250 v_c df$$

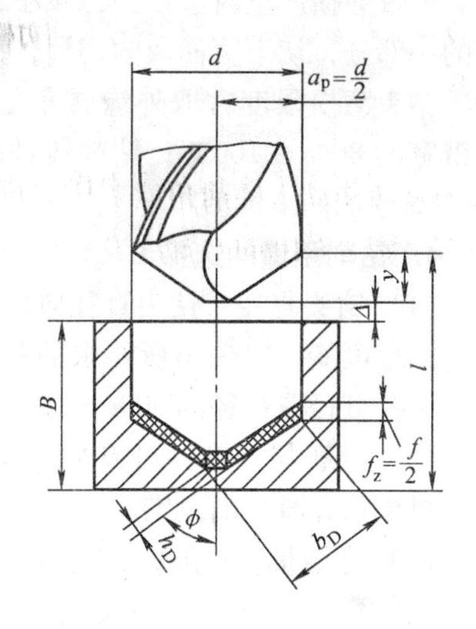

图 2-14　钻削用量与切削层参数

3. 钻削过程的特点

（1）钻削变形的特点　钻削过程的变形规律与车削相似。但钻孔是在半封闭的空间内进行的，横刃的切削角度不太合理，使得钻削变形更为复杂，主要表现在以下方面：

1）切削性能差。钻芯处切削刃前角为负值，特别是横刃，切削时产生刮削挤压，切屑呈粒状并被压碎。钻芯区域直径几乎为零，切削速度也接近零，但仍有进给运动，使得钻芯横刃处工作后角为负，相当于用楔角为 $\beta_{o\psi}$ 的錾子劈入工件，称为楔劈挤压。这是导致钻削进给力增大的主要原因。

2）不利切屑的卷曲与排屑。主切削刃各点的前角、刃倾角不同，使切屑变形、卷曲、流向也不同。又因排屑受到螺旋槽的影响，切削塑性材料时，切屑易卷成圆锥螺旋形，断屑比较困难。

3）磨损快。钻头刃带无后角，与孔壁摩擦。加工塑性材料时易产生积屑瘤，且易粘在刃带上影响钻孔质量。

（2）钻削力　钻头每个切削刃都产生切削力，包括切向力、背向力和进给力。当左、右切削刃对称时，背向力抵消，最终构成对钻头影响的是进给力 F_f 与切削扭矩 M_c（图 2-15）。

通过钻削试验，测得钻头各切削刃上钻削力的分配，见表 2-1。

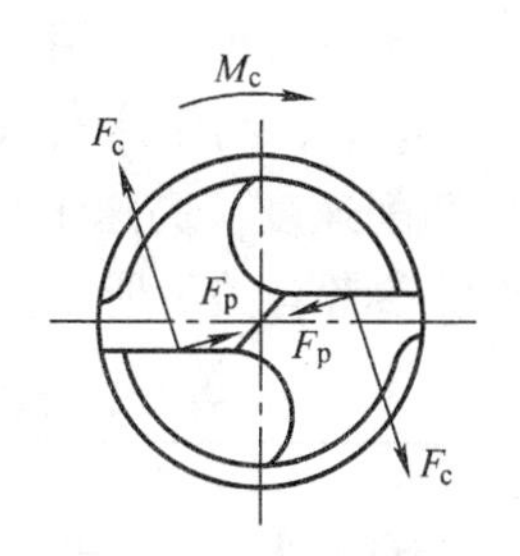

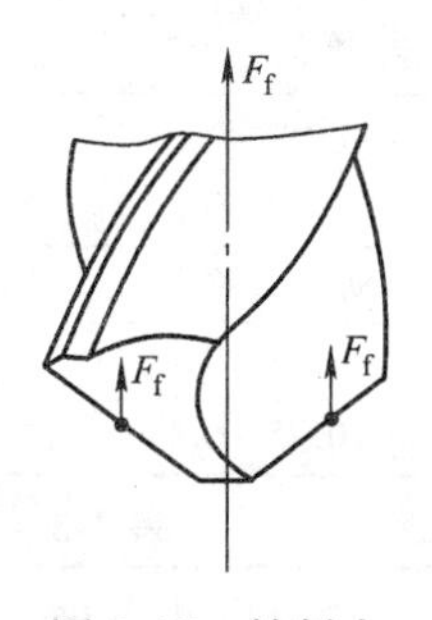

图 2-15　钻削力

表 2-1　钻削力的分配

钻削力 \ 切削刃	主切削刃	横　刃	刃　带
进给力	40%	57%	3%
扭矩	80%	8%	12%

（3）钻头磨损的特点　高速工具钢钻头磨损的主要原因是相变磨损，其磨损过程及规律与车刀相同。但钻头切削刃各点的负荷不均，外圆周切削速度最高，因此磨损最为严重。

钻头磨损的形式主要是后面磨损。当主切削刃后面磨损达一定程度时，还伴随有刃带磨损。刃带磨损严重时会使外径减小，形成顺锥（图2-16），此时一段切削刃 AB 变为主切削刃的一部分，切下宽而薄的切屑，扭矩急增，容易造成咬死而导致钻头崩刃或折断。

钻头磨损限度常取外缘转角处 VB 值为刃带宽的80%～100%；钻削铸铁时，VB = 1～2mm。

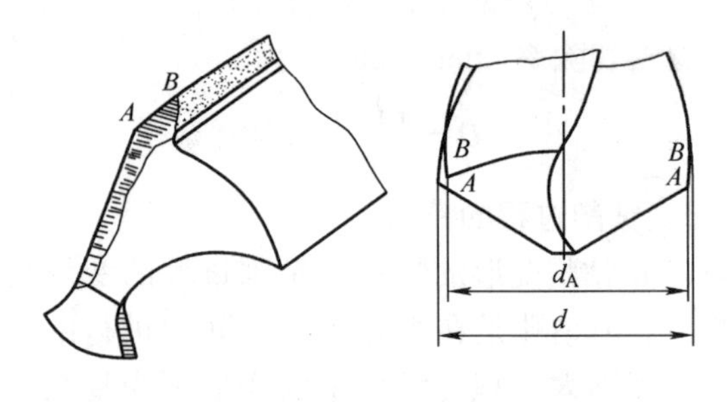

图2-16 钻头刃带的磨损

4. 钻削用量的选择

（1）钻头直径 钻头直径应由工艺尺寸决定，尽可能一次钻出所要求的孔。需扩孔者，钻孔直径取孔径的50%～70%。

合理刃磨与修磨，可有效降低进给力，扩大机床钻孔直径的范围。

（2）进给量 一般钻头进给量受钻头刚性与强度的限制。普通钻头进给量可按以下经验公式估算

$$f=(0.01\sim0.02)d$$

合理修磨的钻头可选用 $f=0.03d$。

机动进给时，与钻床实有的 f 修正后确定。

（3）切削速度 高速工具钢和硬质合金钻头的切削速度推荐按表2-2～表2-5所列数值选用，也可参考有关手册、资料选取。

表2-2 高速工具钢麻花钻钻削碳素钢及合金钢时的切削用量

工件材料		硬度HBW	切削速度/(m/min)	钻头直径/mm				
				<3	3～6	6～13	13～19	19～25
				进给量 f/(mm/r)				
碳素钢	w_C=0.25	125～175	24	0.08	0.13	0.20	0.26	0.32
	w_C=0.50	175～225	20	0.08	0.13	0.20	0.26	0.32
	w_C=0.90	175～225	17	0.08	0.3	0.20	0.26	0.32
合金钢	w_C=0.12～0.25	175～225	21	0.08	0.15	0.20	0.40	0.48
	w_C=0.25～0.65	175～225	15～18	0.05	0.09	0.15	0.21	0.26

表2-3 在组合机床上用高速工具钢刀具钻孔时的切削用量

加工孔径/mm			1～6	6～12	12～22	22～50
铸铁	160～200HBW	v_c/(m/min)	16～24			
		f/(mm/r)	0.07～0.12	0.12～0.20	0.20～0.40	0.40～0.80
	200～241HBW	v_c/(m/min)	10～18			
		f/(mm/r)	0.05～0.10	0.10～0.18	0.18～0.25	0.25～0.40
	300～400HBW	v_c/(m/min)	5～12			
		f/(mm/r)	0.03～0.08	0.08～0.15	0.15～0.20	0.20～0.30
钢件	R_m=0.52～0.70GPa（35钢、45钢）	v_c/(m/min)	18～25			
		f/(mm/r)	0.05～0.10	0.10～0.20	0.20～0.30	0.30～0.60
	R_m=0.70～0.90GPa（15Cr、20Cr）	v_c/(m/min)	12～20			
		f/(mm/r)	0.05～0.10	0.10～0.20	0.20～0.30	0.30～0.45

（续）

加工孔径/mm			1~6	6~12	12~22	22~50
钢件	R_m=1.00~1.10GPa（合金钢）	v_c/(m/min)	8~15			
		f/(mm/r)	0.03~0.08	0.08~0.15	0.15~0.25	0.25~0.35

注：1. 钻孔深度与钻孔直径之比大时，取小值。
2. 采用硬质合金钻头加工铸铁件时，v_c 一般取 20~30m/min。

表 2-4　硬质合金扩孔钻扩孔的进给量

扩孔钻直径/mm	钢		铸铁 ≤200HBW		铸铁 >200HBW	
	进给量组别					
	Ⅰ	Ⅱ	Ⅰ	Ⅱ	Ⅰ	Ⅱ
	进给量 f/(mm/r)					
20	0.6~0.7	0.45~0.5	0.9~1.1	0.6~0.7	0.6~0.75	0.5~0.55
25	0.7~0.9	0.5~0.6	1.0~1.2	0.75~0.8	0.7~0.8	0.55~0.6
30	0.8~1.0	0.6~0.7	1.1~1.3	0.8~0.9	0.8~0.9	0.6~0.7
35	0.9~1.1	0.65~0.7	1.2~1.5	0.9~1.0	0.9~1.0	0.65~0.75
40	0.9~1.2	0.7~0.75	1.4~1.7	1.0~1.1	1.0~1.2	0.7~0.8
50	1.0~1.3	0.8~0.9	1.6~2.0	1.1~1.3	1.2~1.4	0.85~1.0
60	1.1~1.3	0.85~0.9	1.8~2.2	1.2~1.4	1.3~1.5	0.9~1.1
≥80	1.2~1.5	0.9~1.1	2.0~2.4	1.4~1.6	1.4~1.7	1.0~1.2

注：1. Ⅰ组用于扩无公差要求或 IT12 级以上的孔，以后尚需用几个刀具来加工的孔，以及攻螺纹前扩孔。
2. Ⅱ组用来扩有降低表面粗糙度值要求的孔，背吃刀量小的 IT9~IT11 级孔，以及以后尚需用一个刀具（铰刀、扩孔钻、镗刀）进行加工的孔。
3. 表内进给量用于加工通孔；扩不通孔时，特别是需要同时加工孔底时，进给量应取 0.3~0.6mm/r。

表 2-5　硬质合金扩孔钻扩孔的切削速度　（单位：m/min）

碳素钢及合金钢 R_m=0.735GPa，YT15，加切削液						灰铸铁 195HBW，YG8，不加切削液					
扩孔钻直径/mm		25	40	60	80	扩孔钻直径/mm		25	40	60	80
背吃刀量/mm		1.5	2	3	4	背吃刀量/mm		1.5	2	3	4
进给量 f/(mm/r)	0.4	60.4				进给量 f/(mm/r)	0.4	119.5			
	0.5	56.5	66.8	67.8	69.4		0.5	108.1	114.3		
	0.6	53.4	63.3	64.2	65.7		0.6	99.6	105.3	92.1	
	0.7	51	60.5	61.3	62.7		0.7	92.9	98.2	85.9	79.7
	0.8	49	58	59	60.3		0.8	87.5	92.5	80.9	75.1
	0.9	47.3	56	56.9	58.3		0.9	83.0	87.7	76.8	71.2
	1.0		54.3	55	56.4		1.0	79.1	83.7	73.2	67.9
	1.2		51.4	52.2	53.4		1.2	72.9	77.1	67.4	62.6

单元 5　钻头的刃磨

钻头的磨损从主切削刃与边缘相交的外圆刃带部分发生，当磨损发展到主切削刃和横刃时，会使钻头锋锐性下降。将手动进给时有很大阻力，且钻孔时间也增长作为判断钻头寿命的大致标准；在自动进给时，将切削扭矩和进给力急剧增大，或者加工精度和加工表面质量恶化作为判断钻头寿命的大致标准。钻头磨损后，要刃磨钻尖的后面，以恢复其钻削性能。

1. 圆锥刃磨法

使用最广泛的刃磨后面的方法是圆锥刃磨法，即将后面作为圆锥面的一部分来刃磨。

将钻尖仅仅刃磨成圆锥是容易的，但这样磨出的后面会摩擦已加工表面，导致切削刃不起切削作用。为了进行切削，还必须在圆锥面上磨出后角，其刃磨方法如图 2-17 所示。

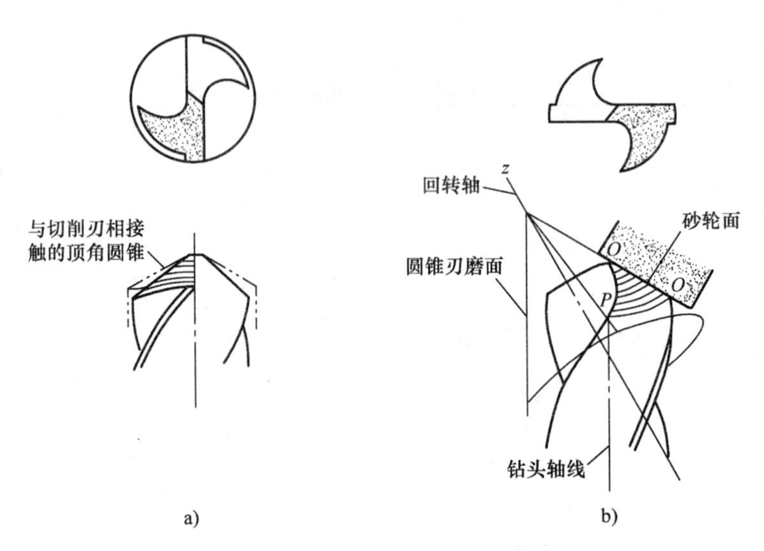

图 2-17　圆锥刃磨法

a）钻头的后面　b）刃磨圆锥

将钻头轴线倾斜 1/2 的顶角后接触砂轮面，当使钻头围绕假想的包含主切削刃的圆锥轴线旋转时，相对于切削刃而具有后角的圆锥面即形成后面。

2. 刃磨后面

首先应将砂轮表面修整平整并找平衡。如果砂轮外圆表面有跳动，则会因刃磨面跳动而不能顺利刃磨。

如图 2-18 所示，将钻头支承住，左手靠在台座上，相对于砂轮表面确定好顶角的位置，以使钻尖稳定。使切削刃轻轻地接触砂轮表面，用左手旋转钻头圆锥面，同时用右手以钻尖的顶点为基准摆动柄部就可得到具有后角的圆锥面。即通过旋转和摆动默契地配合，就能在圆锥面上加工出理想的后面。

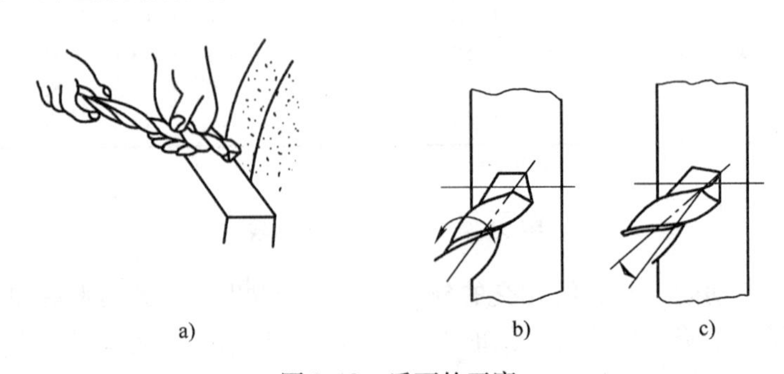

图 2-18　后面的刃磨

a）刃磨姿势　b）旋转　c）摆动

随着后面的刃磨，横刃也重新出现，也就同时刃磨了横刃。可利用砂轮角刃磨横刃，使横刃对称于中心缩短。

由于钻头是以两条螺旋形槽的钻尖为切削刃进行旋转切削的刀具，所以两条切削刃必须对称于钻尖的轴线。在机械刃磨中，切削刃的对称性可以保证；在手工刃磨中，只要操作熟练也能达到这一要求。刃磨中要注意以下几点：

1）钻尖的中心应与钻头的轴线对中一致。

2）两条切削刃与钻头轴线的夹角应相等。

3）两条切削刃的长度（切削刃高度）应相等。

4）横刃不得有偏斜。

5）后角应该左右相等，后面应该在同一曲面上。

6）横刃相对于轴线应该左右对称。

7）不要引起刃磨烧伤和钻尖缺损。

刃磨完毕，应对以上各项进行检验后再使用。

图 2-19 所示为不正确的刃磨示例。

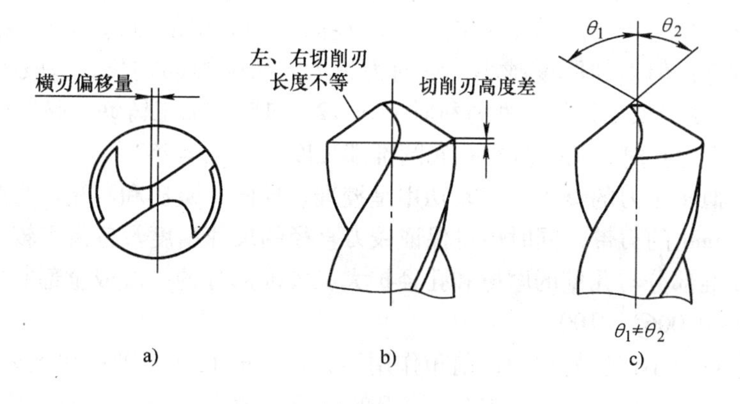

图 2-19　不正确的刃磨示例
a）横刃偏移　b）切削刃长度和高度不合格　c）角度不正确

模块 4　铰　　刀

铰刀是对中小直径未淬硬孔进行半精加工和精加工的刀具，刀具齿数多，槽底直径大、导向性及刚性好。铰削时，铰刀从工件的孔壁上切除微量的金属层，使被加工孔的精度和表面质量得到提高（一般可达到 IT6 ~ IT8 级、Ra 值为 1.6 ~ 0.4μm）。在铰孔之前，被加工孔一般需经过钻孔或钻、扩孔加工。根据铰刀的结构不同，可以加工圆柱孔、圆锥孔。铰孔可以手工操作，也可在车床、钻床、镗床、数控机床等多种机床上进行。

铰刀的种类很多，常用的有高速工具钢铰刀、硬质合金铰刀和浮动铰刀。

单元 1　圆柱铰刀的结构特征

如图 2-20 所示，铰刀由工作部分、颈部和柄部三部分组成。工作部分包括导锥、切削部分和校准部分。

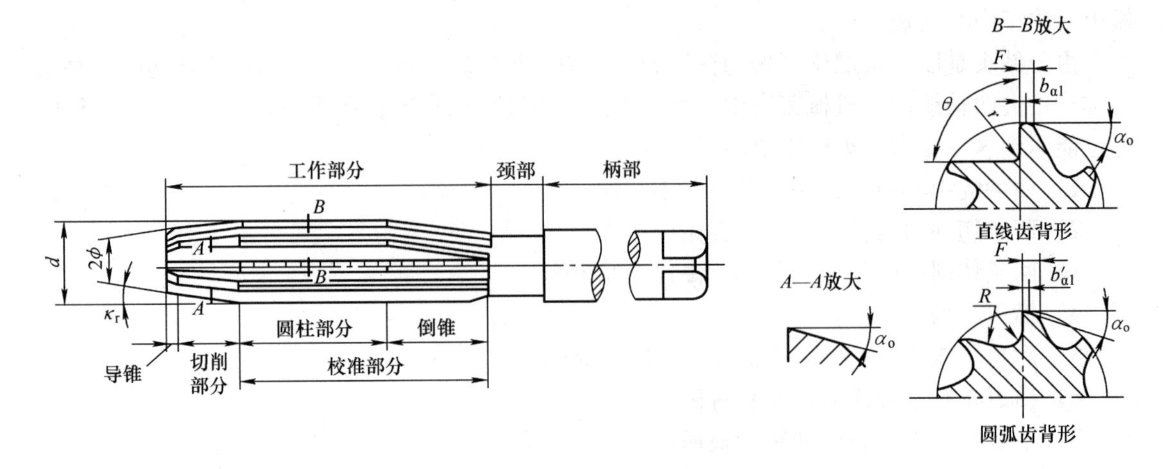

图 2-20 铰刀的结构组成和几何参数

导锥顶角 2ϕ 的功用是便于将铰刀引入孔中和保护切削刃。切削部分担负着切除余量的任务，主偏角 κ_r 的大小影响导向、切削厚度和径向与轴向切削力的大小。κ_r 越小，进给力越小，导向性越好；但切削厚度越小，背向力越大，切削锥部越长。一般手用铰刀 $\kappa_r=0°30'\sim1°30'$；机用铰刀加工钢等韧性材料时 $\kappa_r=12°\sim15°$，加工铸铁等脆性材料时 $\kappa_r=3°\sim5°$；用铰刀加工不通孔时，为了减小孔底圆锥部长度，取 $\kappa_r=45°$。

校准部分类似于车刀的修光刃，其功用是校准、导向、熨压和刮光。为此，校准部分后面留有 0.2～0.4mm 的刃带，同时也可保证铰刀直径的尺寸精度及各齿有较小的径向圆跳动误差。为减轻校准部分与孔壁的摩擦和孔径扩大，校准部分的一段或全部制成倒锥形，其倒锥量为（0.005～0.006）/100。

由于铰孔余量很小，切屑很薄，前角作用不大，一般取 $\gamma_o=0°$；加工韧性好的金属时，为减小切屑变形，也可取 $\gamma_o=5°\sim10°$。铰刀的后角一般取 $\alpha_o=6°\sim8°$。从切削厚度考虑，后角应取得再大些，但是当后角过大时，切削部分与校准部分交接处（刀尖）的强度、散热条件将变差，初期使用铰孔质量好，但刀尖会很快钝化，加工质量反而降低，同时也使重磨量加大，故后角宜取较小值。另外，后角取较小值有利于增加阻尼，避免振动。

单元 2　铰刀的种类和用途

1. 铰刀的种类

铰刀的种类很多，根据使用方式，铰刀一般分为手用铰刀及机用铰刀两种。手用铰刀柄部为直柄，工作部分较长，导向作用较好。手用铰刀又分为整体式和外径可调式两种。机用铰刀可分为带柄的和套式的，根据加工类型可分为圆形铰刀和锥度铰刀。根据制造材料，铰刀可分为高速工具钢铰刀和硬质合金铰刀，高速工具钢一般为整体式，硬质合金一般为焊接式。除此之外，还有装配式铰刀和可调式铰刀等。图 2-21 所示为几种常见的铰刀。

2. 用途

1）铰削适用于孔的精加工和半精加工，也可用于磨孔或研孔前的预加工。

2）铰刀是定尺寸刀具，适用于小直径孔的精加工和半精加工。

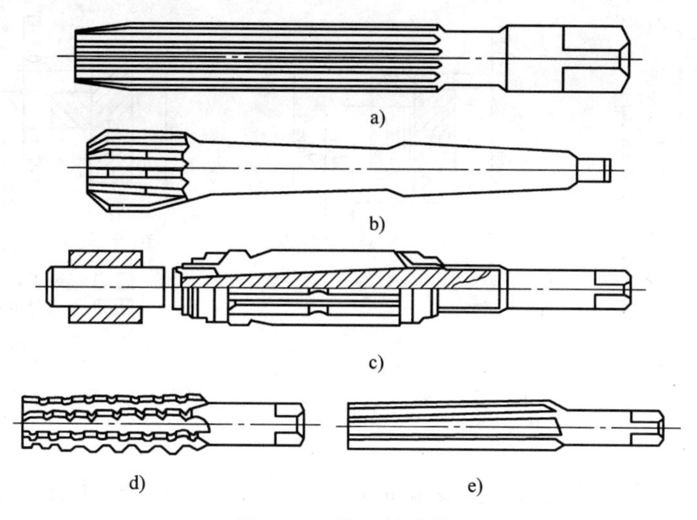

图 2-21 铰刀的种类
a）手用整体式圆柱铰刀 b）机用整体式圆柱铰刀 c）可调式手用铰刀
d）圆锥粗铰刀 e）圆锥精铰刀

单元3 铰刀的结构参数

1. 直径及其公差

用铰刀加工出的孔的实际尺寸不等于铰刀的实际尺寸。使用高速工具钢铰刀时，一般情况下（薄壁件除外），铰出的工件孔径比铰刀实际直径稍大，扩大量 P 称为扩张量。如图 2-22a 所示，设 d_{wmax} 和 d_{wmin} 分别为孔的最大和最小直径，$P_{\max}$ 和 $P_{\min}$ 分别为最大和最小扩张量，G 为铰刀制造公差，则铰刀的上极限尺寸和下极限尺寸分别为

$$
\begin{aligned}
d_{\max} &= d_{\text{wmax}} - P_{\max} \\
d_{\min} &= d_{\text{wmax}} - P_{\max} - G = d_{\max} - G
\end{aligned}
\tag{2-1}
$$

用硬质合金铰刀高速铰削时（或铰薄壁件）往往会产生收缩现象，其减小量 P_{a} 称为收缩量（或叫负扩张量）。如图 2-22b 所示，其最大和最小收缩量分别为 P_{amax} 和 P_{amin}，则铰刀的上极限尺寸和下极限尺寸分别为

$$
\begin{aligned}
d_{\max} &= d_{\text{wmax}} + P_{\text{amin}} \\
d_{\min} &= d_{\text{wmax}} + P_{\text{amin}} - G = d_{\max} - G
\end{aligned}
\tag{2-2}
$$

制造铰刀时应考虑磨损引起的尺寸减小，应有一定的磨耗储备量 H。图 2-22c 所示为标准铰刀的直径公差分配图。工具厂按铰刀专门公差生产的标准高速工具钢铰刀的极限尺寸为

$$
\begin{aligned}
d_{\max} &= d_{\text{wmax}} - 0.15\text{IT} \\
d_{\min} &= d_{\max} - 0.35\text{IT} = d_{\text{wmax}} - 0.5\text{IT}
\end{aligned}
\tag{2-3}
$$

标准硬质合金铰刀的极限尺寸为

$$
\begin{aligned}
d_{\max} &= d_{\text{wmax}} + 0.1\text{IT} \\
d_{\min} &= d_{\max} - 0.35\text{IT} = d_{\text{wmax}} - 0.25\text{IT}
\end{aligned}
\tag{2-4}
$$

式中 IT——孔径公差。

铰刀的精度分为 H7 级、H8 级和 H9 级，用于加工基孔制 H7、H8 和 H9 级的孔。若铰

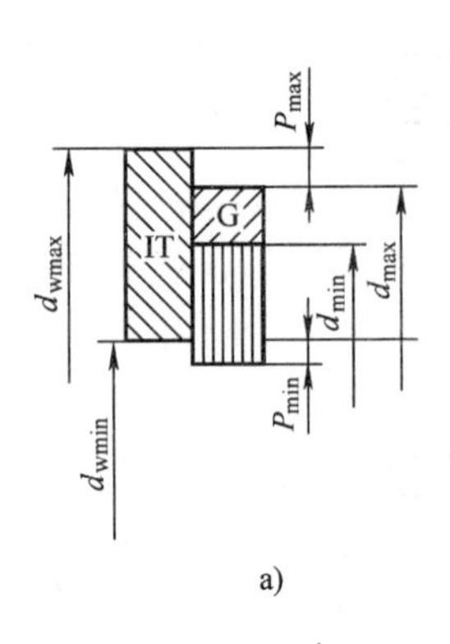

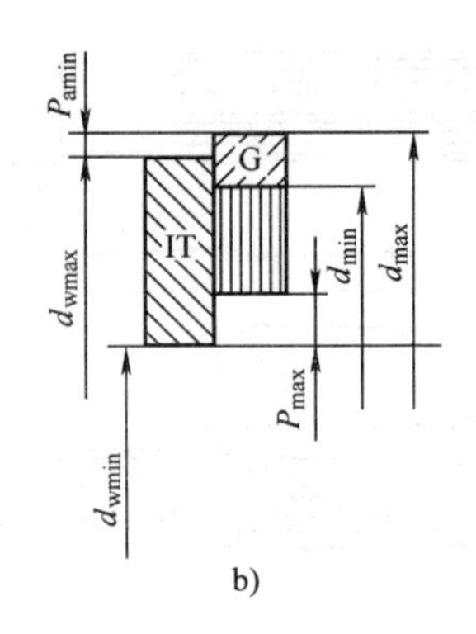

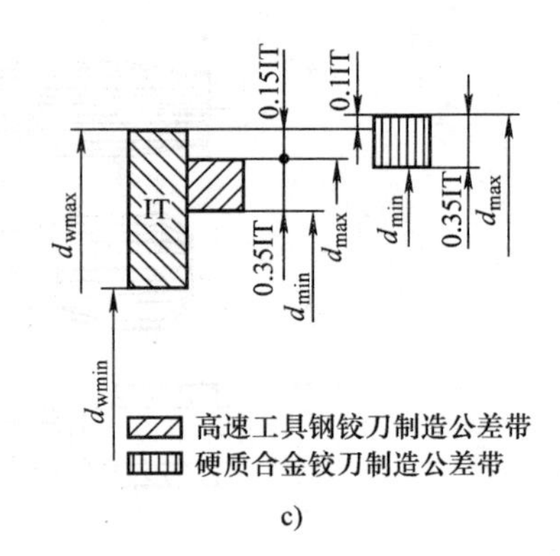

图 2-22 铰刀直径及其公差的确定

a）孔径扩张时 b）孔径收缩时 c）公差分配图

刀不合适或铰刀磨损改作其他配合精度或欲加工较高精度的孔，使用者可自行研磨铰刀的校准部分外径，研磨量一般很小，约为 0.01mm。

2. 齿数 z 及槽形

（1）齿数 铰刀的齿数一般为 4～12 个。在铰削进给量一定时，若增加铰刀的齿数，则每齿的切削厚度减小，导向性好，刀齿负荷小，铰孔质量高；但齿数过多，会使刀齿强度降低，容屑空间减小。因此，通常是在保证刀齿强度和容屑空间的条件下，选取较多的齿数。

铰刀的齿数与铰刀的直径及加工材料的性质有关。大直径铰刀取较多齿数；加工韧性材料取较小齿数，加工脆性材料取较多齿数。为了便于测量直径，铰刀齿数一般取偶数。刀齿在圆周上一般为等齿距分布。在某些情况下，为避免周期性切削载荷对孔表面质量的影响，也可选用不等齿距结构。

（2）铰刀的齿槽形状 铰刀的齿槽形状有直线齿背形、圆弧齿背形和圆弧直线齿背形三种。

1）直线齿背形。直线形齿槽形状简单，齿槽可用单角铣刀一次铣出，制造容易，一般用于 $d=1\sim20$mm 的铰刀，如图 2-23a 所示。

2）圆弧齿背形。圆弧形齿槽具有较大的容屑空间和较好的刀齿强度，齿槽用成形铣刀铣出，一般用于 $d>20$mm 的铰刀，如图 2-23b 所示。

3）圆弧直线齿背形。圆弧直线形齿槽常用于硬质合金铰刀，以保证硬质合金刀片有足够的刚性支撑面和刀齿强度，如图 2-23c 所示。

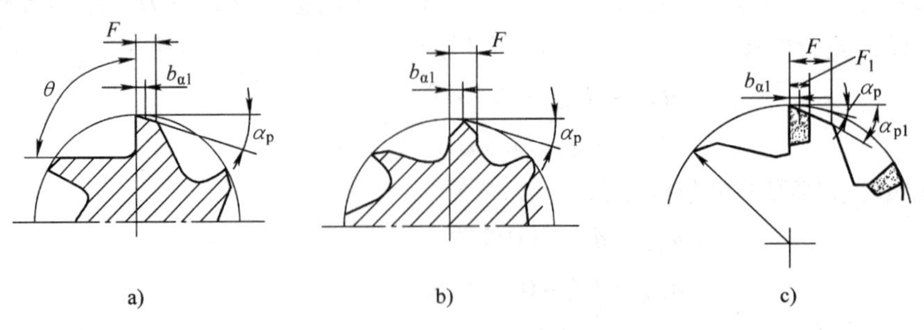

图 2-23 铰刀的齿槽形状

a）直线齿背形 b）圆弧齿背形 c）圆弧直线齿背形

铰刀齿槽有直槽和螺旋槽两种。直槽铰刀刃磨、检验都比较方便，生产中常用；螺旋槽铰刀切削过程平稳。其旋向有左旋和右旋两种，右旋槽铰刀在切削时切屑向后排出，适合加工不通孔；左旋槽铰刀在切削时切屑向前排出，适合加工通孔。螺旋槽铰刀的螺旋角根据被加工材料选取，加工铸铁时取7°~8°；加工钢件时取12°~20°；加工铝等轻金属时取35°~45°。

单元4　铰削的特点

铰削的加工余量一般小于0.1mm，铰刀的主偏角一般小于45°，因此铰削时切削厚度很小，为0.01~0.03mm。主切削刃除具有正常的切削作用外，还对工件产生挤刮作用，因此，铰削过程是一个复杂的切削、挤压和摩擦过程，其特点如下：

（1）铰削精度高　铰刀齿数较多，心部直径大，导向性及刚性好；铰削余量小，切削速度低，且综合了切削和修光的作用，能获得较高的加工精度和表面质量。

（2）铰削效率高　铰刀属于多齿刀具，虽然切削速度低，但其进给量比较大，所以生产率高于其他精加工方法。

（3）适应性差　铰刀是定直径的精加工刀具，一种铰刀只能用于加工一种尺寸的通孔、台阶孔或不通孔。此外，铰削对孔径也有限制，一般应小于80mm。

单元5　铰刀的合理使用

铰刀是常用的精加工刀具，但只有正确使用才能达到预期的精度和表面质量。

1. 铰刀的装夹要合理

铰削的功能是提高孔的尺寸精度和表面质量，而不能提高孔的位置精度。铰孔时，要求铰刀与机床主轴有很好的同轴度。采用刚性装夹并不理想，若同轴度误差大，则会出现孔不圆、喇叭口、扩张量大等现象，因此最好采用浮动装夹装置。机床或夹具只传递运动和动力，而依靠铰刀的校准部分自我导向。

2. 铰削余量要适中

余量过大，会因切削热多而导致铰刀直径增大，孔径扩大；余量过小，会留下底孔的刀痕，使表面粗糙度达不到要求。粗铰余量一般为0.15~0.35mm，精铰余量一般为0.05~0.15mm。

3. 选择合理的切削用量

与钻削相比，铰削的特点是低速、大进给。低速是为了避免积屑瘤产生；进给量较大是由于铰刀齿数多、主偏角小，若进给量f小，会造成切削厚度过小，切屑不易形成，啃刮现象严重，刀具磨损反而加剧。一般用高速工具钢刀具铰削钢材时，$v_c=1.5\sim5\text{m/min}$，$f=0.3\sim2\text{mm/r}$；铰削铸铁件时，$v_c=8\sim10\text{m/min}$，$f=0.5\sim3\text{mm/r}$。孔径尺寸大或质量要求高时，进给量取小值。

4. 选择合适的切削液

为提高铰孔质量，需施加润滑效果好的切削液，不宜干切。铰削钢件时，以浓度较高的乳化液或硫化油为宜；铰削铸铁件时，则以煤油为宜。

5. 铰刀的重磨和鐾刀

由于切削厚度小，铰刀的磨损发生在切削部分的后面，所以应重磨切削锥部的后面，其表面粗糙度Ra值不应大于0.4μm，以保证刃口锋利。铰刀的磨损并不均匀，通常是切削部分与校准部分交接处（刀尖）的磨损量大。若磨成 $\kappa_{r\varepsilon}=1°\sim2°$，$b_\varepsilon=1\sim1.5$mm 的过渡刃，则磨损情况会得到改善。在铰刀的使用过程中，根据磨损情况用油石仔细鐾刀（各刃应一致），对提高加工质量，减轻刀具磨损会有好处。有时新刃磨好的铰刀反而不如用过的铰刀的加工质量好，因此，新刃磨好的铰刀也应仔细鐾刀后再用。

6. 正确选择铰刀的类型

铰一般孔时，采用直齿铰刀即可；铰不连续的孔时，则应采用螺旋齿铰刀；铰通孔时，应选用左旋铰刀，切屑向前排出；铰不通孔时，只能选用右旋铰刀，以使切屑向后排出，但应注意防止由“自动进刀”现象引起的振动。

另外，机用铰刀不可倒转，以免崩刃。

单元6　铰孔切削用量的选择

铰削用量可按照表 2-6 ~ 表 2-9 选取。

表 2-6　高速工具钢铰刀铰孔时的切削用量

加工材料	硬度	铰刀直径 d_0/mm	背吃刀量 a_p/mm	进给量 f/(mm/r)	切削速度 v_c/(m/min)	切削液
钢、铸钢	软	<5	0.05 ~ 0.1	0.2 ~ 0.3	7 ~ 10	非水溶性切削油、含硫极压切削油
		5 ~ 20	0.1 ~ 0.15	0.3 ~ 0.5		
		20 ~ 50	0.15 ~ 0.25	0.5 ~ 0.6		
		>50	0.25 ~ 0.5	0.6 ~ 1.2		
	中	<5	0.05 ~ 0.1	0.2 ~ 0.3	5 ~ 7	
		5 ~ 20	0.1 ~ 0.15	0.3 ~ 0.5		
		20 ~ 50	0.15 ~ 0.25	0.5 ~ 0.6		
		>50	0.25 ~ 0.5	0.6 ~ 1.2		
	硬	<5	0.05 ~ 0.1	0.2 ~ 0.3	3 ~ 5	
		5 ~ 20	0.1 ~ 0.15	0.3 ~ 0.5		
		20 ~ 50	0.15 ~ 0.25	0.5 ~ 0.6		
		>50	0.25 ~ 0.5	0.6 ~ 1.2		
灰铸铁	软	<5	0.05 ~ 0.1	0.3 ~ 0.5	8 ~ 14	干切
		5 ~ 20	0.1 ~ 0.15	0.5 ~ 1.0		
		20 ~ 50	0.15 ~ 0.25	1.0 ~ 1.5		
		>50	0.25 ~ 0.5	1.5 ~ 3.0		
	硬	<5	0.05 ~ 0.1	0.3 ~ 0.5	4 ~ 8	
		5 ~ 20	0.1 ~ 0.15	0.5 ~ 1.0		
		20 ~ 50	0.15 ~ 0.25	1.0 ~ 1.5		
		>50	0.25 ~ 0.5	1.5 ~ 3.0		
铝、铝合金	软	<5	0.05 ~ 0.1	0.3 ~ 0.5	14 ~ 16	煤油
		5 ~ 20	0.1 ~ 0.15	0.5 ~ 1.0		
		20 ~ 50	0.15 ~ 0.25	1.0 ~ 1.5		
		>50	0.25 ~ 0.5	1.5 ~ 3.0		

（续）

加工材料	硬度	铰刀直径 d_0/mm	背吃刀量 a_p/mm	进给量 f/(mm/r)	切削速度 v_c/(m/min)	切削液
铝、铝合金	中	<5	0.05～0.1	0.3～0.5	10～14	煤油
		5～20	0.1～0.15	0.5～1.0		
		20～50	0.15～0.25	1.0～1.5		
		>50	0.25～0.5	1.5～3.0		
	硬	<5	0.05～0.1	0.3～0.5	8～10	
		5～20	0.1～0.15	0.5～1.0		
		20～50	0.15～0.25	1.0～1.5		
		>50	0.25～0.5	1.5～3.0		

表 2-7　高速工具钢铰刀粗铰灰铸铁（195HBW）的切削速度　（单位：m/min）

d/mm		5	10	15	20	25	30	40	50	60	80
a_p/mm		0.05	0.075	0.1	0.125	0.125	0.125	0.15	0.15	0.2	0.25
f/(mm/r)	≤0.5	18.9	17.9	15.9	16.5	14.7	12.1	11.5	11.5	10.7	10.0
	0.6	17.2	16.3	14.5	15.1	13.4	10.8	10.6	10.0	9.6	8.9
	0.8	14.9	14.1	12.6	13.1	11.6	12.1	11.5	11.5	10.7	10.0
	1.0	13.3	12.6	11.2	11.7	10.4	10.8	10.3	10.0	9.6	8.9
	1.2	12.2	11.5	10.3	10.7	9.5	9.8	9.4	9.2	8.7	8.1
	1.6	10.6	10.0	8.9	9.2	8.2	8.5	8.1	7.9	7.6	7.1
	2.0	9.4	8.9	8.0	8.3	7.4	7.6	7.3	7.1	6.8	6.3
	2.5				7.4	6.6	6.8	6.5	6.3	6.1	5.6
	5						4.8	4.6	4.5	4.3	4.0

表 2-8　高速工具钢铰刀精铰灰铸铁（195HBW）的切削速度

工 件 材 料	表面粗糙度 Ra 值	
	5～2.5μm	2.5～1.25μm
	允许的最大切削速度 v_c/(m/min)	
灰铸铁	8	4
可锻铸铁	15	8
铜合金	15	8

注：精铰切削用量能得到 IT7 级公差。

表 2-9　硬质合金铰刀铰孔的切削用量

加工材料		铰刀直径 d_0/mm	背吃刀量 a_p/mm	进给量 f/(mm/r)	切削速度 v_c/(m/min)
钢 σ_b(MPa)	≤1000	<10	0.08～0.12	0.15～0.25	6～12
		10～20	0.12～0.15	0.20～0.35	
		20～40	0.15～0.20	0.30～0.50	

（续）

加工材料		铰刀直径 d_0/mm	背吃刀量 a_p/mm	进给量 f/(mm/r)	切削速度 v_c/(m/min)
钢 σ_b(MPa)	>1000	<10	0.08~0.12	0.15~0.25	4~10
		10~20	0.12~0.15	0.20~0.35	
		20~40	0.15~0.20	0.30~0.50	
铸钢，$\sigma_b \leqslant 700$MPa		<10	0.08~0.12	0.15~0.25	6~10
		10~20	0.12~0.15	0.20~0.35	
		20~40	0.15~0.20	0.30~0.50	
灰铸铁 HBW	≤200	<10	0.08~0.12	0.15~0.25	8~15
		10~20	0.12~0.15	0.20~0.35	
		20~40	0.15~0.20	0.30~0.50	
	>200~450	<10	0.08~0.12	0.15~0.25	5~10
		10~20	0.12~0.15	0.20~0.35	
		20~40	0.15~0.20	0.30~0.50	
铝合金		<10	0.08~0.12	0.15~0.25	10~30
		10~20	0.12~0.15	0.20~0.35	
		20~40	0.15~0.20	0.30~0.50	

模块5　孔加工复合刀具

复合刀具是将两把或两把以上的同类或不同类的孔加工刀具组合成一体的专用刀具，它能在一次加工过程中，完成钻孔、扩孔、铰孔、锪孔和镗孔等多工序不同的工艺复合，具有高效率、高精度和高可靠性的成形加工特点。

单元1　孔加工复合刀具的特点

复合刀具具有以下特点：

1）可同时或顺序加工几个表面，以减少机动和辅助时间，提高生产率。

2）可减少工件的安装次数或夹具的转位次数，以减小和降低定位误差。

3）降低对机床的复杂性要求，减少机床台数，节约费用，降低制造成本。

4）可保证加工表面间的相互位置精度，加工质量高。

复合刀具在组合机床、自动线和专用机床上应用相当广泛，多用于加工汽车发动机、摩托车、农用柴油机和箱体等机械零部件。

单元2　常用孔加工复合刀具

1. 复合钻

通常在同时钻螺纹底孔与孔口倒角，或钻、扩阶梯孔时，使用如图2-24所示的复合钻。这种复合钻可用标准麻花钻改制而成，或制成硬质合金复合钻。

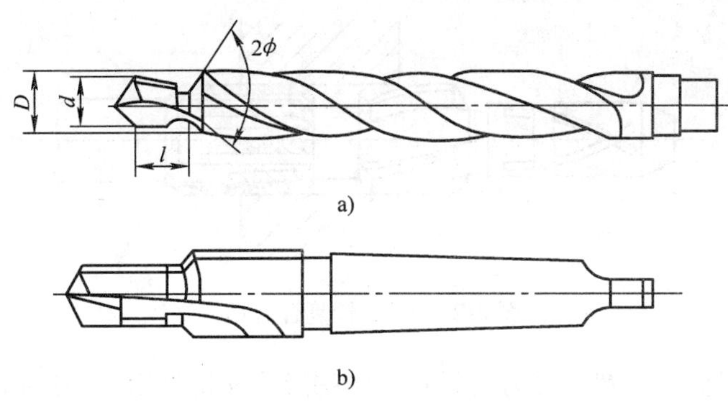

图 2-24　复合钻

a）高速工具钢复合钻　b）硬质合金复合钻

2. 复合扩孔钻

在组合机床上加工阶梯孔、倒角时，广泛使用扩孔钻。小直径的复合扩孔钻可用高速工具钢制成整体结构，直径稍大时，可制成硬质合金复合扩孔钻，如图 2-25 所示。由于刀具悬伸较长，在条件允许时，可设置前引导。

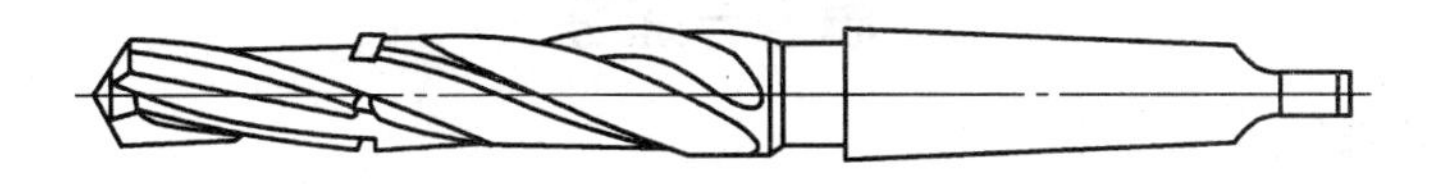

图 2-25　复合扩孔钻

3. 复合铰刀

一般复合铰刀为了保证孔的尺寸精度和位置精度，与机床主轴常采用浮动连接，为此，在设计复合铰刀时，要合理设置导向部分，如图 2-26 所示。小直径的复合铰刀可制成整体的，大直径的可制成套式的，直径相差较大时可制成装配式的。

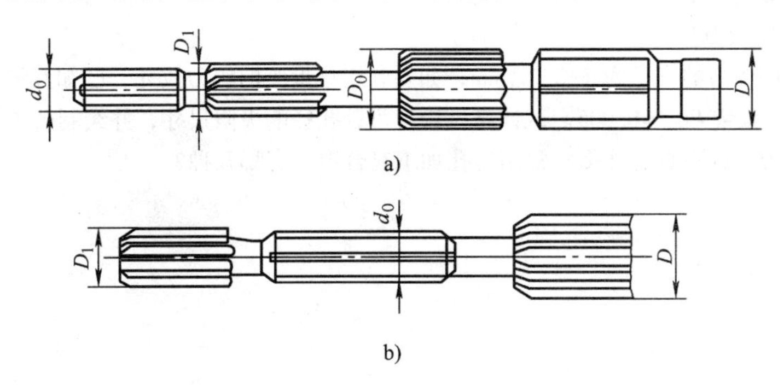

图 2-26　复合铰刀

a）带有前、后导向的复合铰刀　b）利用已有孔作为导向的复合铰刀

以上几种复合刀具有一个共同特点，即都由同类刀具组成，对不同表面的加工工艺相同，刀具各部分的结构相似或相同，因而刀具设计与制造都较为方便，而且切削用量也比较接近，容易安排工艺方案。除此之外，还有由不同类刀具组成的孔加工复合刀具，如图 2-27所示为带有引导的扩、铰复合刀具。

由不同类刀具组成的孔加工复合刀具，由于刀具结构和工艺要求不同，在设计与制造方

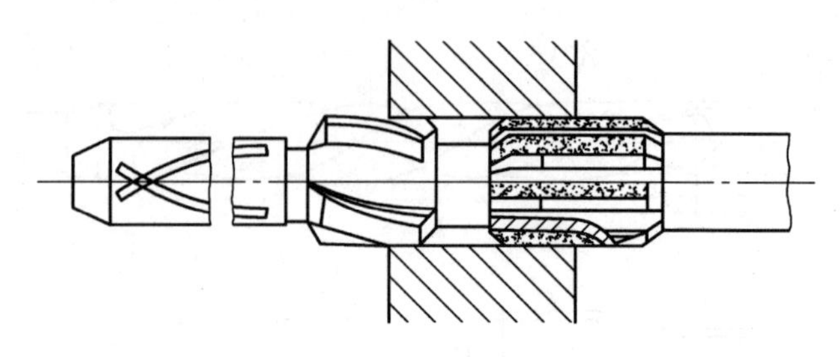

图 2-27　扩、铰复合刀具

面都有一定困难。因而，要解决好刀具材料、结构形式和切削用量的选择等问题。

复合刀具多用于专机、自动线或通用机床。对专机、自动线而言，机床转速及进给速度调整范围窄，要保证刀具使用效果达到要求，就需要选定好切削用量。如扩、铰复合，进给量要受钻头限制，而切削速度要受铰刀限制，如果按铰刀确定进给量则钻头承受不了，如果按钻头确定切削速度，则铰孔质量难以保证。同类复合刀具的进给量应根据直径最小的刀具选定，切削速度应根据直径最大的刀具选定。不同类的复合刀具，一般根据大、小直径的平均值，并考虑其加工精度的要求综合选定切削用量。

思考与练习

1. 孔加工刀具有哪些？

2. 麻花钻由哪几部分组成？各部分的作用分别是什么？

3. 已知工件材料为 45 钢，孔径为 ϕ20mm，在 Z525 型立式钻床上采用普通麻花钻（顶角为 118°）钻孔，转速 $n=272$r/min，$f=0.28$mm/r。试求背吃刀量 a_p、切削速度 v_c、切削层厚度 h_D、切削层宽度 b_D 和切削层公称横截面积 A_D。

4. 刃磨钻头时应注意哪些问题？

5. 铰刀的种类有哪些？

6. 铰刀的直径如何确定？

7. 如何合理使用铰刀？

8. 测得某批废旧铰刀的直径为 $\phi32^{+0.08}_{+0.03}$mm，如要利用该批废旧铰刀铰孔，已知其铰削时的最大扩张量 $P_{max}=0.007$，最小扩张量 $P_{min}=0.005$。试计算该铰刀可铰孔径的极限尺寸，并绘制公差带图。

9. 孔加工复合刀具的特点是什么？常用的孔加工复合刀具有哪几种？

项目三 铁刀的应用

【教学目标】

最终目标：能正确选用铣刀，能合理选择铣削用量。

促成目标：

1）熟悉常用尖齿铣刀的类型、结构及材料，掌握正确选用铣刀的方法。

2）了解铣刀的几何角度。

3）掌握合理选择铣削用量的方法。

4）熟悉铣削方式的特点。

模块1 案例分析

图3-1所示为某公司生产的滑道零件图，材料为45钢，图3-2所示为其立体图，试分析该滑道零件中批量生产时的机械加工工艺过程，并确定加工刀具。

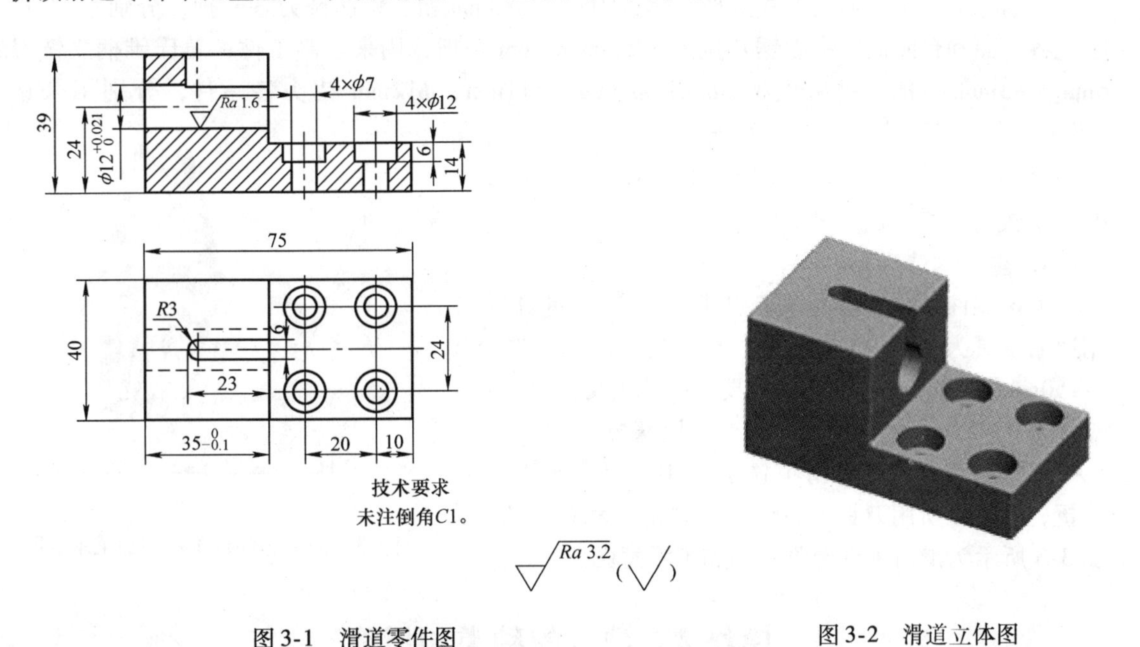

图3-1 滑道零件图　　图3-2 滑道立体图

单元1 技术要求分析

从图3-1可以看出，该滑道主体结构为带台阶的方块，台阶面的表面粗糙度 *Ra* 值不大于3.2μm。横孔 $\phi12^{+0.021}_{0}$mm 的公差等级为 IT7 ~ IT8，基孔制，表面粗糙度 *Ra* 值不大于1.6μm。无几何公差要求。

单元2　工艺过程分析

制订工艺过程的依据是零件的结构、技术要求、生产类型和设备条件等。该滑道属于带台阶的小方块，粗加工时可以单件加工，也可以多件加工。由于单件加工时，装夹辅助时间占加工时间的比例较大，因此计划采用多件加工的方法。

该滑道的材料为45钢，无热处理要求，各平面采用铣削加工即可；横孔尺寸的公差等级是 IT7 ~ IT8 级，铰孔可以满足要求。该滑道零件的主要定位基准为底平面和侧平面。

基于上面的分析，滑道零件中批量生产时的加工工艺路线为：下料（5件合一）→铣底平面、上平面→铣前、后平面→切成单件→铣左、右平面→粗铣、精铣台阶面 $35^{\ 0}_{-0.1}$mm→钻 $4\times\phi7$mm 沉孔→钻、扩、铰 $\phi12^{+0.021}_{0}$mm 孔→铣槽6mm→去毛刺→终检→入库。

单元3　设备及工艺装备的选择

1. 设备的选择

根据滑道的外廓尺寸、加工精度、生产类型，加工设备选用通用机床。本案例铣平面选用立式铣床 X5032，切割单件选用卧式铣床 XW6132，铣槽6mm 选用工具铣床 X8126，孔加工选用 Z3040 摇臂钻床。

2. 刀具的选择

根据零件的不同加工方式选择具体的刀具。$\phi80$mm 粗、精面铣刀各一把，分别用于粗、精铣各平面和台阶面；中齿锯片铣刀 125mm × 2mm 一把，用来切割工件；莫氏锥柄立铣刀 6mm × 83mm 一把，用来铣槽6mm；$\phi7$mm、$\phi11$mm、$\phi12$mm 钻头各一件，分别用来钻 $\phi7$mm 孔、$\phi12^{+0.021}_{0}$mm 底孔、$\phi12$mm 沉孔；$\phi11.85$mm 扩孔钻一把，用于扩 $\phi12^{+0.021}_{0}$mm 孔；$\phi12$H7 铰刀一把，用于铰 $\phi12^{+0.021}_{0}$mm 孔。

3. 量具的选择

因该零件的生产类型属于中批量生产，量具以选用通用量具为主。长、宽、高、槽、沉孔的测量选用0 ~ 150mm 的游标卡尺即可满足要求；内孔 $\phi12^{+0.021}_{0}$mm 需选用0 ~ 25mm 的内径千分尺或专用塞规。

根据题意，需选择滑道铣加工用刀具。基于以上分析，铣加工所用刀具为面铣刀、立铣刀和锯片铣刀。图3-3所示为滑道零件台阶铣削加工示意图。

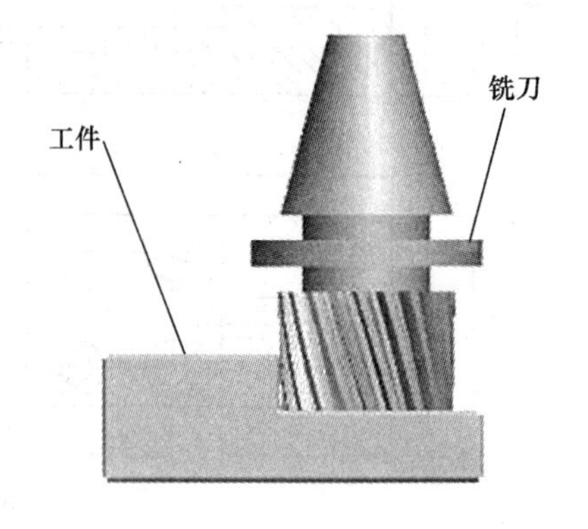

图3-3　滑道零件台阶铣削加工示意图

模块2　铣刀的种类和用途

铣刀是金属切削刀具中种类最多的刀具之一，属于多齿刀具，其每一个刀齿都相当于一把单刃刀具固定在铣刀的回转表面上进行断续切削，用于加工平面、台阶面、沟槽、成形表面以及切断等，如图3-4所示。铣刀可以按用途分类，也可以按齿背形式分类。

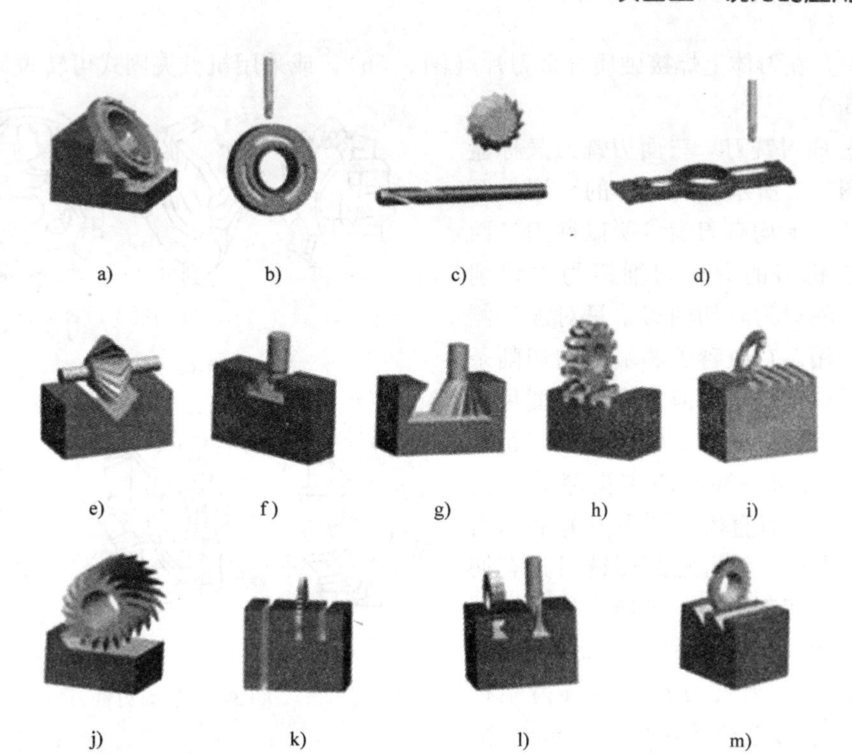

图 3-4　铣刀的用途
a）铣台阶面　b）铣圆弧槽　c）铣螺旋槽　d）铣键槽　e）铣 V 形槽　f）铣 T 形槽
g）铣燕尾槽　h）铣成形面　i）铣齿条　j）铣平面　k）切断　l）铣槽　m）铣角度槽

1. 按用途分类

铣刀按其用途大体上可分为加工平面用铣刀、加工沟槽用铣刀和加工成形面用铣刀三类。

（1）圆柱形铣刀　如图 3-5 所示，圆柱形铣刀用于在卧式铣床上加工平面，可分为粗齿和细齿两种，主要用高速工具钢制造，常制成整体式（图 3-5a），也可以镶焊螺旋形的硬质合金刀片，即镶齿式，如图 3-5b 所示。粗齿圆柱形铣刀具有齿数少、刀齿强度好、容屑空间大、重磨次数多等特点，适用于粗加工；细齿圆柱形铣刀的齿数多，工作平稳，适用于精加工。

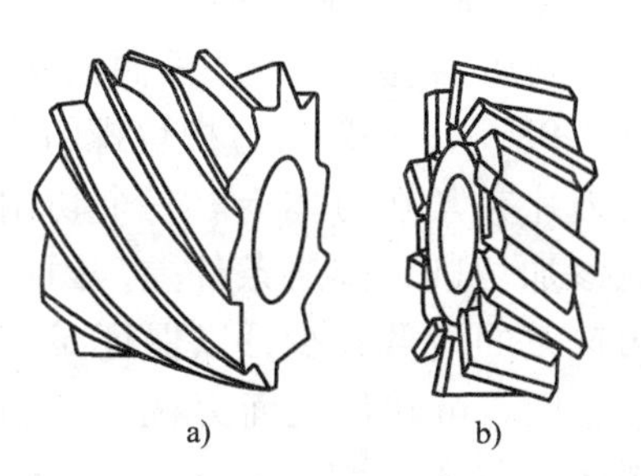

图 3-5　圆柱形铣刀

螺旋形切削刃分布在圆柱表面上，没有副切削刃。螺旋形刀齿在切削时是逐渐切入和脱离工件的，所以切削过程较平稳，一般适宜加工宽度小于铣刀长度的狭长平面。国家标准 GB/T 1115.1—2002 规定，圆柱形铣刀的直径有 50mm、63mm、80mm 和 100mm 四种规格。

（2）面铣刀　如图 3-6 所示，面铣刀用于在立式铣床上加工平面，铣刀的轴线垂直于被加工表面。面铣刀的主切削刃位于圆柱或圆锥表面上，副切削刃位于圆柱或圆锥的端面上。用面铣刀加工平面时，由于同时参加切削的齿数较多，又有副切削刃的修光作用，因此已加工表面的表面粗糙度值小。小直径的面铣刀一般用高速工具钢制成整体式（图 3-6a），大直径的面铣刀是在刀体上焊接硬质合金刀片（图3-6b），或采用机械夹固式可转位硬质合金刀片（图3-6c）。

（3）三面刃铣刀　三面刃铣刀又称盘铣刀，如图3-7所示。其刀体的圆周上及两侧环形端面上均有刀齿，所以称为三面刃铣刀。盘铣刀的圆周切削刃为主切削刃，侧面切削刃为副切削刃，只对加工侧面起修光作用。它改善了两端面的切削条件，提高了切削效率，但重磨后宽度尺寸变化较大。三面刃铣刀主要用在卧式铣床上加工台阶面和一端或两端贯穿的浅沟槽。三面刃铣刀有直齿（图3-7a）和斜齿（图3-7b）之分，斜齿三面刃铣刀具有切削过程平稳、切削力小、排屑容易及容屑空间大等优点，但制造和刃磨比较复杂。直径较大的三面刃铣刀常采用镶齿结构（图3-7c），铣刀直径 $d=80\sim315$mm，宽度 $B=12\sim40$mm。

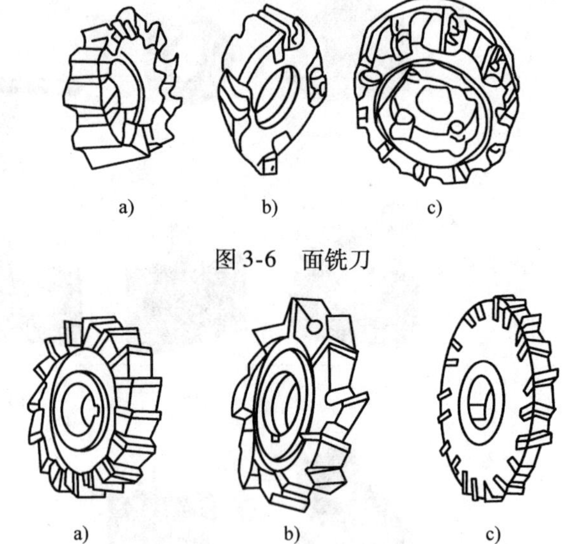

图3-6　面铣刀

图3-7　三面刃铣刀

图3-8所示为直齿三面刃铣刀。这种刀具两侧面上的前角等于0°，因此铣削塑性材料时的切削条件较差。直齿三面刃铣刀的直径 $d=50\sim200$mm，宽度 $B=4\sim40$mm。圆周前面与端齿前面连成一个平面，并一次铣成和刃磨，使工序简化。圆周刀齿和端面刀齿均留有凸起的棱边，便于刃磨，且可保持棱边的宽度不变。

硬质合金可转位三面刃铣刀如图3-9所示，一般通过楔块螺钉或压孔将刀片夹紧在刀体上。三个切削刃同时参加切削，排屑条件差，因此三面刃铣刀的齿数较少，以保证足够的容屑空间。可转位三面刃铣刀的前角一般取 $\gamma_p=3°\sim5°$、$\gamma_f=-2°\sim7°$，取 $\kappa_r'=40'\sim1°$。常用可转位三面刃铣刀的直径 $d=80\sim315$mm，宽度 $B=10\sim32$mm。它的内孔一般有两个键槽，以便组合使用时将刀齿错开，使切削平稳。

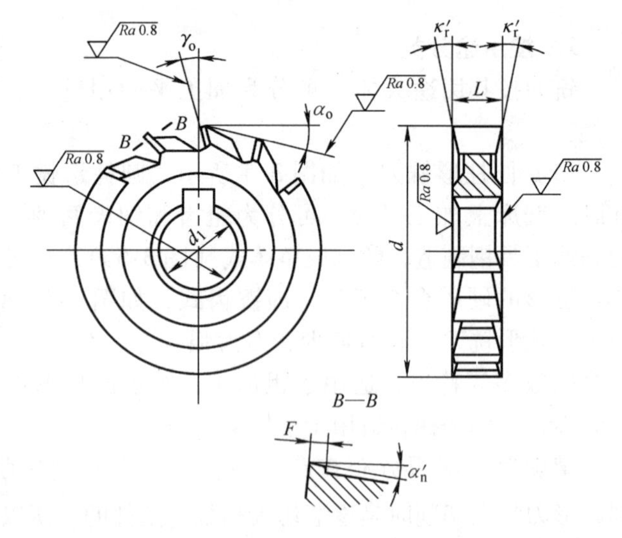

图3-8　直齿三面刃铣刀

（4）锯片铣刀　锯片铣刀如图3-10所示，这是薄片的槽铣刀，用于切削狭槽或切断，与切断车刀类似，对刀具几何参数的合理性要求较高。为了避免夹刀，其厚度由边缘向中心减薄，使两侧形成副偏角。

（5）立铣刀　立铣刀相当于带柄的小直径圆柱形铣刀，主要用于加工凹槽、台阶面和成形表面，利用锥柄或直柄紧固在机床主轴中，如图 3-11 所示。立铣刀在圆柱面上的切削刃是主切削刃，端面上的切削刃是副切削刃，因此铣削时不宜沿铣刀轴线方向作进给运动。主切削刃上螺旋角 β 的作用与圆柱形铣刀的螺旋角相似，一般取 $\beta = 30° \sim 45°$。为了使副切削刃有足够的强度，常在副切削刃的前面上磨出宽为 0.4 ~ 1.5mm，前角约为 6°的棱边。

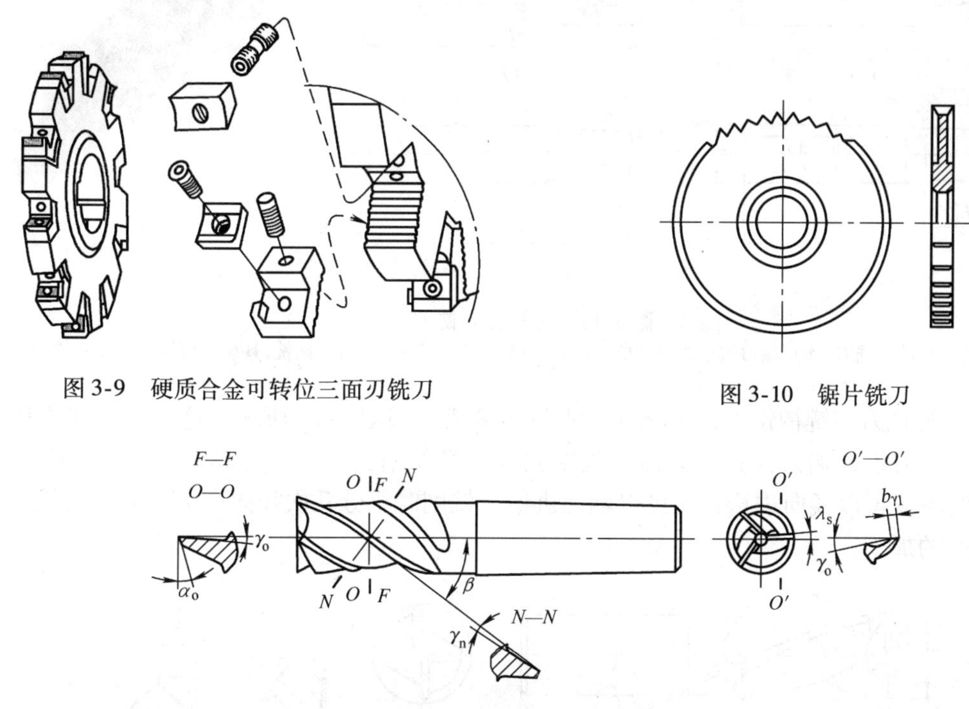

图 3-9　硬质合金可转位三面刃铣刀

图 3-10　锯片铣刀

图 3-11　高速工具钢立铣刀

国家标准规定，立铣刀有粗齿、细齿和直柄、锥柄之分。粗齿的齿数一般为 3 ~ 4 个，细齿的齿数一般为 5 齿、6 齿和 8 齿。直径 $d = 2 \sim 71$mm 的立铣刀做成直柄或削平型直柄；直径 $d = 6 \sim 63$mm 的立铣刀做成莫氏锥柄；直径 $d = 25 \sim 80$mm 的立铣刀做成 7∶24 锥柄。

硬质合金立铣刀可分为整体式和可转位式两种。直径 $d = 3 \sim 20$mm 做成整体式，直径 $d = 12 \sim 50$mm 做成可转位式。

整体式硬质合金立铣刀分为标准螺旋角（30°或 45°）和大螺旋角（60°）立铣刀，如图 3-12 所示，其齿数为 2 齿、4 齿和 6 齿。6 齿大螺旋角立铣刀切削平稳，背向力小，适用于精加工，但螺旋角过大会降低刀具总寿命，增加铣刀制造和重磨的困难。标准螺旋角立铣刀的齿数少，容屑槽大，有 1 ~ 2 个切削刃通过中心，适用于粗加工。

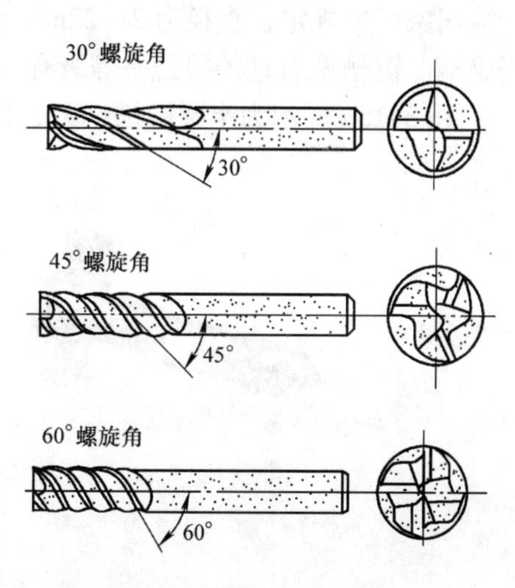

图 3-12　硬质合金立铣刀

可转位立铣刀按其结构和用途分为普通型、钻铣型和螺旋齿型，如图 3-13 所示。可转位立铣刀的直径较小，夹紧刀片所占空间受到很大限制，所以一般采用压孔式。

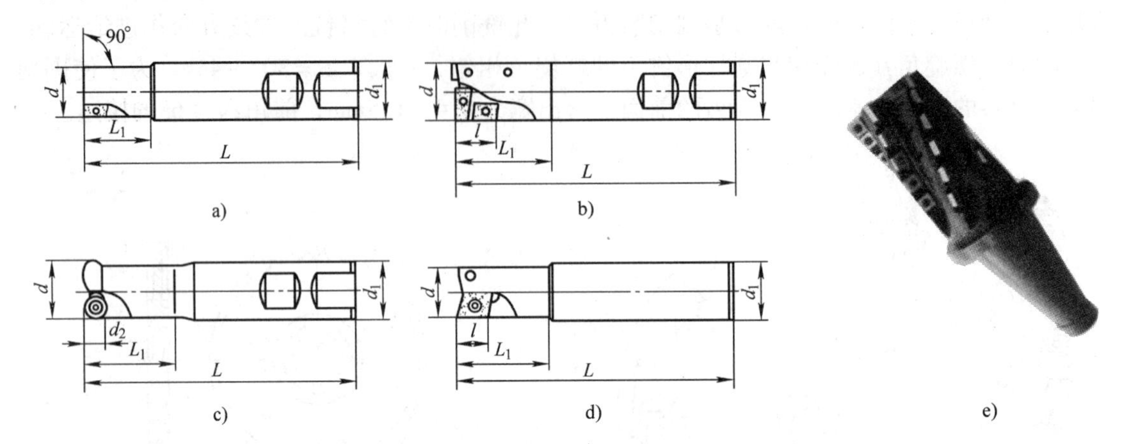

图 3-13 可转位立铣刀

a）普通可转位立铣刀 b）端刃过中心可转位立铣刀 c）圆刀片立铣刀 d）钻铣刀 e）可转位螺旋立铣刀

（6）键槽铣刀 键槽铣刀用于铣削圆头封闭键槽，如图 3-14 所示。这种铣刀在圆柱面和端面上都有刀齿，端刃为完整刃口，既像立铣刀又像钻头。这种刀具的齿数少，螺旋角小，工作时不仅可以径向进给，也可以轴向进给。铣削时要分几次径向进给和轴向进给，才能完成键槽的加工。

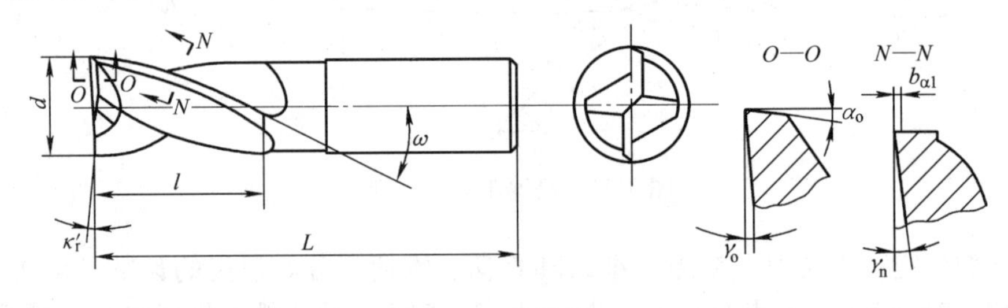

图 3-14 键槽铣刀

国家标准规定，直径为 2 ~ 22mm 的键槽铣刀用圆柱柄，直径为 14 ~ 40mm 的键槽铣刀用锥柄。键槽铣刀直径的公差等级有 e8 和 d8 两种，通常分别用于加工 H9 和 N9 键槽。

图 3-15a 所示为半圆键槽铣刀，用于加工 GB/T 1098—2003 规定的半圆键槽，能一次

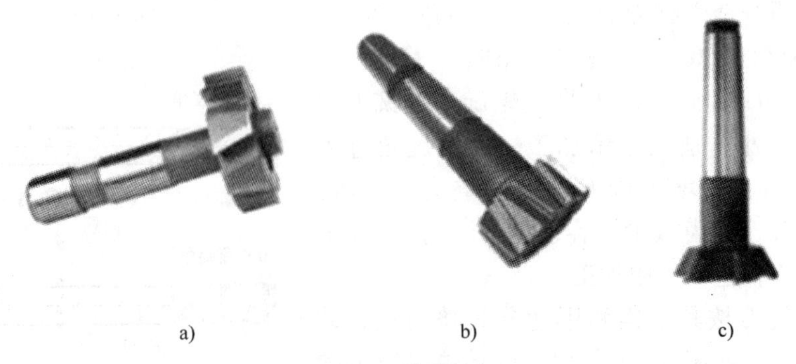

图 3-15 槽类铣刀

a）半圆键槽铣刀 b）T 形槽铣刀 c）燕尾槽铣刀

铣出符合精度要求的半圆键槽。刀齿有直齿和交错齿两种，其中交错齿的端刃开有后角。

其他槽类铣刀还有T形槽铣刀（图3-15b）和燕尾槽铣刀（图3-15c）等。

（7）角度铣刀　角度铣刀分为单角铣刀和双角铣刀，用于铣带角度的沟槽和斜面。图3-16a所示为单角铣刀，其圆锥切削刃为主切削刃，端面切削刃为副切削刃。图3-16b所示为双角铣刀，两圆锥面上的切削刃均为主切削刃。双角铣刀分为对称双角铣刀和不对称双角铣刀。

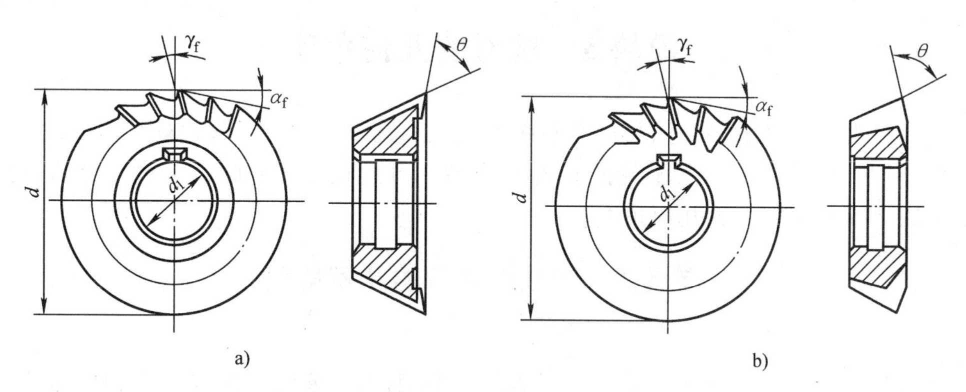

图3-16　角度铣刀
a）单角铣刀　b）双角铣刀

国家标准规定，单角铣刀的直径 $d=40\sim100$mm，两切削刃间的夹角 $\theta=18°\sim90°$；不对称双角铣刀的直径 $d=40\sim100$mm，夹角 $\theta=50°\sim100°$；对称双角铣刀的直径 $d=50\sim100$mm，夹角 $\theta=18°\sim90°$。

当角度铣刀大端和小端直径相差较大时，往往会造成小端刀齿过密，容屑空间较小，因此常将小端刀齿间隔地去掉，使小端的齿数减少一半，以增大容屑空间。

（8）成形铣刀　成形铣刀是在铣床上加工成形表面的刀具，其刀齿廓形要根据工件的廓形来确定。如图3-17a所示，成形铣刀可在通用铣床上加工形状复杂的表面，并可获得较高的精度和表面质量，生产率也较高。

除此之外，还有仿形用的指状铣刀（图3-17b）等。

a)　b)

图3-17　其他铣刀
a）成形铣刀　b）指状铣刀

2. 按齿背形式分类

（1）尖齿铣刀　尖齿铣刀的特点是齿背经铣制而成，并在切削刃后磨出一条窄的后面，铣刀用钝后只需刃磨后面，刃磨比较方便。尖齿铣刀是铣刀中的一大类，上述铣刀大部分为尖齿铣刀。

（2）铲齿铣刀　铲齿铣刀的特点是齿背经铲制而成，铣刀用钝后仅刃磨前面，易于保持切削刃原有的形状，因此适用于切削廓形复杂的铣刀，如成形铣刀。

模块3　铣刀的几何角度

铣刀的种类、形状虽多，但都可以归纳为圆柱形铣刀和面铣刀两种基本形式，每个刀齿可以看作一把简单的车刀，所不同的是铣刀回转、刀齿较多。因此，只对一个刀齿进行分析，就可以了解整个铣刀的几何角度。

单元1　圆柱形铣刀的几何角度

1. 前角

圆柱形铣刀的静止参考系和几何角度如图3-18所示。通常在图样上应标注法平面内前角 γ_n，以便于制造。但在检验时，通常测量正交平面内前角 γ_o。γ_n 与 γ_o 之间可按下式换算

$$\tan\gamma_o = \tan\gamma_n/\cos\beta \tag{3-1}$$

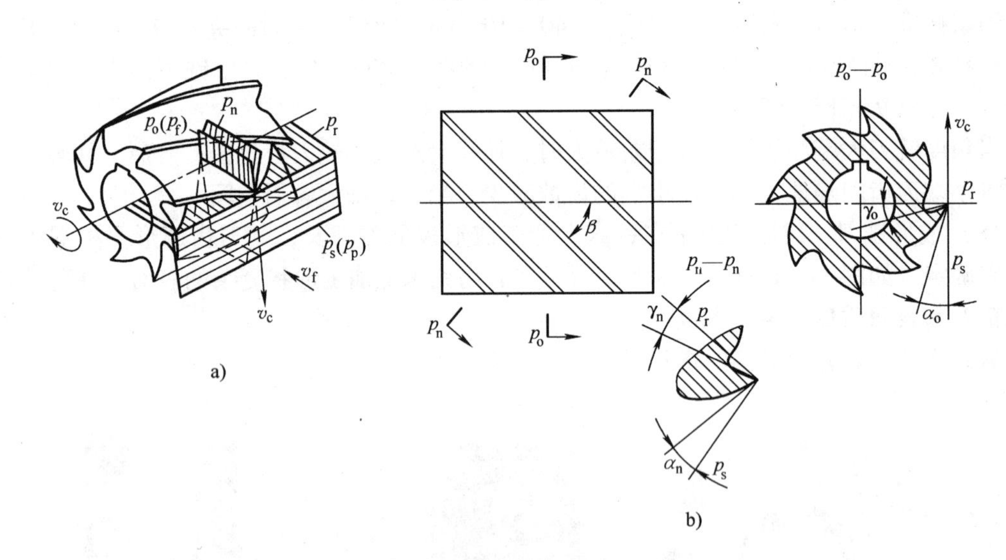

图3-18　圆柱形铣刀的静止参考系和几何角度
a）圆柱形铣刀的静止参考系　b）圆柱形铣刀的几何角度

法前角 γ_n 按工件材料选择：铣削钢时，取 $\gamma_n=10°\sim20°$；铣削铸铁时，取 $\gamma_n=5°\sim15°$。

2. 后角

圆柱形铣刀后角仍在正交平面 p_o 内度量。铣削时的切削厚度 h_D 比车削时小，磨损主要发生在后面上，因此适当增大后角，可减少铣刀磨损。通常取 $\alpha_o=12°\sim16°$，粗铣时取小值，精铣时取大值。

3. 螺旋角

螺旋角 β 是螺旋切削刃展开成直线后，与铣刀轴线间的夹角。显然，螺旋角 β 等于刃倾角 λ_s。螺旋角 β 能使刀齿逐渐切入和切离工件，增大螺旋角还可使同时工作的齿数增加，增加实际工作前角，使切削轻快平稳；同时形成螺旋形切屑，使排屑容易，可防止切屑堵塞现象。但增大螺旋角会使铣削时的轴向分力增大，无论刀齿的螺旋方向是左旋还是右旋，使用时均应使铣刀所受的进给力指向铣床主轴，而不应指向支架。一般细齿圆柱形铣刀 $\beta=30°\sim35°$，粗齿圆柱形铣刀 $\beta=40°\sim45°$。

单元 2　面铣刀的几何角度

面铣刀的静止参考系和几何角度如图 3-19 所示。面铣刀的几何角度除规定在正交平面参考系内度量外，还规定在背平面、假定工作平面参考系内表示，以便于面铣刀的刀体设计与制造。

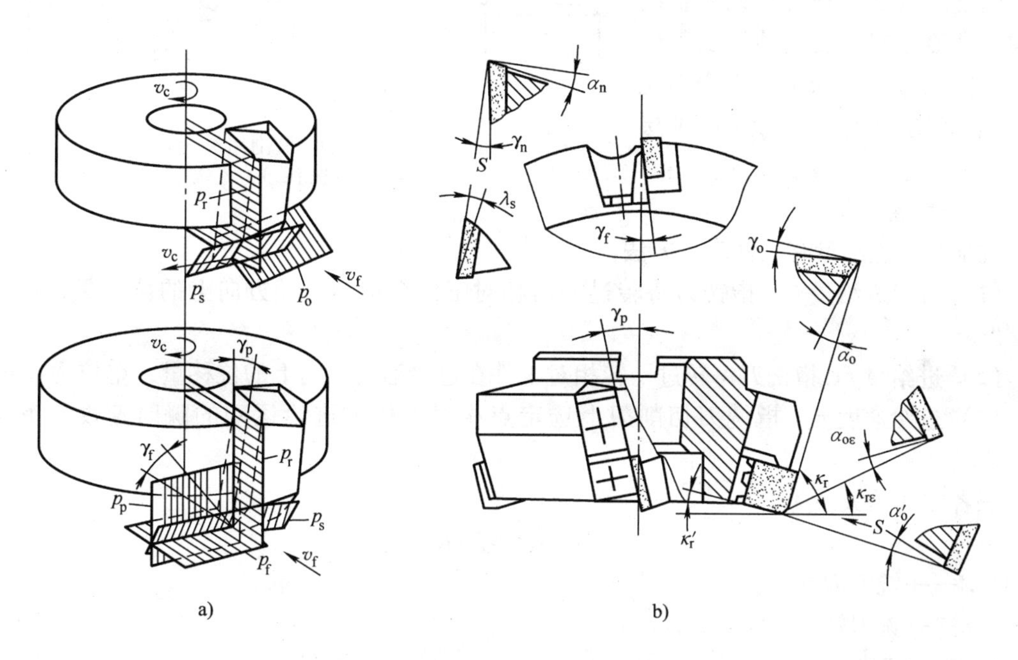

图 3-19　面铣刀的静止参考系和几何角度
a）面铣刀的静止参考系　b）面铣刀的几何角度

机夹式面铣刀的几何角度是刀体上刀槽的几何参数和单刀齿的几何角度共同形成的。为了获得所需的切削角度，使刀齿在刀体中径向倾斜 γ_f 角、轴向倾斜 γ_p 角，若已知 γ_o、λ_s 和 κ_r 值，可按下式换算出 γ_f、γ_p，并将它们标注在装配图上，以供制造时使用。

$$\tan\gamma_f=\tan\gamma_o\sin\kappa_r-\tan\lambda_s\cos\kappa_r \tag{3-2}$$

$$\tan\gamma_p=\tan\gamma_o\cos\kappa_r+\tan\lambda_s\sin\kappa_r \tag{3-3}$$

硬质合金面铣刀铣削时，由于是断续切削，刀齿经受很大的机械冲击，在选择几何角度时，应保证刀齿有足够的强度。一般加工钢时取 $\gamma_o=5°\sim-10°$，加工铸铁时取 $\gamma_o=5°\sim-5°$，通常取 $\lambda_s=-15°\sim-7°$，$\kappa_r=45°\sim75°$，$\kappa'_r=5°\sim15°$，$\alpha_o=6°\sim12°$，$\alpha'_o=8°\sim10°$。

模块4　铣削的基本规律

单元1　铣削用量

铣削用量包括背吃刀量 a_p、侧吃刀量 a_e、进给量和铣削速度 v_c，如图3-20所示。

1. 背吃刀量（铣削深度）a_p

背吃刀量是在平行于铣刀轴线方向上度量的被切削层尺寸。端铣时，a_p 为切削层深度；圆周铣削时，a_p 为被加工表面宽度。

2. 侧吃刀量（铣削宽度）a_e

侧吃刀量是在垂直于铣刀轴线方向和进给方向上度量的被切削层尺寸。端铣时，a_e 为被加工表面宽度；圆周铣削时，a_e 为切削层深度。

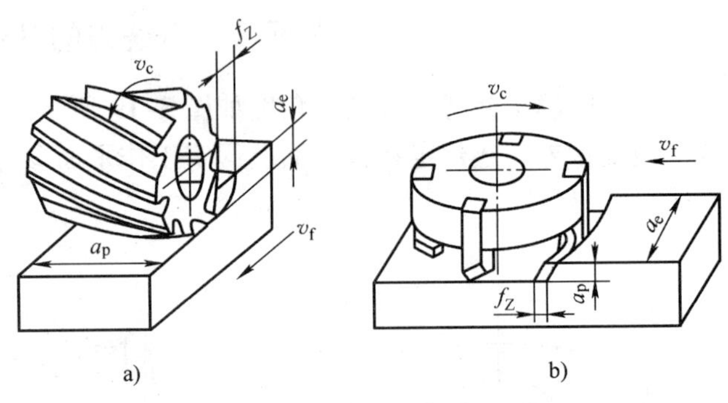

图3-20　铣削用量
a）圆周铣削　b）端铣

3. 进给量

铣削时，进给量有三种表示方法：

（1）每齿进给量 f_z　指铣刀每转过一齿相对工件在进给运动方向上的位移量，单位为mm/齿。

（2）进给量 f　指铣刀每转过一转相对工件在进给运动方向上的位移量，单位为mm/r。

（3）进给速度 v_f　指铣刀切削刃上选定点相对工件的进给运动的瞬时速度，单位为mm/min。

三者之间的关系为

$$v_f = fn = f_z Zn \tag{3-4}$$

式中　Z——铣刀齿数；

n——铣刀转速（r/min）。

4. 铣削速度 v_c

铣削速度是指铣刀切削刃选定点相对工件主运动的瞬时速度，可按下式计算

$$v_c = \pi dn/1000 \tag{3-5}$$

式中　d——铣刀直径（mm）；

n——铣刀转速（r/min）；

v_c——铣削速度（m/min）。

单元2　铣削用量的选择

铣削用量的选择原则与车削用量的选择原则一样，首先取尽可能大的背吃刀量（对端铣相当于 a_p，对周铣相当于 a_e），然后选取尽可能大的进给量（粗铣时选择 f_z；精铣、半精铣时直接选取 f），最后选择铣削速度 v_c。

1. 背吃刀量的选择

背吃刀量根据工艺系统刚度和已加工表面的精度与表面粗糙度而定。

已加工表面的表面粗糙度 *Ra* 值大于或等于 12.5μm 时，一般一次粗铣即可达到要求。当工艺系统刚度差、机床动力不足或余量过大时，可分两次铣削，第一次铣削背吃刀量取得大些，其好处是可以避免刀具在表面缺陷层内切削（因余量大时往往不均匀），同时可减轻第二次铣削时的负荷，有利于获得较好的已加工表面质量。一般粗铣铸钢或铸件时，a_p = 5 ~ 7mm；粗铣无硬皮的钢料时，a_p = 3 ~ 5mm。

已加工表面的表面粗糙度 *Ra* 值为 6.3 ~ 3.2μm 时，可分粗铣和半精铣两次铣削，粗铣时为半精铣留余量，a_p = 0.5 ~ 1mm。

已加工表面的表面粗糙度 *Ra* 值为 1.6 ~ 0.8μm 时，可分三次铣削，半精铣时 a_p = 1.5 ~ 2mm，精铣时 a_p 在 0.5mm 左右。

2. 进给量的选择

粗铣时铣削力较大。高速工具钢刀具根据机床、刀具、夹具等工艺系统的刚度，查表 3-1 或表 3-2 选择 f_z；硬质合金刀具取决于刀齿强度，查表 3-3 选择 f_z。机床的刚度与其功率相适应，功率大的刚度好，小的则刚度差。粗齿高速工具钢刀具的齿数少，刀齿强度好，容屑空间大，允许的每齿进给量大，适用于粗铣；细齿高速工具钢刀具适用于半精铣、精铣。当用一把铣刀分两次进给进行粗铣和半精铣时，若采用细齿铣刀，应注意刀齿强度和容屑空间所允许的每齿进给量。

半精铣、精铣应根据已加工表面的表面粗糙度要求直接选择每转进给量 *f*。

表 3-1　高速工具钢圆柱形铣刀的进给量

加工性质	机床功率/kW	工件-夹具系统刚度	粗齿及镶齿铣刀		细　齿　铣　刀	
			每齿进给量 f_z/mm			
			钢	铸铁、铜合金	钢	铸铁、铜合金
粗铣平面	>10	上等	0.4 ~ 0.6	0.6 ~ 0.8		
		中等	0.3 ~ 0.4	0.4 ~ 0.6		
		下等	0.2 ~ 0.3	0.25 ~ 0.4		
	5 ~ 10	上等	0.2 ~ 0.3	0.25 ~ 0.4	0.10 ~ 0.15	0.12 ~ 0.20
		中等	0.12 ~ 0.2	0.2 ~ 0.3	0.06 ~ 0.10	0.10 ~ 0.15
		下等	0.10 ~ 0.15	0.12 ~ 0.2	0.06 ~ 0.08	0.08 ~ 0.12
	≤5	中等	0.10 ~ 0.15	0.12 ~ 0.2	0.05 ~ 0.08	0.06 ~ 0.12
		下等	0.06 ~ 0.10	0.1 ~ 0.15	0.03 ~ 0.06	0.05 ~ 0.10

加工性质	表面粗糙度 *Ra* 值/μm	工件材料	铣刀直径 d_0/mm							
			40	60	75	90	110	130	150	200
			铣刀每转进给量 *f*/(mm/r)							
精铣平面	5	钢	1.0 ~ 1.8	1.3 ~ 2.3	1.5 ~ 2.7	1.7 ~ 3.0	1.9 ~ 3.4	2.1 ~ 3.8	2.3 ~ 4.1	2.8 ~ 5.0
		铸铁铜合金	1.0 ~ 1.6	1.2 ~ 2.0	1.3 ~ 2.3	1.4 ~ 2.5	1.6 ~ 2.7	1.7 ~ 3.0	1.9 ~ 3.2	2.1 ~ 3.7
	2.5	钢	0.6 ~ 1.0	0.7 ~ 1.3	0.8 ~ 1.5	1.0 ~ 1.7	1.1 ~ 1.9	1.2 ~ 2.1	1.3 ~ 2.3	1.6 ~ 2.8
		铸铁铜合金	0.6 ~ 1.0	0.7 ~ 1.2	0.7 ~ 1.3	0.8 ~ 1.4	0.9 ~ 1.6	1.0 ~ 1.7	1.1 ~ 1.9	1.2 ~ 2.1

注：1. 粗铣时，背吃刀量 a_p 和宽度 *B* 小时用较大进给量，a_p 和 *B* 大时用较小进给量。

2. 表中的精铣进给量适用于工艺系统具有足够刚度的情况，刚度不足时应适当降低。

表 3-2 高速工具钢套式面铣刀的进给量

加工性质	机床功率/kW	工件-夹具系统刚度	整体粗齿、镶齿铣刀		整体细齿铣刀	
			每齿进给量 f_z/mm			
			碳钢、合金钢、耐热钢	铸铁、铜合金	碳钢、合金钢、耐热钢	铸铁、铜合金
粗铣平面	>10	上等	0.2~0.3	0.4~0.6		
		中等	0.15~0.25	0.3~0.5		
		下等	0.10~0.15	0.2~0.3		
	5~10	上等	0.12~0.2	0.3~0.5	0.08~0.12	0.2~0.35
		中等	0.08~0.15	0.2~0.4	0.06~0.10	0.15~0.30
		下等	0.06~0.10	0.15~0.25	0.04~0.08	0.10~0.20
	≤5	中等	0.04~0.06	0.15~0.30	0.04~0.06	0.12~0.20
		下等	0.04~0.06	0.10~0.20	0.04~0.06	0.08~0.15
精铣平面	表面粗糙度 *Ra* 值/μm		工件材料			
			45(轧制)、40Cr(轧制、正火)	35	45(调质)	10、20、20Cr
			铣刀每转进给量 f/(mm/r)			
	10		1.2~2.7	1.4~3.1	2.6~5.6	1.8~3.9
	5		0.5~1.2	0.5~1.4	1.0~2.6	0.7~1.8
	2.5		0.24~0.5	0.3~0.5	0.4~1.0	0.3~1.7

表 3-3 硬质合金面铣刀的进给量

粗铣									
机床功率/kW	铣削方式	钢,R_m/GPa				铸铁,布氏硬度 HBW			
		≤0.588		>0.588		≤180		>180	
		硬质合金牌号							
		YT5	YT15	YT5	YT15	YG8	YG6	YG8	YG6
		铣刀每齿进给量 f_z/mm							
5~10	对称铣	0.15~0.18	0.12~0.15	0.12~0.14	0.09~0.11	0.24~0.29	0.19~0.24	0.20~0.24	0.14~0.18
	不对称铣	0.30~0.36	0.22~0.30	0.24~0.28	0.18~0.22	0.48~0.56	0.38~0.48	0.38~0.45	0.28~0.35
>10	对称铣	0.20~0.24	0.14~0.18	0.16~0.20	0.12~0.15	0.32~0.38	0.22~0.28	0.25~0.32	0.18~0.24
	不对称铣	0.40~0.48	0.28~0.36	0.32~0.40	0.24~0.30	0.65~0.80	0.45~0.56	0.50~0.64	0.38~0.48
主偏角改变时每齿进给量的修正系数									
主偏角 κ_r		90°		45°~60°		30°		15°	
修正系数		0.7		1.0		1.5		2.8	
精铣									
工件材料		副偏角 κ_r'		已加工表面的表面粗糙度 *Ra* 值/μm					
				5		2.5		1.25	
				每齿进给量 f_z/mm					
钢,R_m/GPa	≤0.686	5°		0.5~0.8		0.4~0.5		0.2~0.25	
		2°		1~1.6		0.8~1.1		0.4~0.5	
	>0.686	5°		0.7~1.0		0.45~0.6		0.2~0.3	
		2°		1.4~2.0		0.9~1.2		0.4~0.6	

注:1. 装有刮光刀片的面铣刀,精铣时的每齿进给量 f_z 可增大。

2. 加工耐热钢时的每齿进给量 f_z 为 0.1~0.35mm。

然后按下列步骤换算生产中所用的进给量f_z或f

$$v_f = f_z Z n_{实} = f n_{实} \to v_{f实}\text{（接近的铣床实际进给速度）}\to f_{z实} = \frac{v_{f实}}{Z n_{实}}$$

3. 铣削速度的选择

当背吃刀量和进给量确定后，应根据铣刀寿命和机床刚度，选取尽可能大的铣削速度v_T，并按下列步骤换算生产中所用的铣削速度v_c

$$v_T \to n\left(=\frac{1000 v_T}{\pi d}\right) \to n_{实}\text{（接近的铣床实际转速）}\to v_c\left(=\frac{\pi d n_{实}}{1000}\right)$$

但是，由于影响铣刀寿命的因素太多，所确定的铣削速度只能作为使用时的初值，操作者应在具体生产条件下，细心观察、分析、试验，找到切削用量各参数的最佳组合。

单元 3　切削层参数

铣削时的切削层为基面内度量的铣刀相邻两个刀齿在工件上形成的过渡表面之间的金属层，如图 3-21 所示。

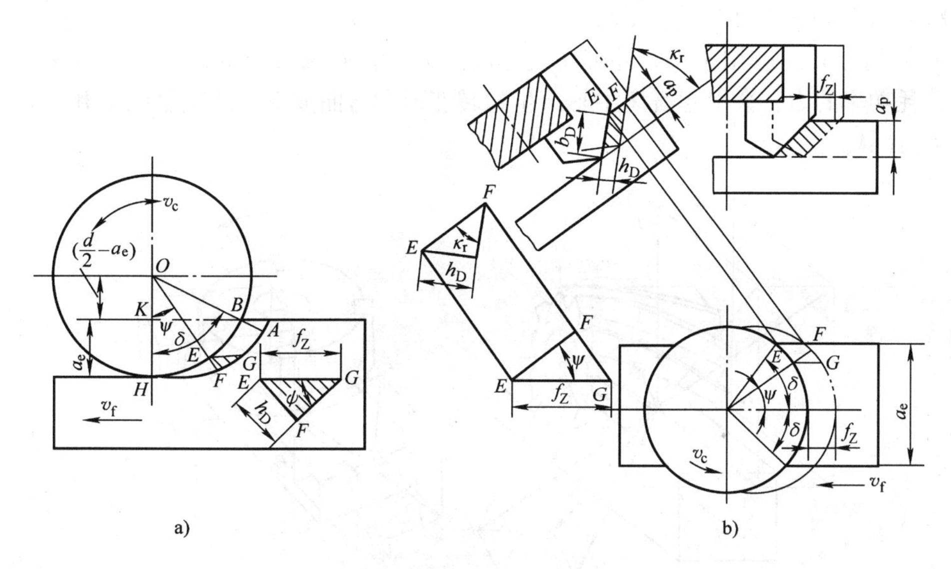

图 3-21　铣刀切削层参数
a）圆柱形铣刀　b）面铣刀

1. 切削层公称厚度 h_D

切削层公称厚度（简称切削厚度）是相邻两个刀齿所形成的过渡表面间的垂直距离。对于直齿圆柱形铣刀，当切削刃转到F点时

$$h_D = f_z \sin\psi \tag{3-6}$$

式中　ψ——瞬时接触角，它是刀齿所在位置与起始切入位置间的夹角。

切削厚度随刀齿所在位置的不同而变化。在H点时，$\psi=0$，$h_D=0$；在A点时，$h_D=f_z\sin\delta$。螺旋齿圆柱形铣刀切削刃上各点瞬时接触角不相等，故各点的切削厚度也不相等。

端铣时，刀齿在任意位置上的切削厚度为

$$h_D = EF\sin\kappa_r = f_z\cos\psi\sin\kappa_r \tag{3-7}$$

2．切削层公称宽度 b_D

切削层公称宽度简称切削宽度，是参加工作的切削刃长度。对于直齿圆柱形铣刀，$b_D=a_p$，在 a_p 和0之间突然变化。螺旋齿圆柱形铣刀的 b_D 随刀齿工作位置的不同而变化，由0逐渐增大至最大值，然后逐渐减小至0，切削宽度是缓慢变化的，因而铣削过程较为平稳。

端铣时，每个刀齿的切削宽度始终保持不变，即

$$b_D=a_p/\sin\kappa_r \tag{3-8}$$

3．平均总切削层公称横截面积 A_{dav}

平均总切削层公称横截面积简称平均总切削面积，是铣刀同时参与切削的各个刀齿的切削层公称横截面积之和。铣削时切削厚度是变化的，螺旋齿圆柱形铣刀的切削宽度也是随时变化的；此外，铣刀同时工作的齿数也在发生变化，所以铣削平均总切削面积是变化的。

单元4 铣 削 力

铣刀为多齿刀具。铣削时，每个工作刀齿都受到变形抗力和摩擦力的作用，其大小和方向在不断变化。为了便于分析，假定各刀齿上的总切削力 F 作用在某个刀齿上，如图3-22所示，将 F 分解为三个互相垂直的分力。

（1）切削力 F_c 作用于铣刀外圆切线方向的力。它使铣刀产生切削阻力矩 $M=F_c d/2$，是主要消耗功率的力，会引起铣床主轴产生扭转变形和弯曲变形，故主轴强度和铣刀刀齿强度应按 F_c 计算。

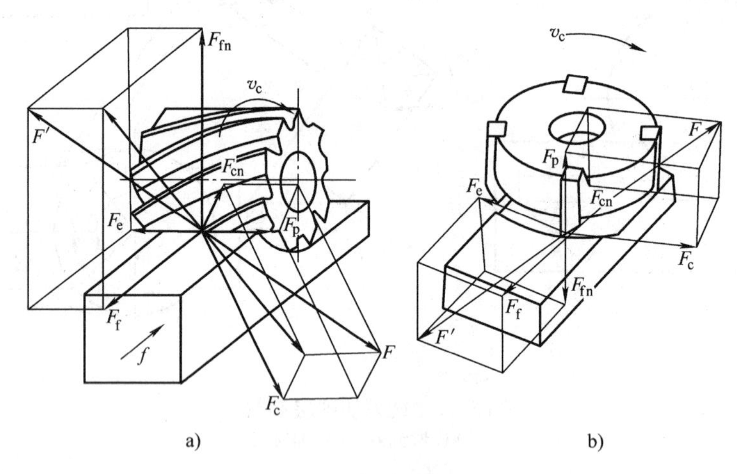

图3-22 铣削力

a）圆柱形铣刀铣削力 b）面铣刀铣削力

（2）垂直切削力 F_{cn} 作用于铣刀半径方向的力。它使刀柄产生弯曲，进而使铣床主轴发生弯曲，故主轴刚度应考虑其影响。

（3）背向力 F_p 作用于铣刀轴线方向的力。F_p 是由螺旋齿产生的力，因此，直齿圆柱平面铣刀无此力。用大螺旋角立铣刀铣削时，F_p 较大且方向向下，如果立铣刀没有夹牢，则很容易“掉刀”，造成“打刀”和工件报废。

作用在工件上的铣削力 F' 和 F 大小相等，方向相反。由于机床、夹具设计的需要和测量方便，通常将铣削力 F' 沿着机床工作台的运动方向分解为三个分力：

进给力 F_f——铣削力在纵向进给方向上的分力。

横向进给力 F_e——铣削力在横向进给方向上的分力。

垂直进给力 F_{fn}——铣削力在垂直进给方向上的分力。

总铣削力 F 为

$$F=\sqrt{F_c^2+F_{cn}^2+F_p^2}=\sqrt{F_f^2+F_e^2+F_{fn}^2}$$

单元5　铣削方式

1. 圆周铣削方式

圆周铣削有两种铣削方式，即逆铣和顺铣，如图3-23所示。

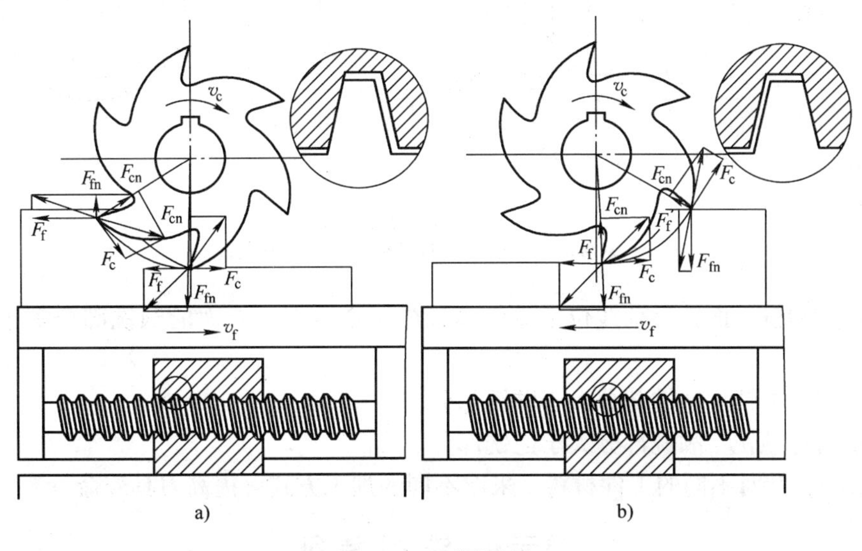

图3-23　圆周铣削
a）逆铣　b）顺铣

铣刀旋转切入工件时的切削速度方向与工件的进给方向相反时称为逆铣，相同时称为顺铣。

逆铣时，切削厚度从零逐渐增大。铣刀刃口有一钝圆半径 r_n，造成开始切削时的前角为负值，刀齿只能在过渡表面上挤压、摩擦和滑行，使工件表面产生严重冷硬层，并加剧了刀齿磨损。此外，当瞬时接触角大于一定数值后，F_{fn} 方向向上，有抬起工件的趋势，要求工件装夹紧固。顺铣时，刀齿的切削厚度从最大开始，避免了挤压、滑行现象，刀齿磨损较少；并且 F_{fn} 始终压向工作台，有利于工件夹紧，可提高铣刀寿命和加工表面的质量。

由于逆铣时刀齿从内部切入，工件表面硬皮对刀齿无影响；而顺铣时刀齿首先切入表面硬皮层，加快了刀齿磨损，故当工件表面有硬皮层时，不宜采用顺铣。

由于铣床工作台的纵向进给运动一般是依靠丝杠和螺母来实现的，螺母固定，由丝杠转动带动工作台移动。逆铣时，作用于工件上的进给力与其进给方向相反，使铣床工作台进给机构中的丝杠与螺母始终保持左侧面接触，因此铣削过程比较平稳；顺铣时，作用于工件上的进给力与其进给方向相同，若丝杠与螺母的间隙较大，则当进给力 F_f 逐渐增大，直至超过工作台摩擦力时，会使工作台带动丝杠向左窜动或爬行，造成进给不均，降低已加工表面质量，严重时会出现打刀现象。因此，如采用顺铣，则必须要求铣床工作台进给丝杠与螺母有消除间隙的装置，或采取其他有效措施消除间隙。在没有丝杠螺母间隙消除装置的铣床上，宜采用逆铣加工。

2. 端铣方式

用面铣刀加工平面时，依据铣刀与工件加工面相对位置的不同可分为三种铣削方式，如图 3-24 所示。

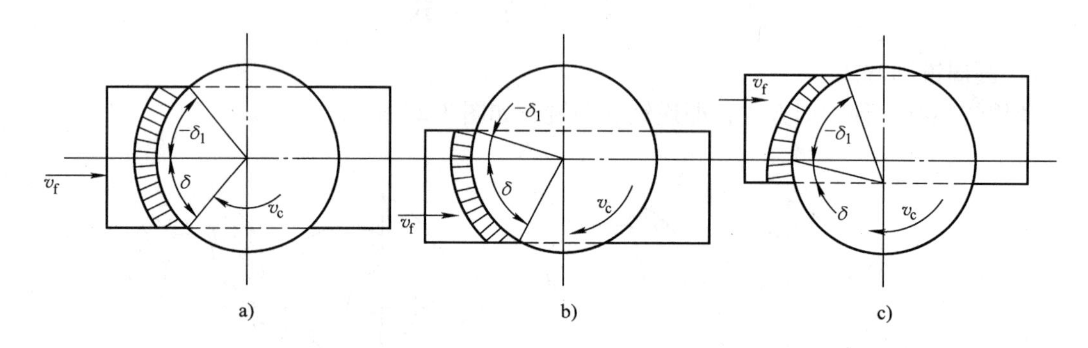

图 3-24 端铣
a）对称端铣 b）不对称逆铣 c）不对称顺铣

（1）对称端铣 面铣刀轴线位于铣削弧长的中心位置，上面的顺铣部分等于下面的逆铣部分。

（2）不对称逆铣 逆铣部分大于顺铣部分。

（3）不对称顺铣 顺铣部分大于逆铣部分。

实践表明，针对不同的工件材料，采取不同的加工方式可提高刀具寿命。

单元 6 铣 削 特 征

铣刀是多刃刀具，就整个铣刀而言，无空程，生产率较高，但对每个刀齿来说是断续切削，与车削等连续切削相比有其显著的特征。

1. 表面特征和铣刀主要技术要求

铣刀是回转刀具，由于制造、刃磨的误差，刀柄的弯曲变形，铣刀轴线与机床主轴回转轴线不重合（安装误差）等原因，致使铣刀各切削刃不在一个回转表面上，总是存在径向圆跳动和轴向圆跳动误差。当跳动量较大时，将导致各齿负荷不均、磨损不一、切削过程不稳、刀具寿命降低、已加工表面质量下降等问题。图 3-25 所示为圆柱形铣刀铣出的已加工表面状态示意图，其显著特点是最大不平度高度 R_{max} 远超过由每齿进给量 f_z 所造成的残留面积高度。这是铣刀的径向圆跳动误差所致，其波峰或波谷间的距离与铣削时的每转进给量相当。铣出的已加工表面的表面粗糙度与每转进给量密切相关，而与每齿进给量关系不大。每转进给量 f 越大，已加工表面的表面粗糙度值越大。因此，在精铣和半精铣时，应依据已加工表面所允许的表面粗糙度直接选择每

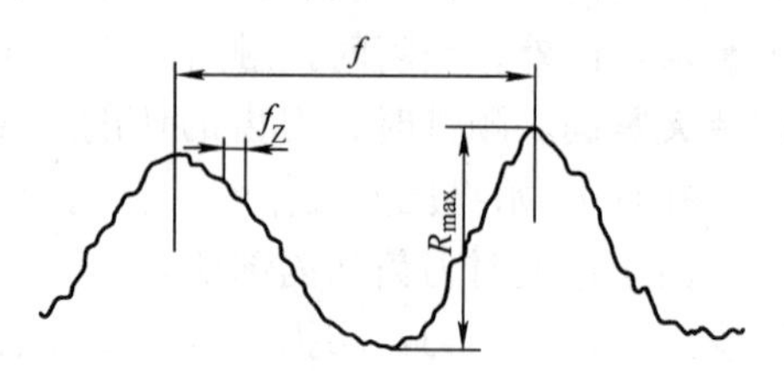

图 3-25 圆柱形铣刀铣出的已加工表面状态示意图

转进给量f，而粗铣仍应选择每齿进给量f_z。

铣削时应检查、控制铣刀的径向圆跳动和轴向圆跳动误差。国家标准对各类铣刀的圆跳动量都规定了最大允许值。若要加工出高质量的表面，必须从刀具、刀柄、心轴乃至机床等各环节着手减小切削刃的圆跳动误差。普通圆柱形铣刀径向圆跳动误差在0.05mm以下为宜。为了减小铣刀的径向圆跳动误差，可先重磨外圆，然后在磨削后面时磨出一个较窄的刃带（$b_{\alpha1}=0.03\sim0.05$mm）。

2. 铣刀的磨损和磨钝标准

由于铣削时每齿进给量f_z较车削时的进给量小，还有切削厚度为零（或接近零）的情况，造成了逆铣切入时的挤压、滑擦过程，所以铣刀的磨损主要发生在后面。因此，一般情况下，铣刀以重磨后面为主，相应的铣刀磨钝标准VB值也应比车刀小一些。由于铣刀的结构和刃磨的复杂性等原因，铣刀的寿命比车刀寿命取值要大些。铣刀的钝化在操作现场可以用工件表面出现亮点、切削温度升高、切屑颜色改变（棕色变蓝色），并伴随有尖叫声等现象来判断，但最好用后面允许磨损量VB来判断，见表3-4。

表3-4　铣刀后面允许的磨损量VB　（单位：mm）

刀具材料	工件材料	加工性质	铣刀种类			
			套式面铣刀	圆柱形铣刀	盘铣刀	立铣刀
YT	钢（除耐热钢）	粗、精铣	1.0~1.2	0.5~0.6	1.0~1.2	0.3~0.5
YG	耐热钢	粗、精铣	0.8~1.0		—	—
	铸铁	粗、精铣	1.5~2.0	0.7~0.8		
高速工具钢	钢（除耐热钢）	粗铣	1.5~2.0	0.4~0.6		
		精铣	0.3~0.5	0.15~0.25	0.4~0.6	0.3~0.5
	耐热钢	粗铣	0.6~0.7	0.4~0.6	—	0.3~0.5
		精铣	0.3~0.5	0.15~0.25		
	铸铁	粗铣	—	0.5~0.8	—	—
		精铣		0.2~0.3		

3. 切屑的容纳和排出

有些铣刀的容屑空间属于封闭或半封闭式，切屑须待刀齿切离后才能排除，因此，要求铣刀必须有足够大的容屑空间，容屑槽形状还应有利于切屑顺利卷曲，否则切屑排除不畅，易引起振动甚至打刀。对于切削宽度较宽的刀具，如圆柱形铣刀、立铣刀等，应采用适当的分屑结构。

铣刀的容屑槽底以采用较大的圆弧为好，如图3-26所示。

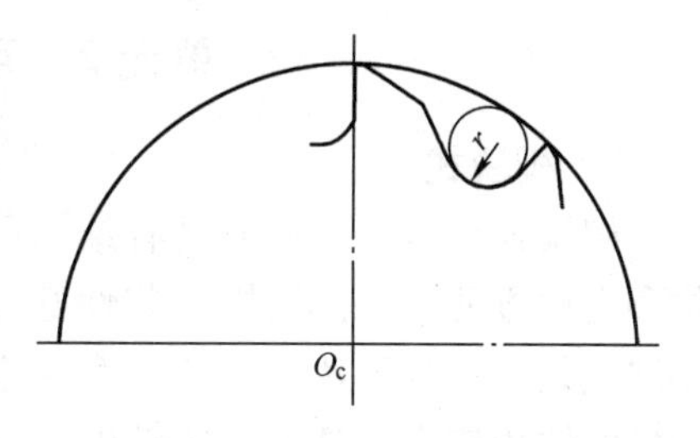

图3-26　铣刀的容屑空间

4. 切削力的周期变化

由于切削厚度h_D、切削宽度b_D和同时工作齿数的周期变化，导致铣削过程中平均总切削面积A_{dav}周期变化，切削力、转矩也必然是周期变化的，因此铣削过程易发生振动。为此，要求机床、刀具、夹具等整个工艺系统应具有较高的刚度。此外，工作齿数不宜少于2。同时工作的齿数越多，铣削过程越平稳。刀齿强度、容屑排屑和齿数是铣刀设计者应综合考虑的问题，也是使用者应注意的问题。

5. 切入冲击和切出冲击

铣削时，对于每个刀齿来讲都是断续切削，有切入和切出的过程，这就必然带来刀齿应力的周期循环变化和由周期受热、冷却所导致的热应力循环。特别应指出的是，切入过程的冲击容易被人接受，而近年来的研究发现，切出过程对刀齿也是一个冲击过程，且对刀具寿命的影响比切入冲击更大。切入冲击和切出冲击对于强度较高的高速工具钢刀具的影响较小，而对于硬质合金、陶瓷等强度较低的脆性材料刀具影响较大。

模块5　可转位面铣刀

单元1　概　　述

硬质合金可转位面铣刀适用于粗、精铣平面，由于其刚性好、效率高、加工质量好、刀具寿命长，故得到了广泛应用。

图3-27所示为常用的硬质合金可转位面铣刀。它由刀垫1、楔块2、紧定螺钉3、偏心销4、刀体5和刀片6等组成。刀垫1通过楔块2和紧定螺钉3夹紧在刀体5上。在紧定螺钉3旋紧前旋转偏心销4，将刀垫1轴向支承点的轴向跳动量调整到一定数值范围内。将刀片6安放在刀垫1上后，通过楔块2和紧定螺钉3夹紧。偏心销4还能防止切削时刀垫1受过大进给力而产生轴向窜动。切削刃磨损后，将刀片转位或更换刀片后可继续使用。可转位面铣刀已标准化，使用前必须合理地选择刀片夹紧结构、主偏角、前角、直径和齿数等。

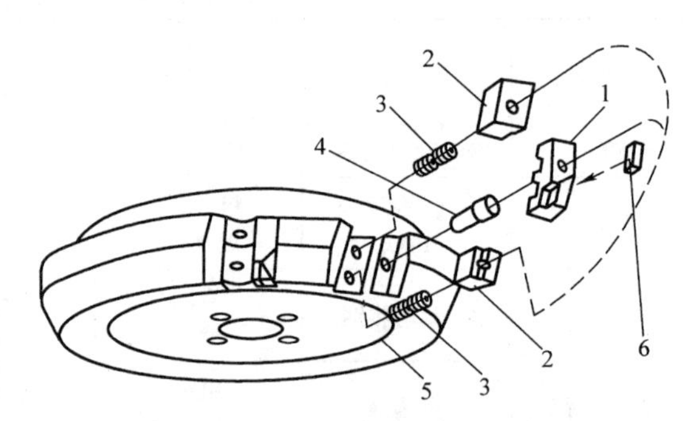

图3-27　硬质合金可转位面铣刀
1—刀垫　2—楔块　3—紧定螺钉　4—偏心销
5—刀体　6—刀片

单元2　可转位面铣刀刀片夹紧结构

1. 楔块式

楔块式可转位面铣刀具有结构可靠、刀片转位和更换方便、刀体结构工艺性好等优点。其主要缺点是一部分刀片被覆盖，容屑空间小；夹紧元件的体积较大，铣刀齿数较少。

楔块式夹紧结构又分为楔块前压式和楔块后压式两种，如图3-28所示。后压式楔块起刀垫的作用，刀片和楔块接合紧密，这就要提高刀槽和楔块的制造精度。由图3-28a可知，楔块在前面，刀片厚度误差Δs将引起铣刀的径向圆跳动误差Δd。

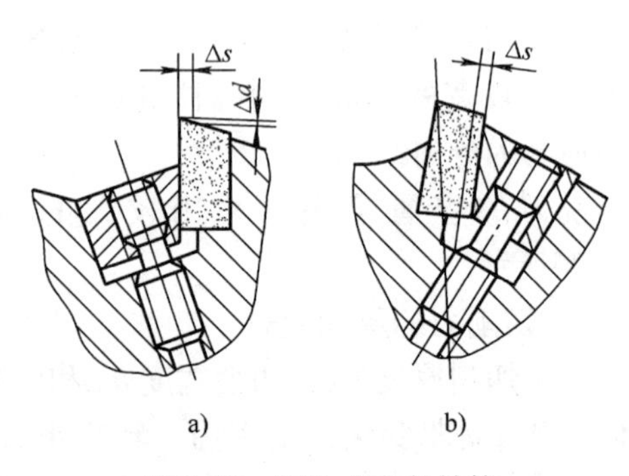

图3-28　楔块式夹紧结构
a）楔块前压式　b）楔块后压式

2. 上压式

刀片可通过蘑菇头螺钉（图3-29a）或压板和螺钉（图3-29b）夹紧在刀体上。它具有结构简单、紧凑，制造方便等优点。切削刃的径向、轴向圆跳动误差取决于刀片和刀槽的制造精度。上压式适用于小直径面铣刀。

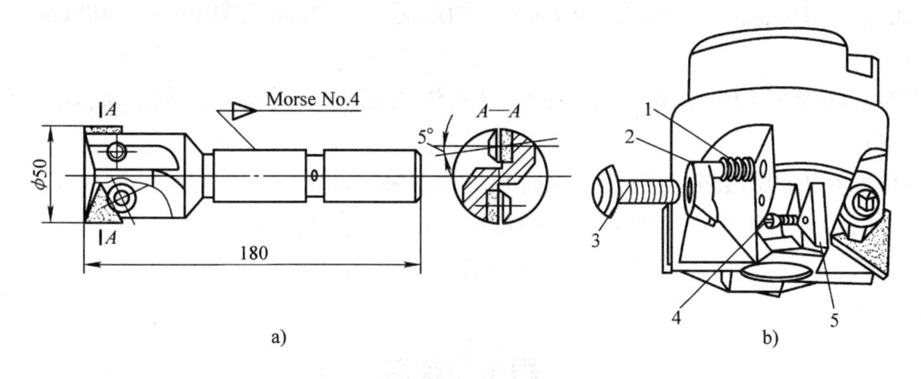

图3-29　上压式
a）螺钉夹紧　b）螺钉和压板夹紧
1—弹簧　2—压板　3—螺钉　4—刀垫螺钉　5—刀垫

3. 压孔式

如图3-30所示，锥头螺钉的轴线相对刀片锥孔轴线有一偏心距。旋转锥头螺钉向下移动，锥头螺钉的锥面推动刀片移动而将刀片压紧在刀槽中。它具有结构简单、紧凑，夹紧元件不阻碍切屑流出等优点。随着带断屑槽铣刀片的广泛使用，压孔式将得到普遍应用。它的制造精度要求高，夹紧力小于楔块式。

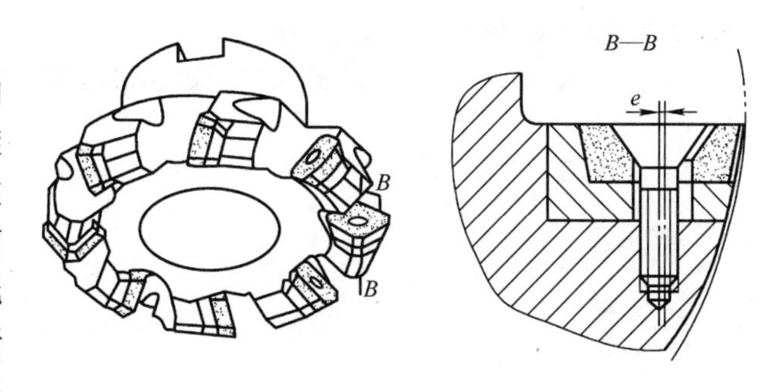

图3-30　压孔式

单元3　可转位铣刀刀片的标记

可转位铣刀刀片的表示方法与可转位车刀刀片基本一样，只是第7个代号用两个字母作代号，前一个字母表示主偏角 κ_r 的大小，后一个字母表示修光刃法后角 α'_n 的大小（参见项目一模块5）。例如，SPKN1203EDER-DM代表正方形、11°后角、K级精度、无固定孔、无断屑槽型刀片，刀片长12.7mm，厚度为3.18mm，$\kappa_r=75°$，$\alpha'_n=15°$，倒圆切削刃，右切，DM型断屑槽。

铣刀片在刀体上的安装有平装和立装两种方式，如图3-31所示。平装式是指刀片沿刀体的径向排列安装，使用最为广泛；立装是指刀片沿刀体的切向排列安装，多用于

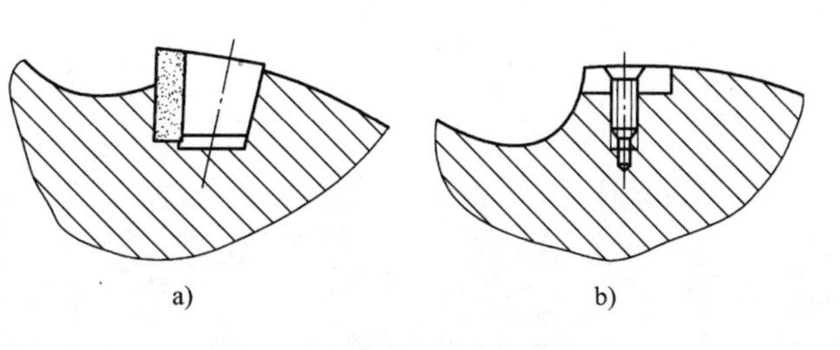

图3-31　铣刀片安装方式
a）平装式　b）立装式

重型可转位铣刀。

单元4 可转位面铣刀的直径和齿数

为了减少铣刀的规格，便于集中制造，面铣刀直径已标准化，其标准系列为50mm、63mm、80mm、100mm、125mm、160mm、200mm、250mm、315mm、400mm、500mm、630mm。

端铣时，应根据侧吃刀量 a_e 选择合理的铣刀直径，通常取可转位面铣刀直径 $d \geqslant (1.2 \sim 1.6)a_e$。

可转位面铣刀的齿数分为粗齿、中齿和细齿三种。粗铣长切屑工件或同时工作齿数过多而引起振动时，可选用粗齿面铣刀；铣短切屑工件或精铣钢件时，可选用中齿面铣刀；细齿面铣刀的每齿进给量较小，适合加工薄壁铸件，在 f_z 较小时，能使进给速度 v_f 增大，从而获得较高的生产率。

思考与练习

1. 试述各种常用铣刀的结构特点和使用场合。
2. 画图表示圆柱形铣刀和面铣刀的静止参考系和几何角度。
3. 铣削用量包括哪些？分别如何选择？
4. 试分析比较圆周铣削时顺铣和逆铣的主要优缺点及使用场合。
5. 试述铣削加工的特点。
6. 如何正确选择可转位面铣刀的夹紧结构、直径和齿数？

项目四 砂轮的应用

【教学目标】

最终目标： 能正确选用砂轮，能合理选择磨削用量和磨削液。

促成目标：

1）熟悉砂轮的组成要素。

2）熟悉砂轮的形状、尺寸和标志。

3）掌握合理选择磨削用量、磨削液的方法。

4）掌握砂轮的安装、平衡及修整方法。

模块1 案例分析

图4-1所示为某公司生产的16A输出轴立体图，图4-2所示为其零件图，材料为45钢，调质处理，试分析该输出轴大批量生产时的机械加工工艺过程，并确定精加工用刀具。

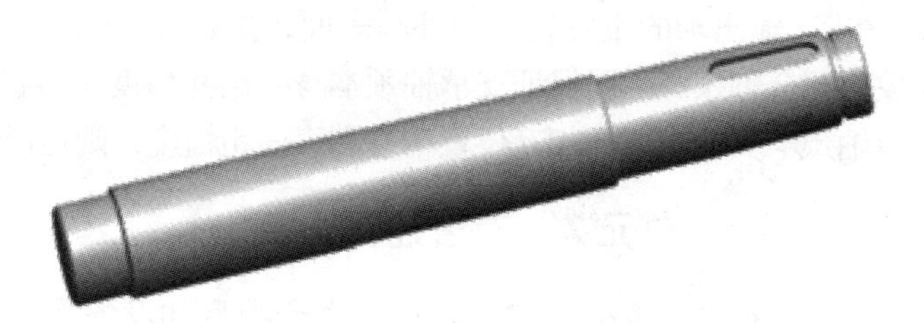

图4-1 16A输出轴立体图

单元1 技术要求分析

1. 支承轴颈的技术要求

从图4-2可以看出，输出轴两$\phi45^{+0.018}_{+0.002}$mm支承轴颈的作用是安装主轴轴承，是主轴部件的装配基准，它们的精度直接影响机床的回转精度（径向圆跳动、轴向窜动等），其尺寸公差等级为IT6，表面粗糙度Ra值不大于0.8μm。

2. 锥面的技术要求

锥面对主轴两支承轴颈公共轴线的径向圆跳动公差为0.03mm，锥面的表面粗糙度Ra值不大于1.6μm，锥面接触面积不小于75%。这些要求是为了保证安装联轴器时能够很好地定位，只要锥面能与支承轴颈同轴，而端面又与回转中心垂直，就能提高联轴器的定心精度。

3. 配合轴颈的技术要求

装配齿轮等的配合轴颈对两支承轴颈公共轴线的径向圆跳动公差为0.02mm，圆柱度公差为0.015mm，同轴度公差为$\phi0.01$mm，表面粗糙度Ra值不大于0.8μm。这是由于配合轴

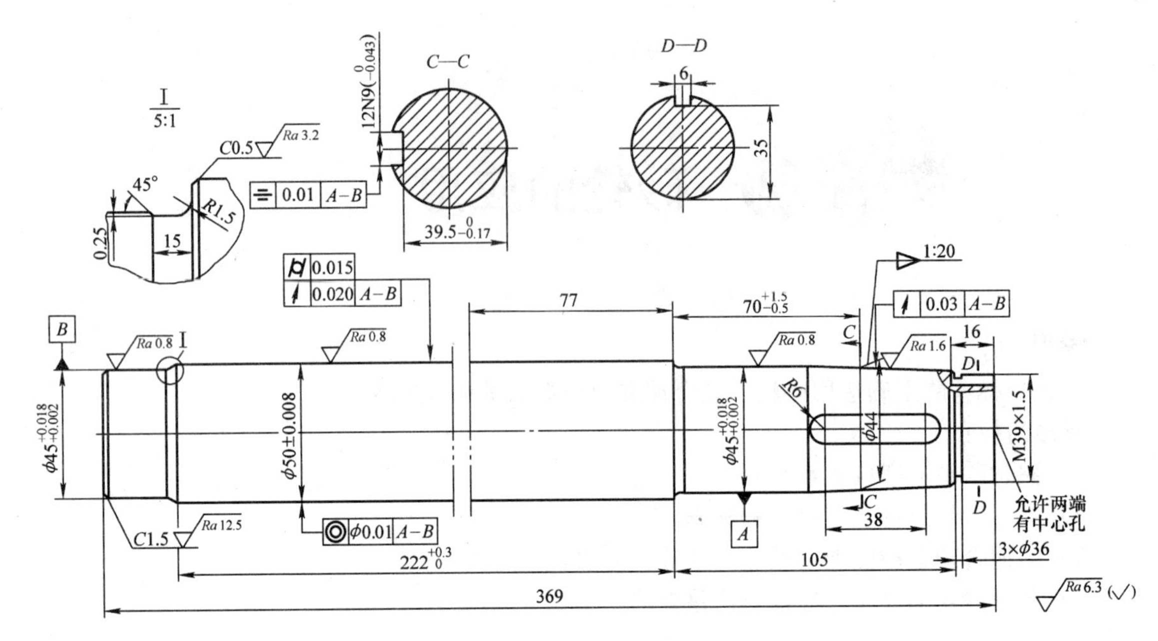

图 4-2 16A 输出轴零件图

颈是与齿轮孔相配合的表面，对支承轴颈应有一定的同轴度要求，否则会引起主轴传动齿轮啮合不良。当主轴转速很高时，还会影响齿轮传动的平稳性并产生噪声；加工工件时，也会在工件外圆表面产生重复出现的振纹，尤其在精加工时，这种缺陷更为明显。

从上述分析可以看出，输出轴的重要表面为外圆表面，主要加工表面是两个支承轴颈、锥面及其端面、安装齿轮的配合轴颈等。而保证支承轴颈本身的尺寸精度、形状精度、两个支承轴颈之间的同轴度、支承轴颈与其他表面的相互位置精度和表面粗糙度，则是该轴加工的关键。

单元 2　工艺过程分析

制订工艺过程的依据是零件的结构、技术要求、生产类型和设备条件等。16A 输出轴是一支各直径相差不大的阶梯实心轴，普通精度等级，材料为 45 钢，生产类型为大批量生产，毛坯采用棒料。主要定位基准为两端中心孔。粗车时切削力大，采用“一夹一顶”的装夹方式。

主要表面加工方法的选择如下：

（1）支承轴颈、配合轴颈及圆锥面　粗车→半精车→精车→粗磨→精磨。

（2）其他表面　槽：铣；螺纹：车。

热处理安排：粗车后、半精车前调质。

基于上面分析，16A 输出轴的加工工艺路线为：下料→铣端面→钻中心孔→粗车→热处理（调质）→精铣两端面→修中心孔→半精车→精车→割槽、倒角→车螺纹→研中心孔→粗磨外圆、锥面→铣键槽→精磨外圆、锥面→去锐边毛刺→探伤→终检→入库。

单元 3　设备及工艺装备的选择

1. 设备的选择

根据 16A 输出轴的外廓尺寸和加工精度，加工设备既可以是通用机床，也可以是数控机床。由于是大批量生产，所以本例中端面的铣削选用专用铣端面机床，车外圆、车螺纹、割槽、倒角选用 CA6140 型车床；键槽加工选用键槽铣床 X9220B；磨外圆选用万能外圆磨床 M1432B；钻中心孔选用立式钻床 Z525。

2. 刀具的选择

根据零件的不同结构选择具体的刀具。B3 中心钻一件，用来加工两端的中心孔；90°外圆粗、精车刀各一把，分别用来粗、精车外圆和锥面；60°螺纹车刀、3mm 切槽车刀、45°车刀各一把，用来车螺纹、切槽、倒角；1－400×50×203－AF46K5V－35m/s、1－400×50×203－AF60K5V－45m/s 粗、精磨平面砂轮各一块，分别用来粗、精磨外圆、锥面；ϕ63mm 面铣刀一把，用来铣端面；ϕ6mm、ϕ12mm 键槽铣刀各一把，用来加工键槽。

3. 量具的选择

因该零件的生产类型属大批量生产，应尽量选专用量具。外圆尺寸公差等级达 IT6，故外圆的磨削测量可使用卡规；测量轴向尺寸及其他工序尺寸时，游标卡尺即可满足使用要求；圆锥面的测量选用圆锥环规；外螺纹的测量采用螺纹环规；键槽的测量采用键槽检验用量规。

基于以上分析，精加工为外圆磨削，所用刀具为平面砂轮。图 4-3 所示为 16A 输出轴零件精加工示意图。

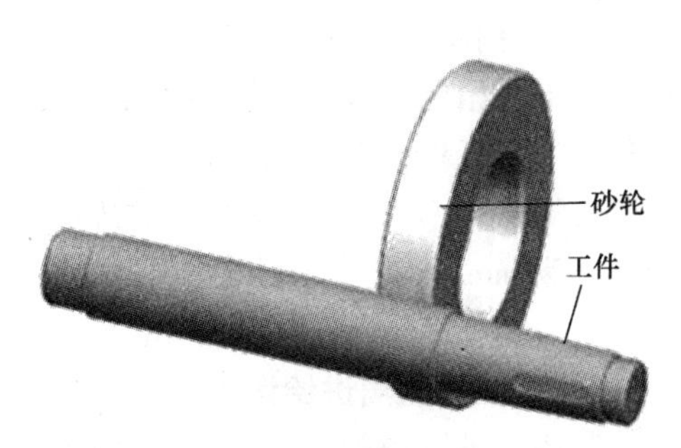

图 4-3　16A 输出轴零件精加工示意图

模块 2　磨削运动

不同种类的磨削加工，运动的数目和形式也有所不同。图 4-4 所示为外圆磨削、内圆磨削和平面磨削的切削运动。

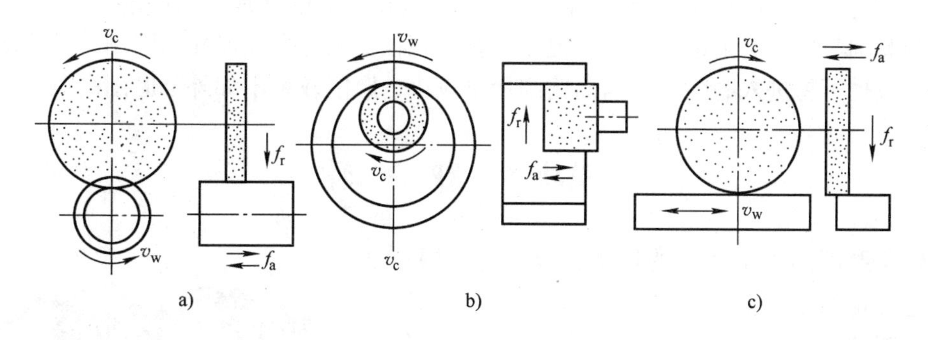

图 4-4　磨削运动

a）外圆磨削　b）内圆磨削　c）平面磨削

1. 主运动

砂轮的旋转运动称为主运动。砂轮的圆周线速度称为磨削速度，用 v_c 表示，单位为 m/s。刚玉或碳化硅砂轮的磨削速度为 25～50m/s，CBN 砂轮或人造金刚石砂轮的磨削速度为 80～150m/s。v_c 的计算公式为

$$v_c = \frac{\pi dn}{1000 \times 60}$$

式中 d——砂轮直径（mm）；

n——砂轮转速（r/min）。

2. 径向进给运动

砂轮相对于工件的径向运动，其大小用径向进给量 f_r 表示。作间歇进给时，f_r 指工作台每单行程或双行程内工件相对于砂轮径向移动的距离，单位为 mm/单行程或 mm/双行程。粗磨为 0.015 ~ 0.05mm/单行程或 0.015 ~ 0.05mm/双行程，精磨为 0.005 ~ 0.01mm/单行程或 0.005 ~ 0.01mm/双行程。作连续进给时，用径向进给速度 v_r 表示，单位为 mm/s。径向进给量 f_r 也称磨削深度（相当于车削时的背吃刀量 a_p）。

3. 轴向进给运动

工件相对于砂轮沿轴向的运动称为轴向进给运动，用 f_a 表示。它指工件每一转或工作台每一次行程，工件相对砂轮在轴向移动的距离。一般情况下，粗磨时 $f_a=(0.3 \sim 0.7)B$，精磨时 $f_a=(0.3 \sim 0.4)B$，B 为砂轮宽度，单位为 mm。f_a 的单位：外圆或内圆磨为 mm/r，平磨为 mm/行程。外圆或内圆磨削有时还用轴向进给速度 v_f 表示，单位为 mm/min。v_f 与 f_a 的关系为：$v_f = n_w f_a$，其中，n_w 为工件的转速（r/min）。

4. 工件圆周进给运动

内、外圆磨削时，工件的回转运动称为工件圆周进给运动。工件回转外圆线速度为圆周进给速度，用 v_w 表示，单位为 m/min，可用下式计算：

$$v_w = \pi d_w n_w / 1000$$

式中 d_w——工件直径（mm）；

n_w——工件转速（r/min）。

粗磨时，圆周进给速度为 20 ~ 30m/min；精磨时为 20 ~ 60m/min。

磨削外圆时，若 v_c、v_w、f_a 同时具有且连续运动，则为纵向磨削；若无轴向进给运动，即 $f_a=0$，则砂轮相对于工件作连续径向进给，称为横向磨削（或切入磨削）。

内圆磨削与外圆磨削运动相同，但因砂轮的直径受工件孔径尺寸的限制，砂轮轴刚性较差，切削液也不易进入磨削区，因而磨削用量较小，磨削效率不如外圆磨削高。

模块 3 砂 轮

砂轮是磨削加工中使用的切削工具，是由磨料加结合剂通过烧结的方法制成的多孔体。磨料起切削作用，结合剂把磨料结合起来，使之具有一定的形状、硬度和强度。结合剂没有填满磨料之间的全部空间，因而有气孔存在。如图 4-5 所示，砂轮是由磨料、结合剂和气孔三部分组成。

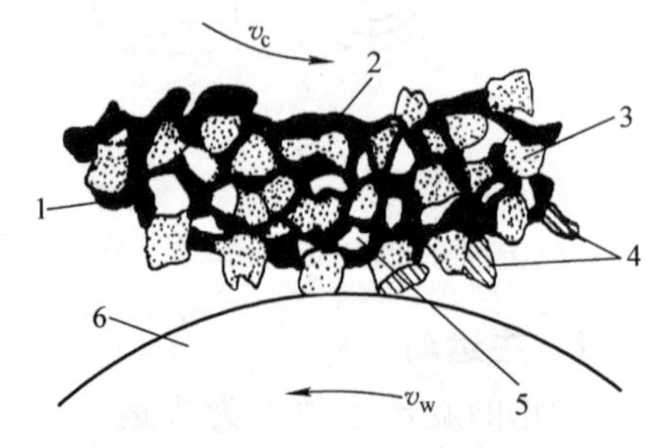

图 4-5 砂轮的构造
1—砂轮 2—结合剂 3—磨粒 4—磨屑 5—气孔 6—工件

磨料的种类和颗粒大小、结合剂的种类、砂轮的硬度及组成是决定砂轮特性的基本参数。磨料、结合剂及制造工艺等不同，砂轮特性会有很大差别，对磨削加工质量、生产率和经济性有着重要影响。

单元1　砂轮的组成要素

砂轮的组成要素、代号、性能和适用范围见表4-1。

1. 磨料

磨料分为天然磨料和人造磨料两大类。一般天然磨料含杂质多，质地不均匀；天然金刚石虽好，但价格昂贵。所以，目前主要采用人造磨料。常用人造磨料可分为刚玉系、碳化物系和超硬磨料系三大类。刚玉系的主要成分为 Al_2O_3；碳化物系主要以碳化硅、碳化硼为基体，根据其纯度或添加的金属元素不同又可分为不同品种；超硬磨料系中主要有人造金刚石和立方氮化硼。

2. 粒度

粒度是指磨料颗粒的大小。GB/T 2481.1—1998《固结磨具用磨料 粒度组成的检测和标记 第1部分：粗磨粒F4 ~ F220》、GB/T 2481.2—2009《固结磨具用磨料 粒度组成的检测和标记 第2部分：微粉》规定，粒度号越大，表示颗粒越细。一般磨粒（F4 ~ F220，制砂轮用）用筛分法来确定粒度号；微粉F230 ~ F1200主要用沉降管粒度仪区分，多用于研磨等精密加工和超精密加工。

粒度对磨削生产率和表面粗糙度影响很大。一般来说，粗磨用粗粒度，精磨用细粒度。当工件材料软、塑性和磨削面积大时，为避免堵塞砂轮，应采用粗粒度。

3. 结合剂

把磨粒固结成磨具的材料称为结合剂。结合剂的性能决定了磨具的强度、耐冲击性、耐磨性和耐热性，对磨削温度和磨削表面质量也有一定的影响。

4. 硬度

磨粒在磨削力的作用下从磨具表面脱落的难易程度称为硬度。砂轮硬度主要由结合剂的强度决定，反映了结合剂固结磨粒的牢固程度，与磨粒本身的硬度无关。同一种磨料可以制成不同硬度的砂轮。砂轮硬就是磨粒固结牢固，不易脱落；砂轮软，就是磨粒固结不太牢固，容易脱落。砂轮的硬度对磨削生产率和磨削表面质量都有很大的影响。如果砂轮太硬，磨粒磨钝后仍不能脱落，则磨削效率很低，工件表面粗糙并可能被烧伤；如果砂轮太软，则磨粒未磨钝已从砂轮上脱落，砂轮损耗大，形状不易保持，将影响工件质量。砂轮硬度合适，磨粒磨钝后因磨削力增大而自行脱落，新的锋利的磨粒露出，具有自锐性。砂轮自锐性好，磨削效率高，工件表面质量好，砂轮的损耗也小。

选择砂轮硬度，主要是根据工件材料的性质和具体的磨削条件。一般来说，当工件材料较硬、砂轮与工件磨削接触面较大、磨削薄壁零件及导热性差的工件（如不锈钢、硬质合金）、砂轮气孔率较低时，需选用较软的砂轮。例如，内圆磨削、端面平磨与外圆磨削相比，半精磨与粗磨相比，树脂与陶瓷相比，选用的砂轮硬度要低些。加工软材料时，因易于磨削，磨粒不易磨钝，砂轮应选得硬一些，但对于像非铁金属这种特别软而韧的材料，由于切屑容易堵塞砂轮，砂轮的硬度应选得较软一些。精磨和成形磨削时，应选用硬一些的砂轮，以保持砂轮必要的形状精度。

5. 组织

组织表示砂轮中磨料、结合剂和气孔三者体积的比例关系，也表示砂轮结构的紧密或疏

表4-1 砂轮的组成要素、代号、性能和适用范围

砂轮 → 磨粒（磨料、粒度）；结合剂（种类、硬度）；气孔（组织）

磨粒——磨料

系别	名称	代号	性能	适用范围
刚玉	棕刚玉	A	棕褐色，硬度较低，韧性较好	磨削碳素钢、合金钢、可锻铸铁与青铜
	白刚玉	WA	白色，较A类硬度高，磨粒锋利，韧性差	磨削淬硬的高碳钢、合金钢、高速工具钢，磨削薄壁零件、成形零件
	铬钢玉	PA	玫瑰红色，韧性比WA类好	磨削高速工具钢、不锈钢，成形磨削，刃磨刀具，高表面质量磨削
碳化物	黑碳化硅	C	黑色带光泽，比刚玉类硬度高，导热性好，但韧性差	磨削铸铁、黄铜、耐火材料及其他非金属材料
	绿碳化硅	GC	绿色带光泽，较C硬度高，导热性好，韧性较差	磨削硬质合金、宝石、光学玻璃
超硬磨料	人造金刚石	MBD、RVD、SCD和M-SD等	白色、淡绿、黑色，硬度最高，耐热性较差	磨削硬质合金、光学玻璃、花岗岩、大理石、宝石、陶瓷等高硬度材料
	立方氮化硼	CBN等	棕黑色，硬度仅次于MBD，韧性较MBD好	磨削高性能高速工具钢、不锈钢、耐热钢及其他难加工材料

磨粒——粒度

类别		粒度号	适用范围
磨粒	粗粒	F4, F5, F6, F8, F10, F12, F14, F16, F20, F22, F24	荒磨
	中粒	F30, F36, F40, F46	一般磨削，表面粗糙度可达$Ra0.8\mu m$
	细粒	F54, F60, F70, F80, F90, F100	半精磨、精磨和成形磨削，表面粗糙度可达$Ra0.8\sim0.1\mu m$
	微粒	F120, F150, F180, F220	精磨、精密磨、超精磨、成形磨，刃磨刀具，珩磨
微粉		F230, F240, F280, F320, F360, F400, F500, F600, F800, F1000, F1200	精磨、精密磨、超精磨、珩磨、螺纹磨、超精密磨、镜面磨、精研，表面粗糙度可达$Ra0.05\sim0.01\mu m$

结合剂——种类

名称	代号	特性	适用范围
陶瓷	V	耐热、耐油、耐酸、耐碱，强度较高，但较脆	除薄片砂轮外，能制成各种砂轮
树脂	B	强度高，富有弹性，具有一定抛光作用，耐热性差，不耐酸碱	荒磨砂轮，磨窄槽、切断用砂轮，高速砂轮，镜面磨砂轮
橡胶	R	强度高，弹性更好，抛光作用好，耐热性差，不耐油和酸，易堵塞	磨削轴承沟道砂轮、无心磨导轮、切割薄片砂轮、抛光砂轮

结合剂——硬度

等级	超软			软			中软		中		中硬			硬		超硬
代号	D	E	F	G	H	J	K	L	M	N	P	Q	R	S	T	Y
选择	磨未淬硬钢选用L~N，磨淬火合金钢选用H~K，高表面质量磨削时选用K~L，刃磨硬质合金刀具选用H~J															

气孔——组织

组织号	0	1	2	3	4	5	6	7	8	9	10	11	12	13	14
磨粒率(%)	62	60	58	56	54	52	50	48	46	44	42	40	38	36	34
用途	成形磨削，精密磨削				磨削淬火钢，刃磨刀具				磨削韧性大而硬度不高的材料					磨削热敏性高的材料	

松程度。磨粒在砂轮体积中所占比例越大，砂轮的组织越紧密，气孔越小；反之，组织越疏松。根据磨粒在砂轮中所占的体积分数（称磨粒率）不同，砂轮的组织可分为紧密、中等和疏松三大类，如图4-6所示。组织号细分为0～14，其中0～3号属紧密类，4～7号属中等类，8～14号属疏松类。

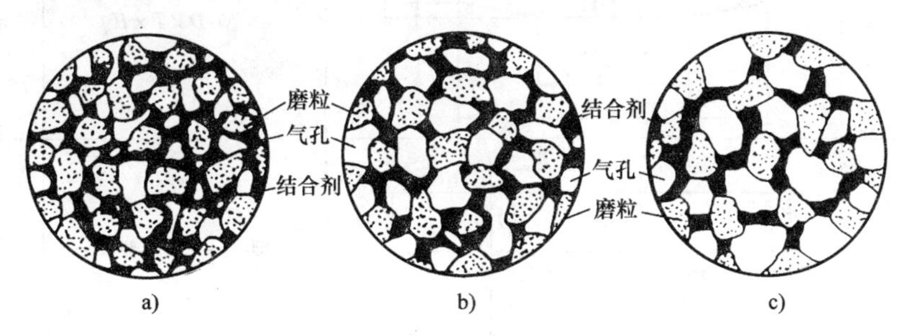

图4-6　砂轮的组织
a）　紧密　b）中等　c）疏松

紧密类砂轮的气孔率小，砂轮硬，容屑空间小，容易被磨屑堵塞，磨削效率较低；但可承受较大的磨削压力，砂轮廓形可保持较久，故适用于在重压力下进行磨削（如手工磨削以及精磨、成形磨削等）。中等组织的砂轮适用于一般磨削。疏松类砂轮，其磨粒占的比例越小，气孔越大，砂轮越不易被切屑堵塞，切削液和空气也易进入磨削区，使磨削区温度降低，工件因发热而引起的变形和烧伤减小；但疏松类砂轮易失去正确廓形，从而降低了成形表面的磨削精度，增大了表面粗糙度值。疏松类砂轮适用于粗磨、平面磨、内圆磨等磨削接触面积较大的工件，以及磨削热敏感性较强的材料、软金属和薄壁工件，常用的组织号为5。

单元2　砂轮的形状、尺寸与标志

为了适应在不同类型的磨床上磨削各种不同形状和尺寸工件的需要，砂轮需制成不同的形状和尺寸。GB/T 2484—2006《固结磨具 一般要求》对砂轮的名称、代号、形状、尺寸标记等作了规定，表4-2列出了常用砂轮的名称、代号、形状和主要用途。

表4-2　常用砂轮的名称、代号、形状和主要用途

型号	名　称	断面形状	形状尺寸标记	主要用途
1	平形砂轮	T H D	1型-$D\times T\times H$	磨外圆、内孔、平面，无心磨及刃磨刀具
2	筒形砂轮	$W\leqslant 0.17D$ T W D	2型-$D\times T\times W$	端磨平面

（续）

型号	名　称	断面形状	形状尺寸标记	主要用途
4	双斜边砂轮	∠1:16 U T H J D	4 型-$D\times T\times H$	磨齿轮及螺纹
6	杯形砂轮	W E>W T E H D	6 型-$D\times T\times H$-$W\times E$	端磨平面，刃磨刀具后面
11	碗形砂轮	D K W E>W T E H J	11 型-$D/J\times T\times H$-$W\times E$	端磨平面，刃磨刀具后面
12a	碟形砂轮	D K R≤3 W U T E H J	12a 型-$D/J\times T\times H$	刃磨刀具前面
41	平形切割砂轮	T H D	41 型-$D\times T\times H$	切断及磨槽

注：↓所指表示固结磨具磨削面。

在生产中，为了便于对砂轮进行管理和选用，需要对砂轮进行标记。GB/T 2485—2008《固结磨具 技术条件》规定：外径大于 90mm 砂轮的标志应在产品表面；外径小于 40mm 的砂轮，标志内容可以使用说明书的形式附在包装箱内；外径为 40～90mm 的砂轮，也可将标志内容以使用说明书的形式附在包装箱内，但在砂轮表面应标志粒度和硬度。砂轮标志包含的内容有制造厂厂名、商标、磨料代号、粒度、硬度、最高工作线速度和生产日期（年份 4 位，月份 2 位）。

模块 4　磨 削 过 程

单元 1　砂轮形貌

磨削也是一种切削加工。砂轮表面上分布着为数甚多的磨粒，每个磨粒相当于多刃铣刀的一个刀齿。因此，磨削过程可以看作是众多刀齿铣刀的一种超高速铣削。

砂轮上的磨粒是一颗颗形状很不规则的多面体，如图4-7a所示。图4-7b所示为刚玉和碳化硅的F36～F80磨粒，平均尖角在104°～108°之间，平均尖端圆角半径r_{β}在7.4～35μm之间。

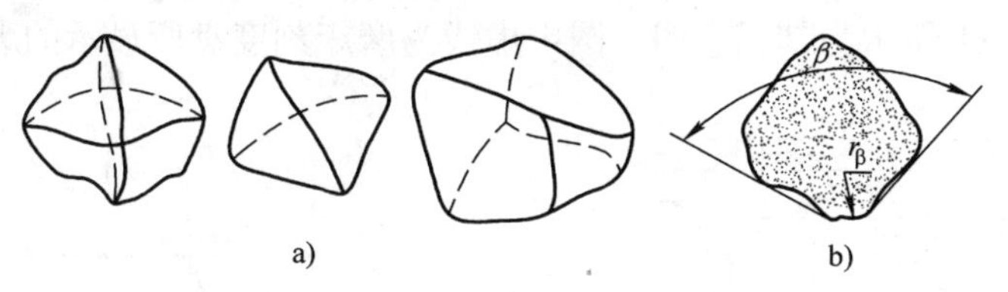

图4-7 砂轮磨粒的形状

砂轮表面的磨粒不但形状各异，排列也很不规则，其间距和方向、高低随机分布。砂轮的形貌除取决于磨料种类、粒度号和组织号外，还取决于砂轮的修整状况。据测量，刚修整后的刚玉砂轮，γ_{o}平均为-65°～-80°（图4-8），磨削一段时间后增大到-85°。在磨削过程中，磨粒的形状还将不断发生变化。由此可见，磨削时是负前角切削，且其负前角远远大于一般刀具切削的负前角。

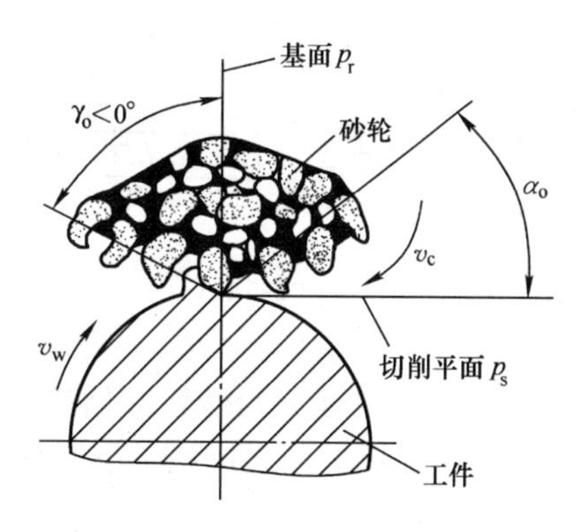

图4-8 砂轮磨粒切削时的前、后角

单元2 磨削过程分析

磨削与铣削相比，磨粒刃口钝，形状不规则，分布不均匀。其中一些凸出和比较锋利的磨粒，切入工件较深，切削厚度较大，起切削作用，如图4-9a所示；由于切屑非常细微，磨削温度很高，磨屑飞出时氧化形成火花。不太凸出或磨钝的磨粒，切不下切屑，只起刻划作用，如图4-9b所示，它在工件表面上刻划出很小的沟痕，工件材料则被挤向磨粒两旁，在沟痕两边形成隆起。更钝的、比较凹下的磨粒，既不切削也不刻划工件，只是从工件表面滑擦而过，起抛光作用，如图4-9c所示。另外，即使参加切削的磨粒，在刚进入磨削区时，也先经过滑擦和刻划阶段，然后进行切削，如图4-10所示。所以，磨削过程是包括切削、刻划和抛光作用的综合复杂过程。

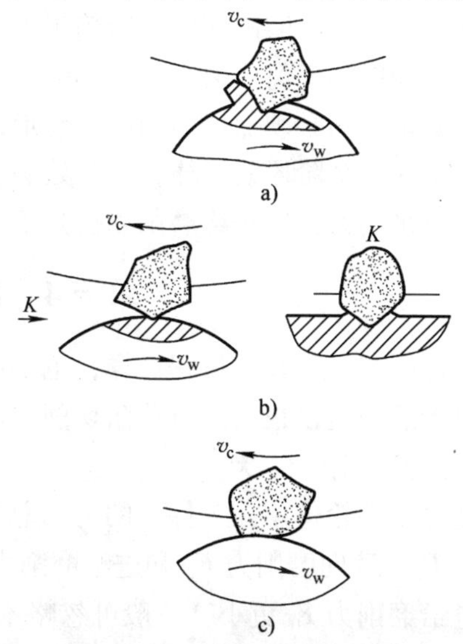

图4-9 磨粒的切削作用
a）切削作用 b）刻划作用 c）抛光作用

单元3 磨削阶段

磨削时，由于背向磨削力 F_p 很大，引起工件、夹具、砂轮和磨床系统产生弹性变形，使实际磨削深度与磨床刻度盘上所显示的数值有差别。所以，普通磨削的实际磨削过程可分为三个阶段，图4-11所示为其示意图。图中虚线为磨床刻度盘所显示的磨削深度。

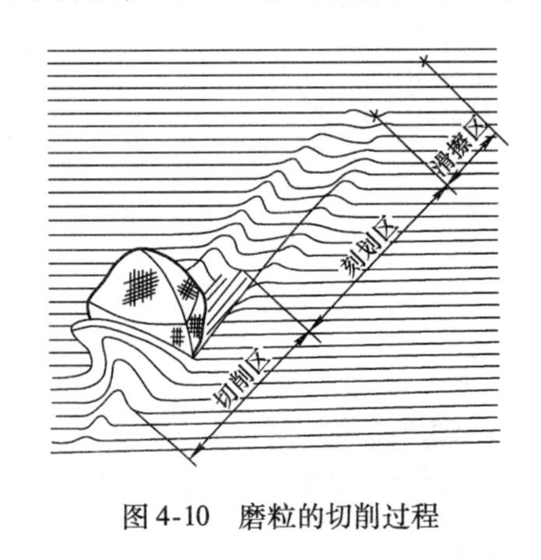

图4-10 磨粒的切削过程

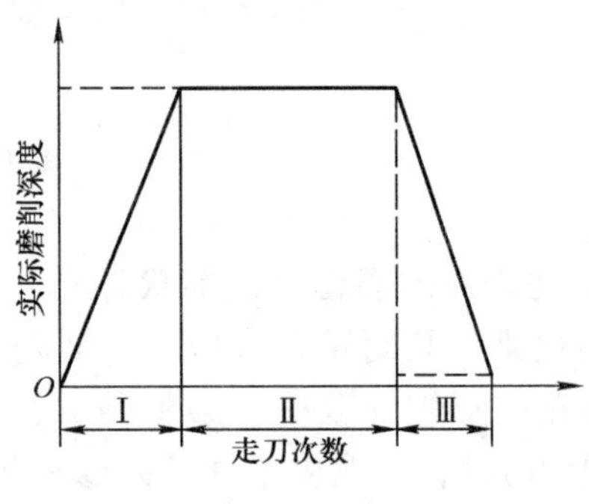

图4-11 磨削阶段

（1）初磨阶段（Ⅰ）当砂轮开始接触工件时，由于工艺系统弹性变形，实际磨削深度比磨床刻度盘所显示的径向进给量小。磨床、工件、夹具、砂轮工艺系统的刚性越差，此阶段的磨削时间越长。

（2）稳定阶段（Ⅱ）当工艺系统弹性变形达到一定程度后，继续径向进给时，其实际磨削深度基本等于径向进给量。

（3）清磨阶段（Ⅲ）在磨去主要加工余量后，可以减少径向进给量或完全不进给再磨一段时间。这时，由于工艺系统的弹性变形逐渐恢复，实际磨削深度大于零。随着工件一层一层地被磨去，实际磨削深度逐渐趋于零，磨削火花逐渐消失。清磨阶段可以提高磨削精度值，减小表面粗糙度值。由图4-11可知，要提高生产率，应缩短初磨阶段和稳定阶段；要提高表面质量，则必须保持适当的清磨走刀次数和清磨时间。

掌握了这三个阶段的规律，在开始磨削时，可采用较大的径向进给量以提高生产率，最后阶段则应采用无径向进给磨削以提高工件质量。

单元4 磨削过程的特点

磨削过程与刀具切削过程一样，也要产生切削力、切削热、表面硬化和残余应力等物理现象。由于磨削是以很大的负前角切削，所以磨削过程又有其自身的特点。

1. 背向磨削力 F_p 大

磨削时，砂轮作用在工件上的力为总磨削力 F。F 可分解为三个方向相互垂直的分力，即磨削力 F_c、背向磨削力 F_p 和进给磨削力 F_f。磨削时，由于背吃刀量很小，所以磨削力 F_c 较小，进给磨削力 F_f 更小，一般可忽略不计。但由于磨粒切削刃具有极大的负前角和较大的刃口钝圆半径，砂轮与工件的接触宽度较大，致使背向磨削力 F_p 远大于磨削力 F_c［一般情况下，$F_p=(1.6\sim3.2)F_c$］，加剧了工艺系统的变形，造成实际磨削背吃刀量常小于名义磨削背吃刀量，影响了加工精度和磨削过程的稳定性。随着走刀次数的增加，工艺系统弹性变形达到一定程度，此时磨削深度将基本等于名义磨削深度。故在最后几次清磨中，可以减少磨削深度，直至火花消失为止。

2. 磨削温度高

磨削时的切削速度为一般切削加工的10~20倍。在这样高的切削速度下，加上磨粒多为负前角切削，挤压和摩擦较严重，消耗功率大，产生的切削热多。散热条件也与刀具切削加工不同，在高速磨削状态下，切屑和工件分离时间短，砂轮导热性又很差，切削热不能较多地通过砂轮（约10%~15%）和磨屑（约在10%以下）传出，一般有80%的切削热传入工件（刀具切削低于20%，车削约为3%~9%），而且瞬时聚集在工件表层，形成很大的温度梯度。工件表层温度可高达1000℃以上，而表层1mm以下则接近室温。当局部温度很高时，表层金属发生金相组织变化，强度和硬度降低，产生残余应力，甚至出现显微裂纹，这种现象称为磨削烧伤。磨削烧伤有三种形式：回火烧伤、淬火烧伤和退火烧伤。

（1）回火烧伤　磨削时，如果工件表面层温度未超过相变温度，只是超过原来的回火温度，则表层原来的回火马氏体组织将产生回火现象而转变为硬度较低的回火索氏体或托氏体，这种现象称为回火烧伤。

（2）淬火烧伤　磨削时，若工件表面温度超过相变临界温度，则马氏体转变为奥氏体。在切削液的作用下，工件最外层金属会出现二次淬火马氏体组织，其硬度比原来的回火马氏体高，但很薄（脆硬），其下为硬度较低的回火索氏体和托氏体。由于二次淬火层极薄，表面层总的硬度降低，这种现象称为淬火烧伤。

（3）退火烧伤　干磨时，当工件表层温度超过相变临界温度时，马氏体转变为奥氏体。由于无切削液，表层金属空冷冷却比较缓慢而形成退火组织，硬度和强度均大幅度下降，这种现象称为退火烧伤。

磨削烧伤时，表面会出现黄、褐、紫、青等烧伤色，这是工件表面在瞬时高温下产生的氧化膜颜色，不同烧伤色的表面烧伤程度不同。严重的烧伤，其烧伤颜色肉眼可分辨；轻微的烧伤则需经酸洗后才能显现。较深的烧伤层，虽然在加工后期采用无进给磨削可除掉其烧伤色，但烧伤层却未除掉，成为将来使用中的隐患。

磨削温度主要与砂轮磨削深度（径向进给量）f_r、磨削速度v_c和工件进给速度v_w有关。f_r增加，磨削面积增大，磨削厚度增大；v_c增加，挤压与摩擦速度增大，都使磨削热增加，磨削温度提高。其中，f_r的影响更大。v_w增加，虽然磨削厚度增加，磨削热增加，但由于工件与砂轮的接触时间短了，传入工件表层的热量少了，磨削温度反而降低。

减小和防止烧伤的主要措施是：减小磨削过程中热量的产生和加速热量的散发。具体做法是：正确地选择砂轮，保持砂轮良好的切削性能；选择合适的磨削方法；选择合理的磨削用量；采用大量的切削液及正确的润滑方法等。

3. 表面残余应力严重

磨削后的表面往往有残余拉应力和压应力。残余压应力可提高零件的疲劳强度和耐磨性，而残余拉应力却使零件表面翘曲，强度降低。当残余拉应力超过材料的强度极限时，会使零件产生裂纹。表面裂纹会严重影响零件表面的质量，在交变载荷的作用下，微小的裂纹将会迅速扩展导致零件损坏。

零件经磨削后，其表面存在残余应力的原因有下列三个方面：

（1）金属组织相变引起的体积变化　切削时产生的高温会引起表层金相组织的变化，由于不同的金相组织有不同的比容，表层金相组织变化的结果造成了体积的变化。例如，磨削淬硬的轴承钢时，磨削温度使表层组织中的残留奥氏体转变成回火马氏体，体积膨胀，于是里层产生残余拉应力，表层产生残余压应力。这种由相变引起的残余应力称为相变应力。

（2）不均匀热胀冷缩　磨削导热性较差的材料时，表层与里层的温度相差较多。表层温度迅速升高又受切削液急速冷却，表层的收缩受到里层的牵制，结果是里层产生残余压应力，表层产生残余拉应力。这种由热胀冷缩不均匀引起的残余应力称为热应力。

（3）残留的塑性变形　如图 4-12 所示，磨粒在切削、刻划磨削表面后，在磨削速度方向，工件表面上存在着残余拉应力；在垂直于磨削速度的方向，由于磨粒挤压金属所引起的变形受两侧材料的约束，工件表面上存在着残余压应力。这种由塑性变形而产生的残余应力称为塑变应力。

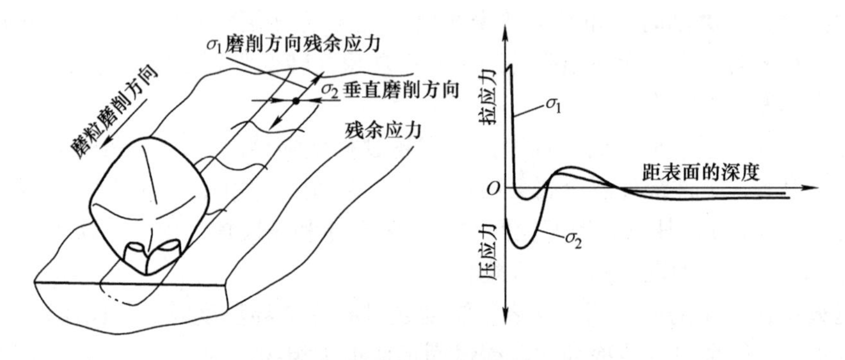

图 4-12　磨削表面由塑性变形产生的残余应力

可见，磨削后，工件表层的残余应力是由相变应力、热应力和塑变应力合成的。

减小残余应力的措施是：降低磨削温度和工件表面的温度梯度；控制恰当的进给量；适当增加清磨次数；及时用金刚石工具修整砂轮。其中最主要的控制方法是采用切削液。有效的润滑能够减少工件与砂轮接触区的热输入，并减小对加工表面的热干扰。

模块 5　磨削用量的选择

单元 1　外圆磨削用量的选择

1. 磨削用量的选择顺序

磨削用量的选择原则是在保证工件表面质量的前提下，尽量提高生产率。磨削速度一般采用普通速度，即 $v_c \leqslant 35\text{m/s}$。有时采用高速磨削，即 $v_c > 35\text{m/s}$，如 45m/s、50m/s、60m/s、80m/s 或更高。磨削用量的选择顺序是：先选工件速度 v_w（应计算出工件转速 n_w），再选轴向进给量 f_a，最后选径向进给量 f_r。

2. 选择的一般原则

1）粗磨时，应选择较大的径向进给量和轴向进给量，使用粒度较粗或修整得比较粗的砂轮；精磨时，应选择较小的径向进给量和轴向进给量，使用粒度较细或修整得比较细的砂轮。

2）工件刚性好时，可选择较大的径向进给量和轴向进给量，但粗磨时也可采用较小的径向进给量而适当增大轴向进给量。

3）磨削细长工件时，应适当降低工件速度。

4）导热性差或强度和硬度较高的工件应选择较小的径向进给量。

5）使用切削性能好的砂轮、大气孔砂轮和铬刚玉、微晶刚玉砂轮等时，可选择较大的径向进给量。

3. 外圆磨削用量

外圆磨削粗加工、精加工时，砂轮速度 $v_c \leqslant 35m/s$。纵向进给外圆磨削用量见表4-3。

表4-3　纵向进给外圆磨削用量

	工件磨削表面直径/mm	20	30	50	80	120	200
工件速度 v_w/(m/min)	粗磨	10~20	11~22	12~24	13~26	14~28	15~30
	精磨非淬火钢及铸铁	15~30	18~35	20~40	25~50	30~60	35~70
	精磨淬火钢及耐热钢	20~30	22~35	25~40	30~50	35~60	40~70
轴向进给量 f_a/(mm/r)	粗磨	$f_a=(0.5\sim0.8)B$					
	精磨	表面粗糙度 *Ra* 值为 0.8μm　$f_a=(0.4\sim0.6)B$ 表面粗糙度 *Ra* 值为 0.4~0.2μm　$f_a=(0.2\sim0.4)B$					
径向进给量 f_r/[mm/单(或双)行程]	粗磨	0.015~0.05					
	精磨	0.005~0.01					

注：1. *B* 为砂轮宽度，单位为 mm。
2. 磨铸铁时，工件速度在建议的范围内取上限。

单元2　无心外圆磨削用量的选择

无心外圆磨削用量见表4-4和表4-5。

表4-4　无心外圆磨粗磨磨削用量

双面磨削深度 $2a_p$/mm	工作磨削表面直径 d_w/mm									
	5	6	8	10	15	25	40	60	80	100
	纵向进给速度/(mm/min)									
0.10	—	—	—	1910	2180	2650	3660	—	—	—
0.15	—	—	—	1270	1460	1770	2440	3400	—	—
0.20	—	—	—	955	1090	1325	1830	2550	3600	—
0.25	—	—	—	760	875	1060	1465	2040	2880	3820
0.30	—	—	3720	635	730	885	1220	1700	2400	3190
0.35	—	3875	3200	545	625	760	1045	1450	2060	2730
0.40	3800	3390	2790	475	547	665	915	1275	1800	2380

注：1. 建议纵向进给速度不大于4000mm/min。
2. 导轮倾斜角为3°~5°。
3. 表内磨削用量能得到的表面粗糙度 *Ra* 值为1.6μm。

表 4-5　无心外圆磨精磨磨削用量

(1)精磨行程次数 N 及纵向进给速度 v_f/(mm/min)

公差等级	工件磨削表面直径 d_w/mm																	
	5		10		15		20		30		40		60		80		100	
	N	v_f	N	v_f	N	v_f	N	v_f	N	v_f	N	v_f	N	v_f	N	v_f	N	v_f
IT5	3	1800	3	1600	3	1300	3	1100	4	1100	4	1050	5	1050	5	900	5	800
IT6	3	2000	3	2000	3	1700	3	1500	4	1500	4	1300	5	1300	5	1100	5	1000
IT7	2	2000	2	2000	3	2000	3	1750	3	1450	3	1200	4	1200	4	1110	4	1100
IT8	2	2000	2	2000	2	1750	2	1500	3	1500	3	1500	3	1300	3	1200	3	1200

纵向进给速度的修正系数

工件材料	壁厚与直径之比			
	>0.15	0.12~0.15	0.10~0.11	0.08~0.09
淬火钢	1	0.8	0.63	0.5
非淬火钢	1.25	1.0	0.8	0.63
铸钢	1.6	1.25	1.0	0.8

(2)与导轮转速及导轮倾斜角有关的纵向进给速度 v_f

导轮转速/(r/s)	导轮倾斜角								
	1°	1°30′	2°	2°30′	3°	3°30′	4°	4°30′	5°
	纵向进给速度 v_f/(mm/min)								
0.30	300	430	575	720	865	1000	1130	1260	1410
0.38	380	550	730	935	1110	1270	1450	1610	1790
0.48	470	700	930	1165	1400	1600	1830	2030	2260
0.57	550	830	1100	1370	1640	1880	2180	2380	2640
0.65	630	950	1260	1570	1880	2150	2470	2730	3040
0.73	710	1060	1420	1760	2120	2430	2790	3080	3440
0.87	840	1250	1670	2130	2500	2860	3280	3630	4050

纵向进给速度的修正系数

导轮直径/mm	200	250	300	350	400	500
修正系数	0.67	0.83	1.0	1.17	1.33	1.67

注：1. 精磨用量不应大于粗磨用量。

2. 表内行程次数是按砂轮宽度 $B=150\sim200$mm 计算的；当 $B=250$mm 时，行程次数可减少 40%；当 $B=400$mm 时，行程次数可减少 60%。

3. 导轮倾斜角，磨削的尺寸公差等级为 IT5 时用 1°~2°，为 IT6 时用 2°~2°40′，为 IT8 时用 2°30′~3°30′。

4. 建议精磨进给速度不大于 2000mm/min。

5. 磨轮的寿命为 900s。

6. 精磨中最后一次行程的磨削深度：尺寸公差等级为 IT5 时为 0.015~0.02mm，为 IT6~IT7 时为 0.02~0.03mm；其余几次都是半精磨行程，磨削深度为 0.04~0.05mm。

单元 3　高速磨削用量的选择

高速磨削钢件外圆的磨削用量见表 4-6。

表 4-6　高速磨削钢件外圆的磨削用量

砂轮速度/(m/s)	纵向磨削		横向磨削/(mm/min)	速比(砂轮速度/工件速度)
	纵向进给速度/(m/s)	磨削深度/mm		
45	0.016~0.033	0.015~0.02	1~2	60~90
50~60	0.033~0.042	0.02~0.03	2~2.5	
80	0.042~0.05	0.04~0.05	2.5~3	60~100

模块 6　磨削液的选用

磨削液不仅能起冷却作用，防止工件烧伤，还能将磨屑和脱落的磨粒冲走，以免划伤工件和堵塞砂轮，达到润滑的目的。因此，正确选用磨削液可提高工件的加工质量。磨削钢、铸铁、硬质合金、铜（软铜除外）等较硬材料时，常选用苏打水（用于粗磨、高速磨削、强力磨削等产生磨削热较多的情况）、乳化液（用于要求表面粗糙度值低的情况）等；磨削软铜、铝及其合金等较软的材料时，应选用由煤油（或松节油）再加 10% 的机油、2% 左右的四氯化碳（阻燃）组成的切削液；磨削螺纹、齿轮等复杂形面时选用润滑性能好的切削液，如由 92% 的硫化油、6% 的油酸和 2% 的松节油组成的切削液等。

模块 7　砂轮的安装、平衡与修整

单元 1　砂轮的安装

磨削时砂轮高速旋转，而且由于制造误差，其重心与安装的法兰盘中心线不重合，从而产生了不平衡的离心力，加速了砂轮轴承的磨损。因此，如果砂轮安装不当，不但会降低磨削工件的质量，还会突然碎裂造成较严重的事故。安装砂轮应注意以下几个方面：

1）砂轮安装前，必须校对其安全速度。若标志不清或为无标志砂轮，则必须重新经过回转试验。

2）安装前，要用木槌轻敲砂轮，如发现有哑声，说明砂轮内可能有裂纹，不能使用。

3）安装时，要求砂轮不松不紧地套在砂轮主轴上，夹在砂轮两边的法兰盘，其形状、大小必须相同。法兰盘的直径约为砂轮直径的一半，内侧要求有凹槽。在砂轮端面和法兰盘之间，要垫上一块厚度约为 1~2mm 的弹性纸板或皮革、耐油橡皮垫片，垫片的直径略大于法兰盘的外径。

4）应依次对称地拧紧法兰盘螺钉，使夹紧力分布均匀。但用力不宜过大，以免压裂砂轮。注意紧固螺纹的旋向应与砂轮的旋向相反，即当砂轮逆时针旋转时，用右旋螺纹，这样砂轮在磨削力的作用下，将带动螺母越旋越紧。

5）砂轮安装好后，至少需要经过一次静平衡才能安装到磨床上。

单元 2　砂轮的平衡

一般直径大于 125mm 的砂轮都要进行平衡，使砂轮的重心与其旋转轴线重合。不平衡的砂轮在高速旋转时会产生振动，影响加工质量和机床精度，严重时还会造成机床损坏和砂轮碎裂。引起不平衡的原因主要是砂轮各部分密度不均匀，几何形状不对称以及安装偏心等。因此，在安装砂轮之前都要进行平衡。砂轮的平衡有静平衡和动平衡两种，一般情况下只需作静平衡，但在高速磨削（速度大于50m/s）时，必须进行动平衡。图4-13所示为砂轮静平衡装置。平衡时将砂轮装在平衡心轴上，然后把装好心轴的砂轮平放到平衡架的平衡导轨上，砂轮会来回摆动，直至摆动停止。平衡的砂轮可以在任意位置都静止不动。如果砂轮不平衡，则其较重部分总是转到下面，这时可移动平衡块的位置使其达到平衡。

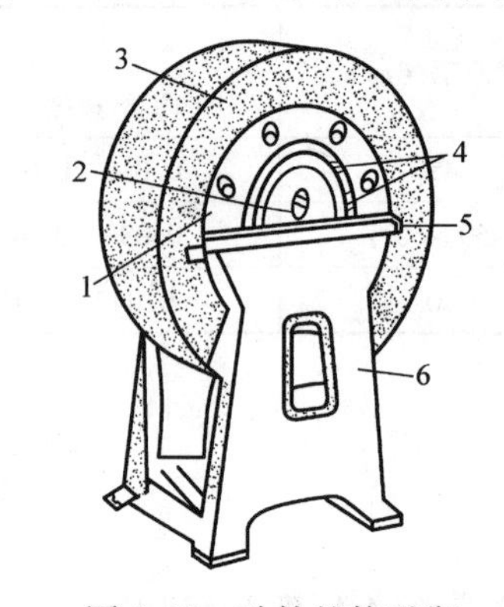

图4-13 砂轮的静平衡
1—法兰盘 2—心轴 3—砂轮
4—平衡块 5—平衡导轨 6—平衡架

平衡砂轮的方法为：在砂轮法兰盘的环形槽内装入几块平衡块，通过调整平衡块的位置使砂轮的重心与其回转轴线重合。

单元3 砂轮的修整

砂轮工作一段时间以后，磨粒逐渐变钝，工作表面的空隙被堵塞，正确的几何形状被改变，此时必须对砂轮进行修整，以恢复其切削能力和精度。砂轮虽有自锐性，但是，切屑和碎磨粒会把砂轮堵塞，使它失去切削能力；而且磨粒随机脱落的不均匀性，还会使砂轮失去外形精度，所以，为了恢复砂轮的切削能力和外形精度，在磨削一定时间后，需对砂轮进行修整。

修整砂轮常用的工具有大颗粒金刚石笔（图4-14a）、多粒细碎金刚石笔（图4-14b）和金刚石滚轮（图4-14c）。多粒细碎金刚石笔的修整效率较高，所修整的砂轮磨出的工件表面粗糙度值较小；金刚石滚轮的修整效率更高，适于修整成形砂轮；大颗粒金刚石笔修整砂轮时，每次修整深度为2~20μm，轴向进给速度为20~60mm/min，一般砂轮的单边总修整量为0.1~0.2mm。修整时要用大量切削液，以避免因温度升高而损坏金刚石刀。

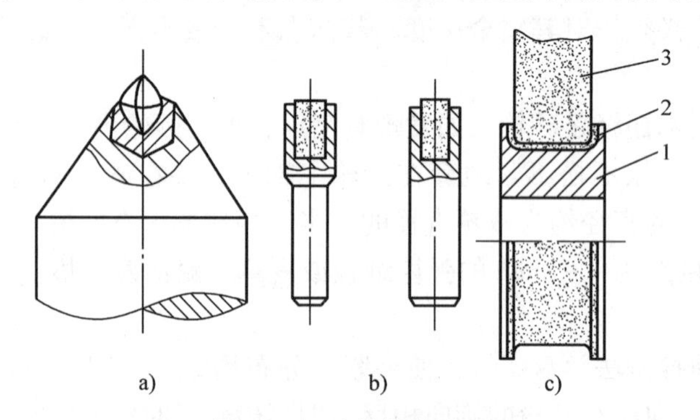

图4-14 砂轮修整工具
a）大颗粒金刚石笔 b）多粒细碎金刚石笔 c）金刚石滚轮
1—轮体 2—金刚石 3—被修整砂轮

思考与练习

1. 磨削外圆时，砂轮和工件需作哪些运动？

2. 砂轮有哪些组成要素？分别用什么代号表示？
3. 磨粒的硬度与砂轮的硬度有何区别？
4. 砂轮的组织可分为哪几类？各有何特点？
5. 砂轮形貌对磨削过程有何影响？磨削有何特点？
6. 磨削过程分为哪三个阶段？如何运用这一规律来提高磨削效率和表面质量？
7. 试分析磨削烧伤的形式、产生的原因、对加工质量的影响以及解决办法。
8. 外圆磨削用量选择的一般原则是什么？
9. 砂轮的安装应注意哪些问题？

项目五　数控刀具的应用

【教学目标】

最终目标：能正确选用数控刀具，合理选择数控刀具的工具系统。

促成目标：

1）熟悉数控刀具的选用原则。

2）了解数控刀具的快换和自动更换方法。

3）熟悉数控刀具的工具系统。

4）了解刀具预调测量仪的应用。

模块1　案 例 分 析

图5-1所示为某公司生产的平面凸轮零件立体图，图5-2所示为其零件图，材料为40Cr，试分析该平面凸轮零件中批生产时的机械加工工艺过程，并确定数控加工用刀具及其工具系统。

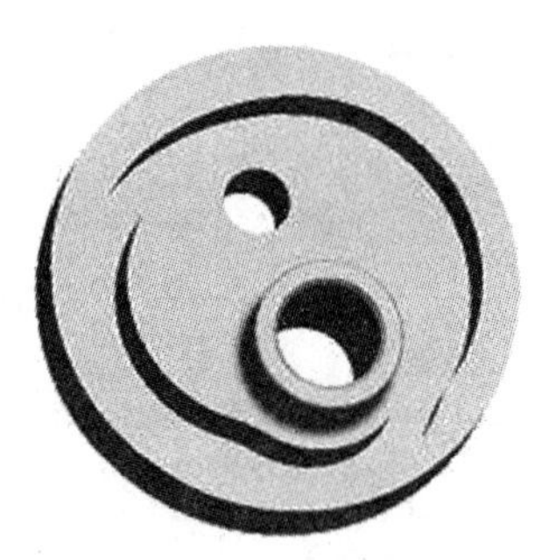

图5-1　平面凸轮立体图

单元1　技术要求分析

1. 尺寸公差

从图5-2可以看出，该平面凸轮两内孔 $\phi22^{+0.021}_{0}$ mm 和 $\phi14^{+0.018}_{0}$ mm 的公差等级为IT7，基孔制；凸轮槽内、外轮廓由不同半径的圆弧组成，宽度为 ϕ8F8，公差等级为IT8。因此，孔和凸轮槽的尺寸精度要求较高，而且凸轮槽的形状不规则。

2. 几何公差

凸轮槽内、外轮廓与底面的垂直度公差为0.04mm，$\phi22^{+0.021}_{0}$ mm 孔的轴线与底面的垂直度公差也为0.04mm。由此可见，该零件凸轮槽和底面之间以及 $\phi22^{+0.021}_{0}$ mm 内孔和底面之

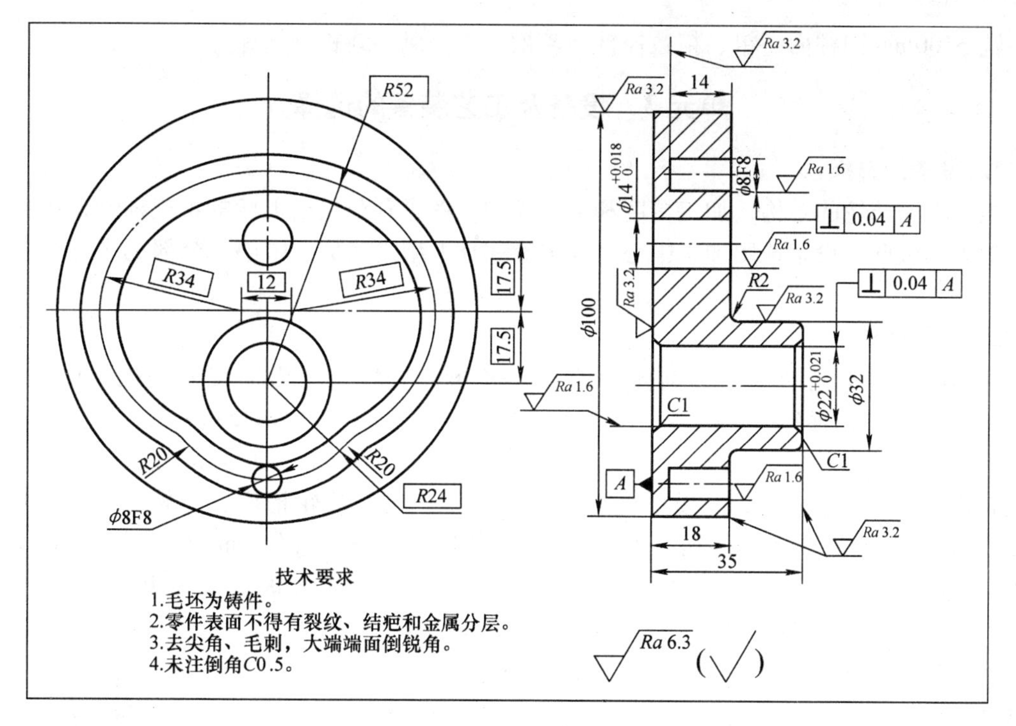

图 5-2　平面凸轮零件图

间的位置精度要求较高。

3. 表面粗糙度

凸轮槽内、外轮廓和 $\phi22^{+0.021}_{0}$mm、$\phi14^{+0.018}_{0}$mm 内孔的表面粗糙度 Ra 值均为 1.6μm；平面凸轮底面、顶面、上平面、$\phi32$mm 外圆面、凸轮槽底面的表面粗糙度 Ra 值为 3.2μm；其余表面粗糙度 Ra 值为 6.3μm。

从上述分析可以看出，该平面凸轮的重要加工表面为凸轮槽内、外轮廓和 $\phi22^{+0.021}_{0}$mm、$\phi14^{+0.018}_{0}$mm 内孔，主要加工表面是底面等各平面。因此，保证凸轮槽内、外轮廓，$\phi22^{+0.021}_{0}$mm、$\phi14^{+0.018}_{0}$mm 内孔本身的尺寸精度和表面粗糙度，以及它们与底面之间的相互位置精度，是该平面凸轮加工的关键。

单元 2　工艺过程分析

制订工艺过程的依据是零件的结构、技术要求、生产类型和设备条件等。该平面凸轮的材料为 40Cr，属于圆盘类零件。根据其结构和技术要求，加工的重点在凸轮槽内、外轮廓及 $\phi22^{+0.021}_{0}$mm、$\phi14^{+0.018}_{0}$mm 内孔的各个尺寸。凸轮槽内、外轮廓及 $\phi22^{+0.021}_{0}$mm、$\phi14^{+0.018}_{0}$mm 内孔的加工应分粗、精加工等几个阶段进行，其中 $\phi22^{+0.021}_{0}$mm 内孔增加一道工序，即半精加工扩孔加工，以保证尺寸精度及表面粗糙度要求。同时以底面定位，提高装夹刚度以满足垂直度要求。利用加工中心分别数控铣底面、上平面、顶面及凸轮槽内外轮廓，再加上钻、扩、铰 $\phi22^{+0.021}_{0}$mm、$\phi14^{+0.018}_{0}$mm 内孔，即可加工出该零件。

基于上面的分析，该平面凸轮中批生产时的加工工艺路线为：铸造→粗、精数控铣底面→数控铣顶面、$\phi32$mm 外圆面、上平面→钻、扩、铰 $\phi22^{+0.021}_{0}$mm、$\phi14^{+0.018}_{0}$mm 两孔→

数控铣 ϕ100mm 圆柱面→粗、精数控铣凸轮槽→去毛刺→终检→入库。

单元3　设备及工艺装备的选择

1. 设备的选择

根据平面凸轮的结构、加工精度和生产类型，考虑到凸轮槽形状的不规则性，普通铣床难以加工，因此，设备选用加工中心，如 JCS –018A 型立式加工中心，全部工序可在一台机床上完成。

2. 刀具的选择

根据零件的不同结构选择具体的刀具：ϕ40mm 可转位粗齿面铣刀一把，粗铣底面；ϕ50mm 可转位细齿面铣刀一把，精铣底面、顶面，选用 BT40-XMA15-60 工具系统；ϕ20mm 高速工具钢立铣刀一把，铣削 ϕ32mm 外圆面、上平面；ϕ6mm 高速工具钢立铣刀一把，粗铣凸轮槽内、外轮廓；ϕ6mm 硬质合金立铣刀一把，精铣凸轮槽内、外轮廓，选用 BT40-M2-60 工具系统；B5 中心钻一件，钻 $\phi14^{+0.018}_{0}$ mm、$\phi22^{+0.021}_{0}$ mm 中心孔；ϕ13.8mm、ϕ20mm 钻头各一件，分别钻 $\phi14^{+0.018}_{0}$ mm、$\phi22^{+0.021}_{0}$ mm 底孔；ϕ21.8mm 扩孔钻一把，扩 $\phi22^{+0.021}_{0}$ mm 孔；ϕ14H7、ϕ22H7 粗、精铰刀各一把，粗、精铰 $\phi14^{+0.018}_{0}$ mm、$\phi22^{+0.021}_{0}$ mm 孔，选用 BT40-Q25-60 工具系统。

3. 量具的选择

内孔 $\phi14^{+0.018}_{0}$ mm 和 $\phi22^{+0.021}_{0}$ mm 的公差等级为 IT7，可选用 0 ~ 25mm 的内径千分尺或专用塞规测量；凸轮槽轮廓需制作专用检具检验；垂直度误差采用百分表或千分表测量；其他工序尺寸的测量采用 0 ~ 150mm 的游标卡尺即可满足要求。

基于以上分析，所用的铣刀、钻头、铰刀均为加工中心所用刀具，其与机床主轴的连接采用数控工具系统。图 5-3 所示为平面凸轮数控加工示意图。

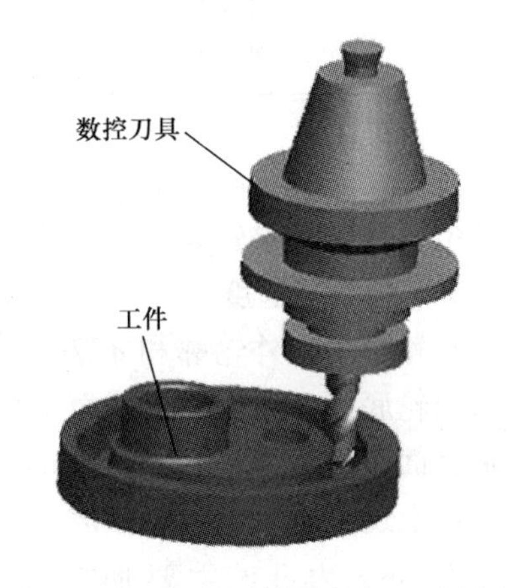

图 5-3　平面凸轮零件数控加工示意图

模块2　数控刀具的选用

单元1　对数控刀具的特殊要求

数控刀具应适应加工零件品种多、批量小的要求，除应具备普通刀具的特性外，还应满足下列要求：

1）刀具稳定性、可靠性高。刀具质量稳定、可靠，包括刀具材料的质量以及刀具的制造工艺，特别是热处理和刃磨工序；同一批刀具的切削性能和刀具寿命不得有较大差异，以免频繁停机或加工工件大量报废。

2）刀具寿命长。应选用切削性能好、耐磨性高的涂层刀具，并合理地选择切削用量。

3）断屑、卷屑和排屑可靠，不产生紊乱的带状切屑，以免切屑缠绕在刀具、工件上；长切屑可顺利卷曲和排出；避免形成细碎的切屑；切屑流出时不可妨碍切削液的浇注。

4）能快速换刀或自动换刀。

5）能迅速、精确地调整刀具尺寸。

6）实现标准化、系列化、模块式，提高通用化。

7）建立完整的刀具及其工具系统的数据库及管理系统。

8）具备完善的刀具组装、预调、编码标识与识别系统。

9）具有刀具磨损和破损在线监测系统。

单元 2　数控刀具的选用原则

数控机床上常用的刀具有可转位车刀、高速工具钢麻花钻、机夹扁钻、扩孔钻、铰刀、镗刀、立铣刀、面铣刀、丝锥和各种复合刀具等。刀具的选用与使用条件、工件材料和尺寸、断屑情况及刀具和刀片的生产供应等许多因素有关。若选择合理，不但能发挥数控机床应有的效率，而且能提高加工质量，降低生产成本。刀具的结构形式有时也对工艺方案的拟订起着决定性的作用，必须认真对待，综合考虑。其一般选择原则如下：

1）为了提高刀具寿命和可靠性，应尽量选用由各种高性能、高效率、长寿命的刀具材料制成的刀具，如各种超硬材料（人造金刚石、立方氮化硼、高性能复合陶瓷）制成的刀具。即使选用通用的高速工具钢（W18Cr4V 和 W6Mo5Cr4V2）与硬质合金刀具时，也应尽量选用有涂层的型号。使用前，刀片须经过严格检验。

2）应选用机夹可转位刀具结构。现行的可转位车刀国家标准中规定的刀具品种，因其刀尖位置精度要求较低，只适用于带有快换刀夹的数控机床。对于刀具上刀尖位置的制造误差，可通过快换刀夹和刀具一起在机外预调时得到补偿。如果要求刀具不经过预调使用，则应选用精密级可转位车刀。

3）为了集中工序，提高生产率，保证加工精度，应尽可能地选用复合刀具。其中，以孔加工复合刀具使用得最为普遍。

4）精加工孔时，可采用镗孔或铰孔工艺。由于镗刀结构简单，刃磨和调整方便，因此在镗杆刚度足够的条件下，应尽量采用镗刀。尤其是当孔径大于 80mm 时，更宜采用镗刀进行加工。

5）应尽量选用各种高效刀具，如高刚性麻花钻、钻扩四刃钻、硬质合金单刃铰刀、精密微调镗刀和波形刃立铣刀等。

模块 3　刀具快换和自动更换

1. 刀片转位或更换刀片

数控机床广泛使用可转位刀具，刀具磨损后只需将刀片转位或更换新刀片就可继续切削，换刀精度取决于刀片和刀槽精度。中等精度刀片适用于粗加工，精密级刀片适用于半精加工和精加工，但精加工时仍需调整尺寸。

2. 更换刀体模块

根据加工需要，可不断更换车、镗、切断、攻螺纹和检测等刀体模块，如图 5-4 所示。刀体模块通过中心拉杆实现快速夹紧或松开，其手动换刀时间为 5s，自动换刀时间为 2s。拉紧时，刀体与端面贴紧，同时拉紧孔产生微小弹性变形，两侧向外扩张，消除侧面间隙，从而获得很高的定位精度和连接刚性，其径向和轴向精度分别为 ±2μm 和 ±5μm。

3. 更换刀夹

如图 5-5 所示，将刀具、刀柄与刀夹一起从数控车床上取下。刀片转位或更换后，在调刀仪上进行调刀。因此，可使用较低精度的刀片和刀柄，但刀夹精度要求较高。

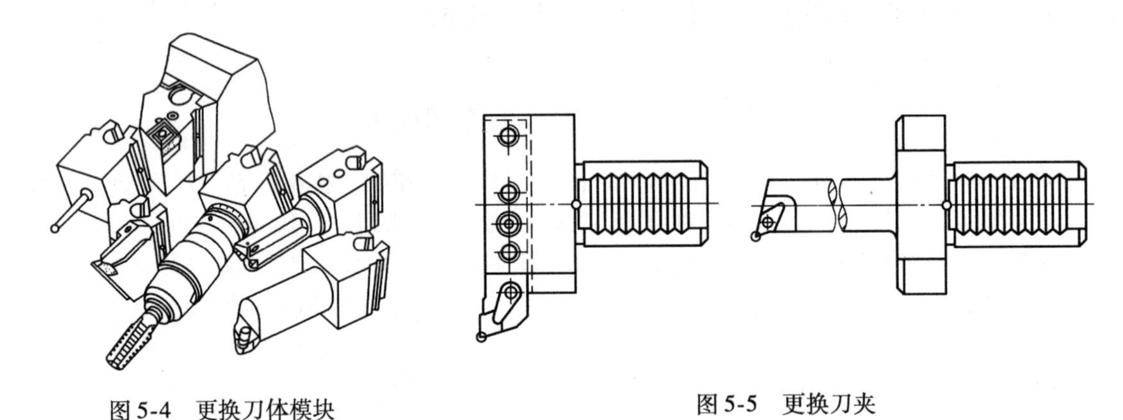

图 5-4 更换刀体模块

图 5-5 更换刀夹

4. 手动更换刀柄

在数控铣床上连续对工件进行钻、铰、镗、铣、攻螺纹等加工时，将各种刀具分别装在刀柄上，并在调刀仪上调整相应尺寸，加工时根据加工顺序连续手动更换刀柄。调刀时的安装基准和刀具在机床上的安装基准一致，均为 7∶24 锥柄，可减少安装误差。

5. 自动换刀

自动换刀是指按加工指令或通过机械手自动换刀。如带转塔刀架的加工中心（图 5-6），转塔刀架上配置了加工零件所需的刀具，加工时，转塔刀架按加工指令转过一个或几个位置来自动换刀。其换刀动作少，换刀迅速。

如图 5-7 所示，刀库中存储着加工所需的刀具，按指令，机床和刀库的运动互相配合可实现自动换刀。也可通过机械手实现自动换刀。

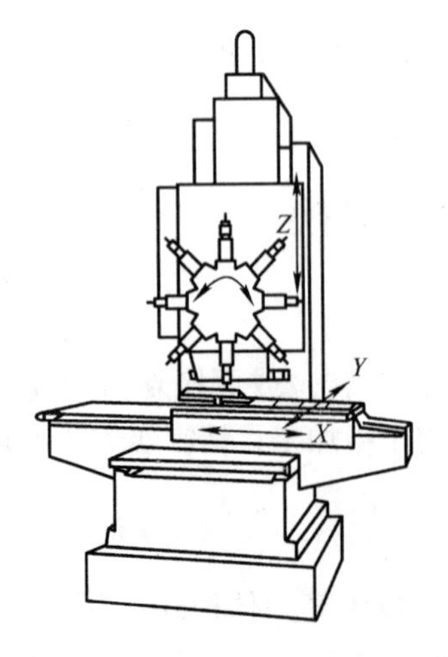

图 5-6 转塔刀架自动换刀

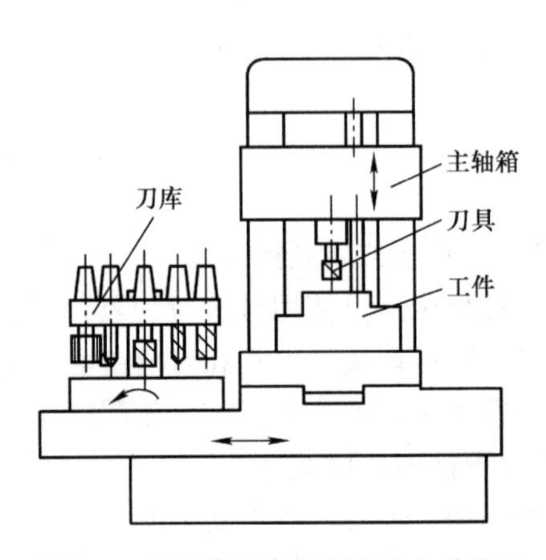

图 5-7 利用刀库和机床运动自动换刀

模块4　数控工具系统

由于数控设备特别是加工中心加工内容的多样性，导致其配备的刀具和装夹工具的种类也很多，并且要求刀具更换迅速。因此，刀具、辅具的标准化和系列化十分重要。把通用性较强的刀具和配套装夹工具系列化、标准化，就成为通常所说的工具系统。因此，数控刀具的工具系统是指用来连接机床主轴与刀具的辅助系统。除了刀具本身之外，还包括实现刀具快换所必需的定位、夹持、拉紧、动力传递和刀具保护等部分，有刀具、刀夹、刀座和刀柄等结构体系，已通过标准化、系列化和模块化来提高其通用化程度，也便于刀具组装、预调、使用、管理及数据管理。

数控刀具的工具系统按使用范围，可分为车削类数控工具系统和镗铣类数控工具系统；按结构，可分为整体式工具系统（TSG）和模块式工具系统（TMG）。

单元1　整体式镗铣类（TSG）工具系统

镗铣类数控工具系统采用7:24锥柄与机床连接，具有不自锁、换刀方便、定心精度高等优点。

TSG工具系统的柄部与夹持刀具的工作部分连成一体，不同品种和规格的工作部分都必须带有与机床主轴连接的柄部。图5-8所示为我国的TSG82工具系统，图中表示了各种工具的组合形式，包含刀柄、多种接杆和少量刀具。此工具系统可加工平面、斜面和沟槽，用于铣削、钻孔、铰孔、镗孔和攻螺纹等工序。它具有结构简单、整体刚性强、使用方便、装卸灵活、更换迅速等特点，在国内得到了广泛应用。

1. 工具系统型号的表示方法

TSG工具系统中各种工具的型号由汉语拼音字母和数字组成，分为五个部分，其表示方法如下：

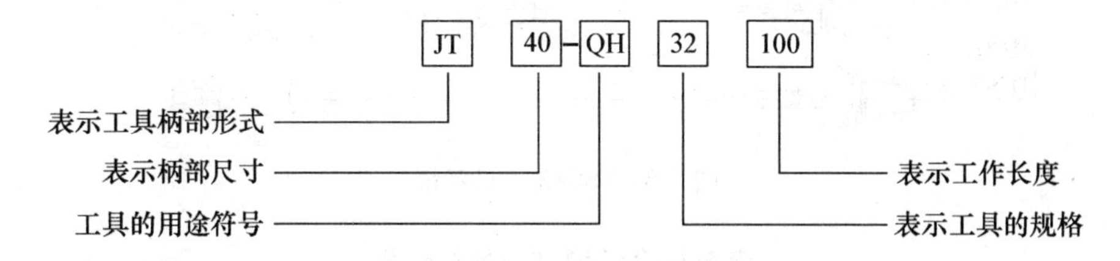

（1）工具柄部形式　工具柄部一般采用7:24锥柄。刀具生产厂家主要提供五种标准的自动换刀刀柄：GB/T 10944.1—2006、ISO7388/1-A、DIN69871-A、MAS403BT、ANSI B5.50。其中，GB/T 10944.1—2006、ISO7388/1-A和DIN69871-A是等效的，而ISO7388/1-B为中心通孔内冷却型。另外，GB/T 3837—2001、ISO2583和DIN2080标准为手动换刀刀柄，用于数控机床手动换刀。TSG82工具柄部形式见表5-1。

常用的工具柄部形式有JT、BT和ST三种，它们可直接与机床主轴连接。JT表示采用国家标准GB/T 10944.1—2006制造的加工中心用锥柄柄部（带机械手夹持槽）；BT表示采用日本标准MAS403制造的加工中心用锥柄柄部（带机械手夹持槽）；ST表示按GB/T 3837—2001制造的数控机床用锥柄（无机械手夹持槽）。

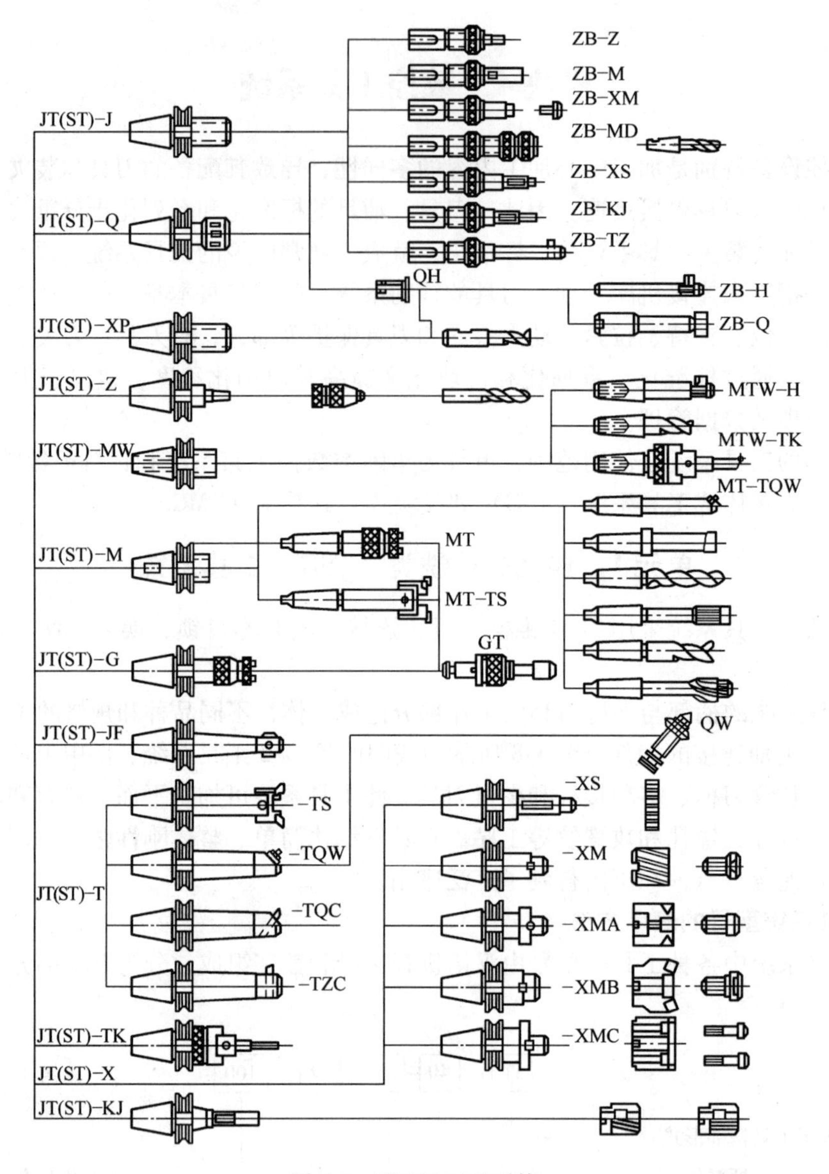

图 5-8　TSG82 工具系统

表 5-1　TSG82 工具柄部形式

代号	工具柄部形式	类别	标准	柄部尺寸
JT	加工中心用锥柄，带机械手夹持槽	刀柄	GB/T 10944. 1—2006	ISO 锥度号
XT	一般镗铣床用工具柄部	刀柄	GB/T 3837—2001	ISO 锥度号
ST	数控机床用锥柄，无机械手夹持槽	刀柄	GB/T 3837—2001	ISO 锥度号
MT	带扁尾莫氏圆锥工具柄	接杆	GB/T 1443—1996	莫氏锥度号
MW	无扁尾莫氏圆锥工具柄	接杆	GB/T 1443—1996	莫氏锥度号
KH	7:24 锥度的锥柄接杆	接杆	JB/QB5010-83	锥柄锥度号
ZB	直柄工具柄	接杆	GB/T 6131. 1—2006 至 GB/T 6131. 4—2006	直径尺寸

（2）柄部尺寸　柄部形式代号后面的数字为柄部尺寸，对锥柄表示相应的ISO锥度号，对圆柱柄表示直径。

7:24锥柄的锥度号有25、30、40、45、50和60等，如50和40分别代表大端直径为ϕ69.85mm和ϕ44.45mm的7:24锥柄。大规格50、60号锥柄适用于重型切削机床，小规格25、30号锥柄适用于高速轻切削机床。

（3）工具用途符号　用符号表示工具的用途，如QH表示锥度为1:10的弹簧夹头，M表示装带扁尾莫氏圆锥柄工具。TSG82工具系统的用途和符号见表5-2。

表5-2　工具系统的用途、符号及规格参数的含义

序号	用途符号	用途（或名称）	规格参数符号表示的内容
1	J	装直柄接杆工具	装接杆孔直径—刀柄工作长度
2	QH	弹簧夹头	最大夹持直径—刀柄工作长度
3	XP	装削平型直柄工具夹头	装刀孔直径—刀柄工作长度
4	Z	装莫氏短锥钻夹头	莫氏短锥号—刀柄工作长度
5	ZJ	装莫氏锥度钻夹头	莫氏锥柄号—刀柄工作长度
6	M	装带扁尾莫氏圆锥柄工具	莫氏锥柄号—刀柄工作长度
7	MW	装无扁尾莫氏圆锥柄工具	莫氏锥柄号—刀柄工作长度
8	MD	装短莫氏圆锥柄工具	莫氏锥柄号—刀柄工作长度
9	JF	装浮动铰刀	铰刀块宽度—刀柄工作长度
10	G	攻丝夹头	最大攻丝直径—刀柄工作长度
11	TQW	倾斜型微调镗刀	最小镗孔直径—刀柄工作长度
12	TS	双刃镗刀	最小镗孔直径—刀柄工作长度
13	TZC	直角型粗镗刀	最小镗孔直径—刀柄工作长度
14	TQC	倾斜型粗镗刀	最小镗孔直径—刀柄工作长度
15	TF	复合镗刀	小孔直径/大孔直径—小孔工作长度/大孔工作长度
16	TK	可调镗刀头	装刀孔直径—刀柄工作长度
17	XS	装三面刃铣刀	刀具内孔直径—刀柄工作长度
18	XL	装套式立铣刀	刀具内孔直径—刀柄工作长度
19	XMA	装A类面铣刀	刀具内孔直径—刀柄工作长度
20	XMB	装B类面铣刀	刀具内孔直径—刀柄工作长度
21	XMC	装C类面铣刀	刀具内孔直径—刀柄工作长度
22	KJ	装扩孔钻和铰刀	1:30圆锥大端直径—刀柄工作长度

（4）工具规格　用途符号后的数字表示工具的工作特性，其含义随工具不同而异，有些工具该数字表示应用范围。工具规格参数的含义见表5-2。

（5）工作长度　表示工具的设计工作长度（锥柄大端直径处到端面的距离）。

标记示例：

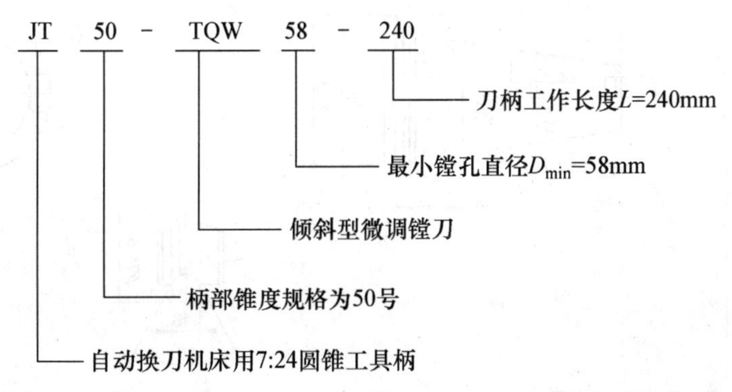

2. 7:24 锥柄标准形式

常用的 7:24 锥柄标准形式见表 5-3 ~ 表 5-6。

表 5-3　JT 锥柄标准形式

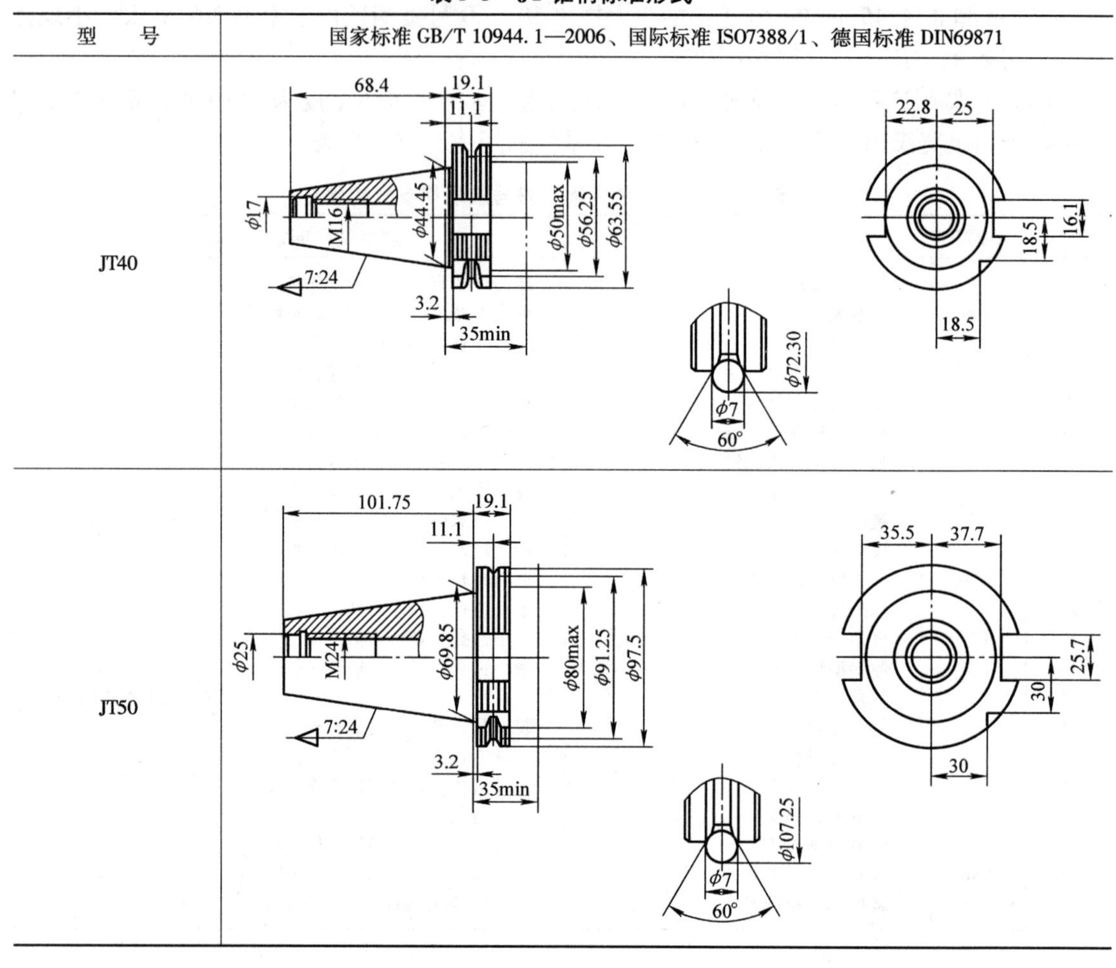

型　　号	国家标准 GB/T 10944. 1—2006、国际标准 ISO7388/1、德国标准 DIN69871
JT40	
JT50	

表 5-4　BT 锥柄标准形式

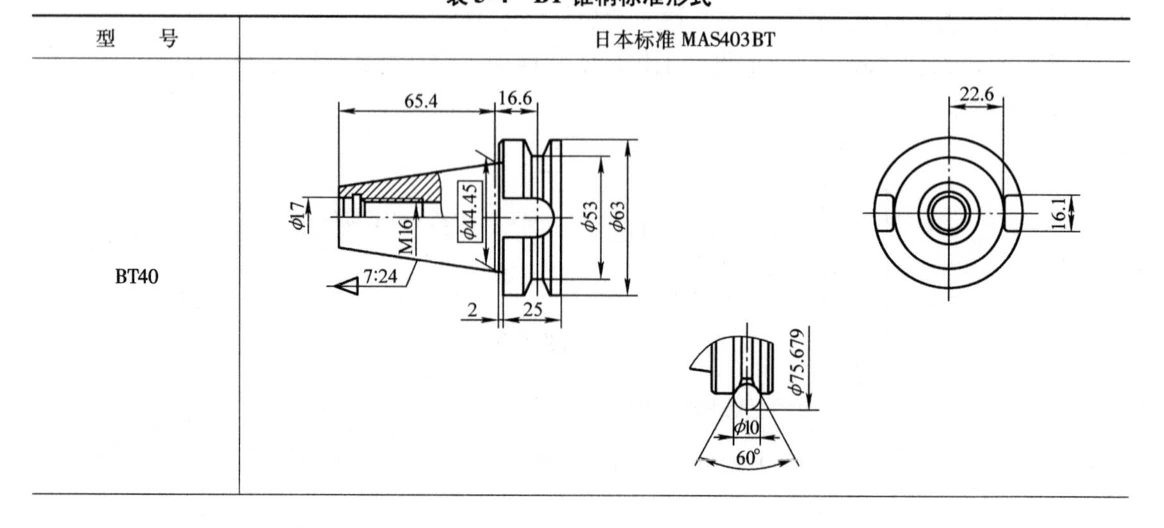

型　　号	日本标准 MAS403BT
BT40	

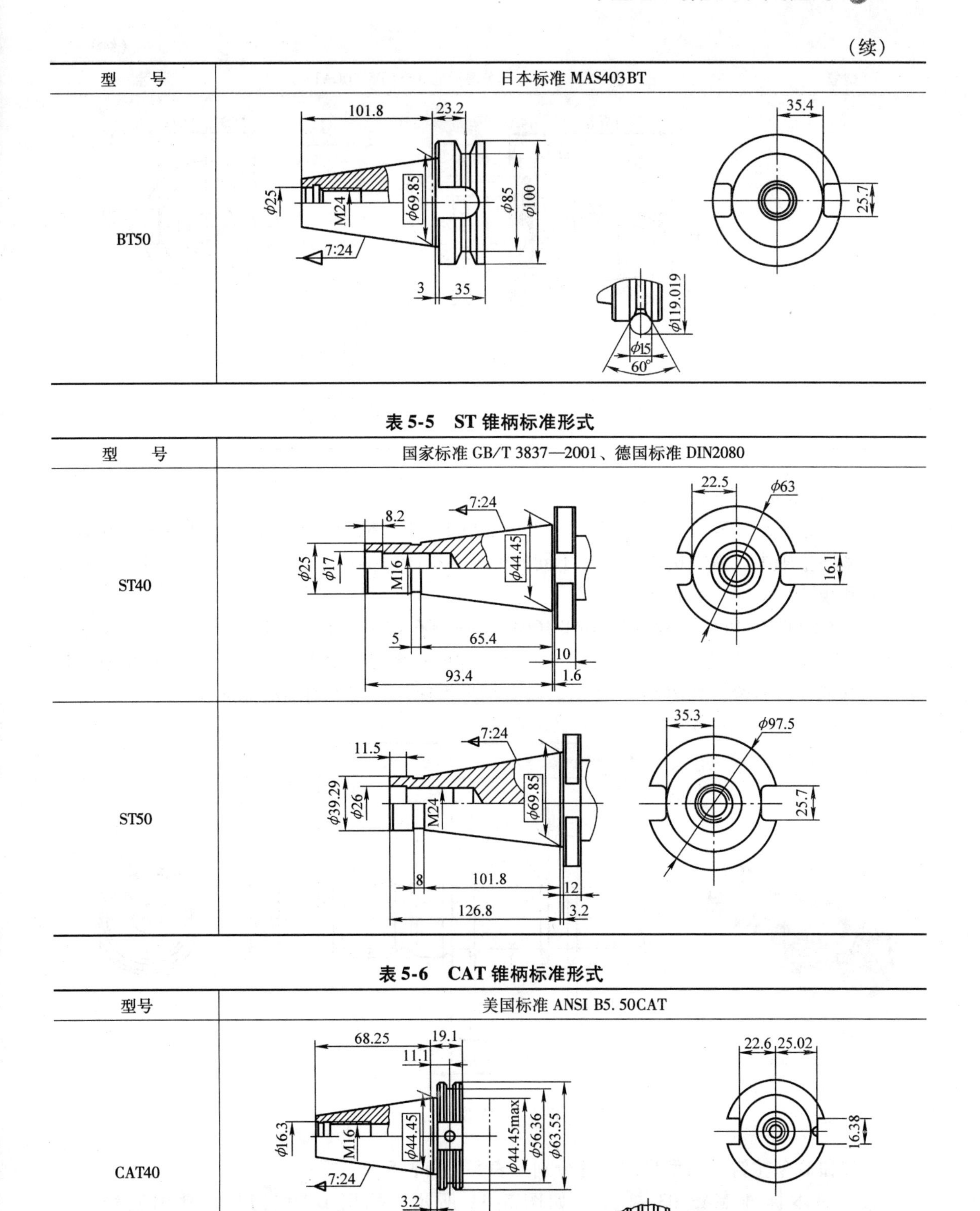

（续）

型　号	日本标准 MAS403BT
BT50	

表 5-5　ST 锥柄标准形式

型　号	国家标准 GB/T 3837—2001、德国标准 DIN2080
ST40	
ST50	

表 5-6　CAT 锥柄标准形式

型号	美国标准 ANSI B5. 50CAT
CAT40	

（续）

型号	美国标准 ANSI B5. 50CAT
CAT50	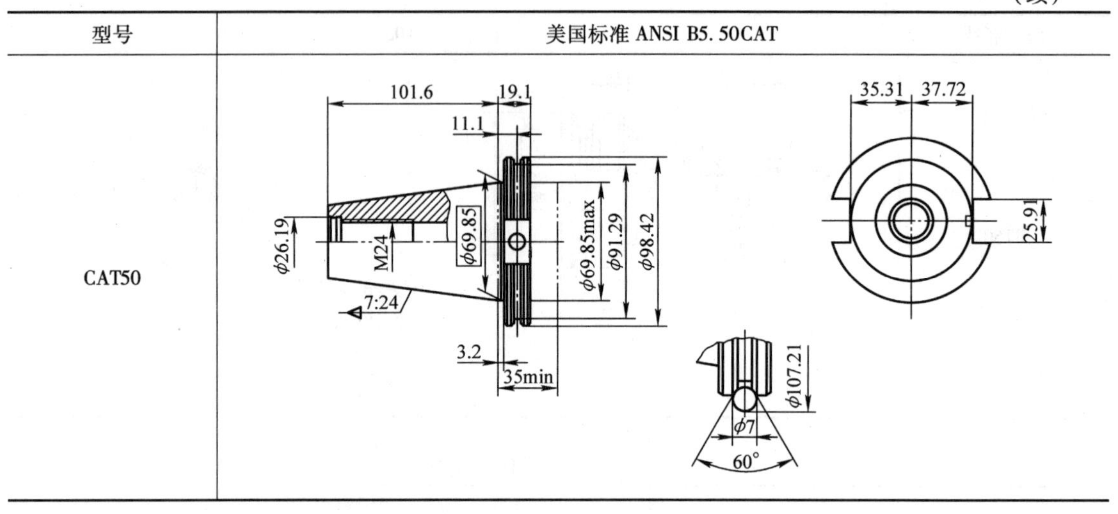

3. 工具系统拉钉有关标准

拉钉是带螺纹的零件，常固定在各种工具柄的尾端。机床主轴内的拉紧机构借助拉钉把刀柄拉紧在主轴中。数控机床刀柄有不同的标准，机床刀柄拉紧机构也不统一，故拉钉有多种型号和规格。

（1）GB/T 10945. 1—2006、GB/T 10945. 2—2006 拉钉（ISO7388-2） 分为 A 型和 B 型两种，配用 JT 型刀柄。A 型拉钉用于不带钢球的拉紧装置，如图 5-9 所示；B 型拉钉用于带钢球的拉紧装置，如图 5-10 所示。两者均带贯通孔，用于切削液流通。

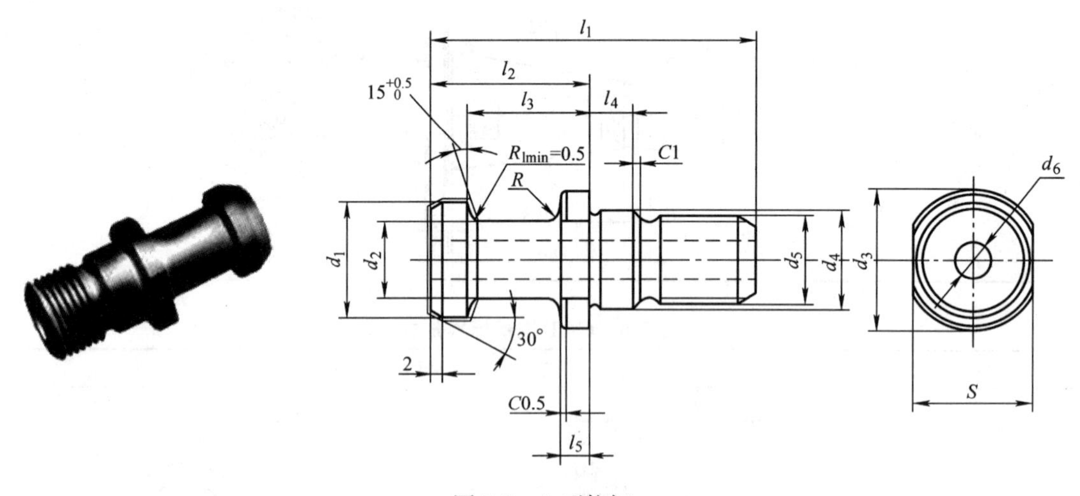

图 5-9　A 型拉钉

A 型和 B 型拉钉常用型号的尺寸分别见表 5-7 和表 5-8。

（2）日本标准 MAS403 拉钉　如图 5-11 所示，配用 BT 型刀柄，常用型号尺寸见表 5-9。

（3）德国标准 DIN69872 拉钉　如图 5-12 所示，配用 JT 型刀柄，常用型号尺寸见表 5-10。

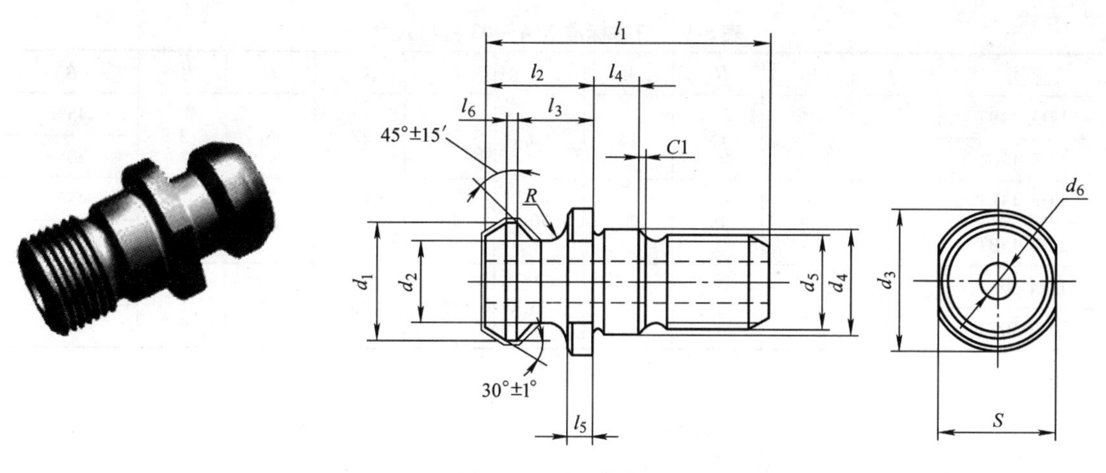

图 5-10　B 型拉钉

表 5-7　A 型拉钉　　（单位：mm）

工具柄号	d_1 0 −0.1	d_2 0 −0.1	d_3 0 −0.2	d_4 h6	d_5	d_6 +0.1 0	l_1	l_2 ±0.1	l_3 ±0.1	l_4	l_5	R	S 0 −0.1
40	19	14	23	17	M16	7.00	54	26	20	7	4	3	19
45	23	17	30	21	M20	9.50	65	30	23	8	5	4	24
50	28	21	36	25	M24	11.50	74	34	25	10	5	5	30

表 5-8　B 型拉钉　　（单位：mm）

工具柄号	d_1 0 −0.3	d_2 0 −0.3	d_3		d_4 h6	d_5	d_6 +0.3 0	l_1	l_2 0 −0.3	l_3 0 −0.3	l_4	l_5 0 −0.5	l_6 0 −0.5	R 0 −0.5	S	
			公称尺寸	极限偏差											公称尺寸	极限偏差
40	18.95	12.95	22.50	0 −1	17	M16	7.35	44.50	16.40	11.15	7	3.25	1.75	2.65	18	0 −0.33
45	24.05	16.30	30.00	0 −2	21	M20	9.25	56.00	20.95	14.85	8	4.25	2.25	2.65	24	0 −0.39
50	29.10	19.60	37.00	0 −2	25	M24	11.55	65.50	22.55	17.95	10	5.25	2.75	2.65	30	0 −0.65

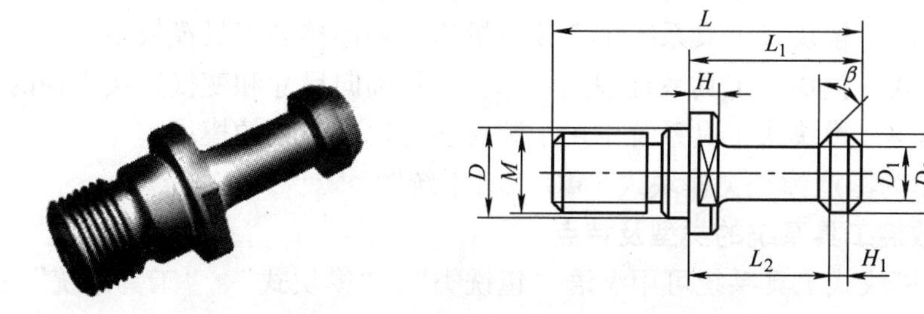

图 5-11　日本标准 MAS403 拉钉

表 5-9　日本标准 MAS403 拉钉尺寸

型号	D	D_1	D_2	M	L	L_1	L_2	H	H_1	β
LDA-40BT	17	10	15	16	60	35	28	6	3	45°
LDB-40BT										30°
LDA-45BT	21	14	19	20	70	40	31	8	4	45°
LDB-45BT										30°
LDA-50BT	25	17	23	24	85	45	35	10	5	45°
LDB-50BT										30°

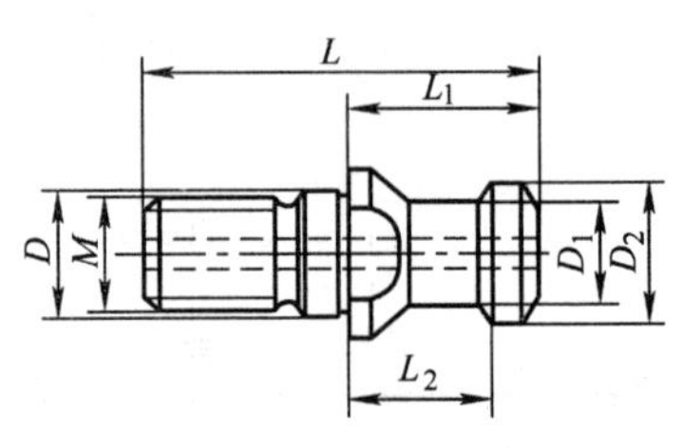

图 5-12　德国标准 DIN69872 拉钉

表 5-10　德国标准 DIN69872 拉钉尺寸

型号	D	D_1	D_2	M	L	L_1	L_2
LD-40D	17	14	19	16	54	26	20
LD-45D	21	17	23	20	65	30	23
LD-50D	25	21	28	24	74	34	25

单元 2　模块式镗铣类（TMG）工具系统

随着数控机床的普及，工具的需求量迅速增加。为了便于生产和管理，缩短生产周期，减少工具的储备量，工具系统的发展趋向模块化。20 世纪 80 年代以来，许多国外公司相继开发了模块式镗铣类工具系统。模块式工具系统就是把工具的柄部和工作部分分割开来，制成各种系列化的模块，然后通过不同规格的中间模块，组装成一套套不同用途、不同规格的模块式工具。这样既方便了制造，也方便了使用和保管，大大减少了用户的工具储备。目前，世界上出现的模块式工具系统有几十种，它们之间的区别主要在于模块连接的定心方式和锁紧方式不同。然而，不管哪种模块式工具系统，都是由下述三部分所组成：

（1）主柄模块　模块式工具系统中直接与机床主轴连接的工具模块。

（2）中间模块　模块式工具系统中用于加长工具轴向尺寸和变换连接直径的工具模块。

（3）工作模块　模块式工具系统中用于装夹各种切削刀具的模块。

图 5-13 所示为国产镗铣类模块式 TMG 工具系统图。

1. TMG 数控工具系统的类型及特点

国内镗铣类模块式工具系统可用汉语“镗铣类”、“模块式”、“工具系统”三个词组第一个字的大写拼音首字母 TMG 来表示。为了区别各种结构不同的模块式工具系统，在 TMG 之后加上两位数字，用以表示结构的特征。

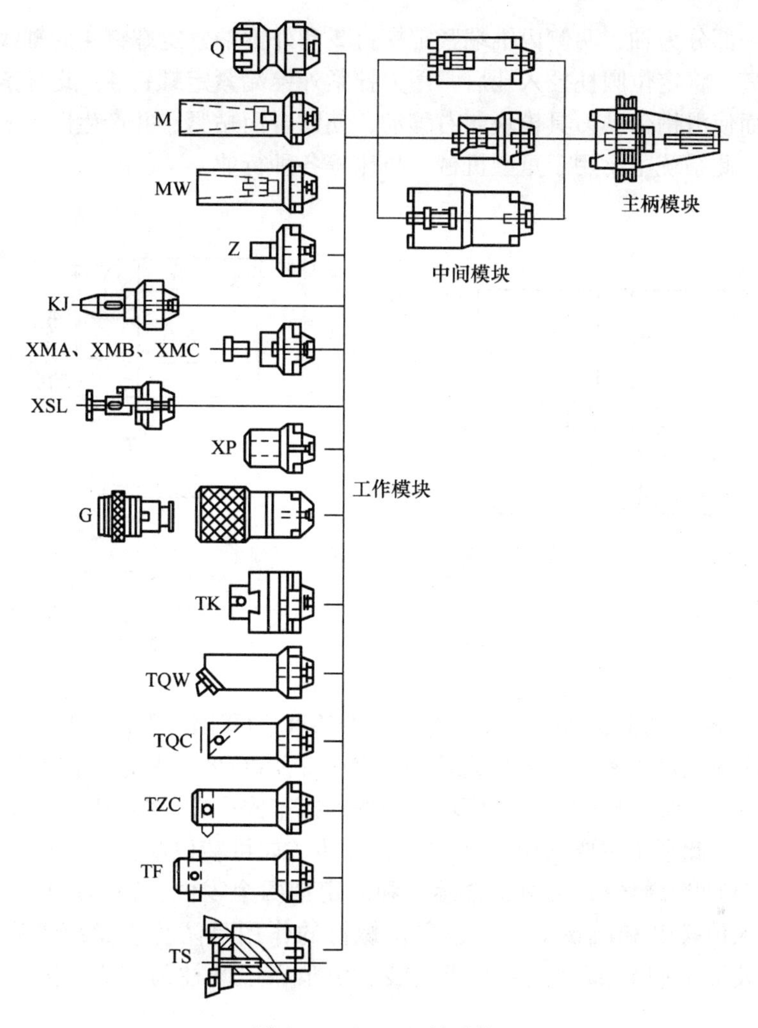

图 5-13　TMG 工具系统

前面的一位数字（即十位数字）表示模块连接的定心方式：1——短圆锥定心；2——单圆柱面定心；3——双键定心；4——端齿啮合定心；5——双圆柱面定心；6——异形锥面定心。

后面的一位数字（即个位数字）表示模块连接的锁紧方式：0——中心螺钉拉紧；1——径向销钉锁紧；2——径向楔块锁紧；3——径向双线螺栓锁紧；4——径向单侧螺钉锁紧；5——径向两螺钉垂直方向锁紧；6——螺纹连接锁紧；7——内部弹性锁紧；8——内部钢球锁紧。

国内常见的镗铣类模块式工具系统有 TMG10、TMG21 和 TMG28 等。

（1）TMG10 模块式工具系统（图 5-14）　该系统模块之间采用短圆锥定心，轴向用中心螺钉拉紧，拉紧后除锥面接触外，端面还紧密贴合，因而定心精度高，连接刚度高。但模块的拆装不方便，更换工作模块时，必须把所有的连接模块全部拆卸下来。此系统主要用于工具组合后不经常拆卸或加工件具有一定批量的情况。

（2）TMG21 模块式工具系统（图 5-15）　采用单圆柱面定心，径向销钉锁紧。它的一部分为孔，另一部分为轴，两侧内锥端紧定螺钉 2 和外锥端紧定螺钉 4 的轴线与滑销 3 轴线偏移一定的距离。将定位圆柱插入孔后，用力拧紧外锥端紧定螺钉 4，此时紧定螺钉和固定螺钉的内外锥面使滑销带动刀具模块向右移动，使贴合面贴紧，并产生巨大的正压力，构成一个刚性刀柄。此系统主要用于重型机械、机床等各种行业。

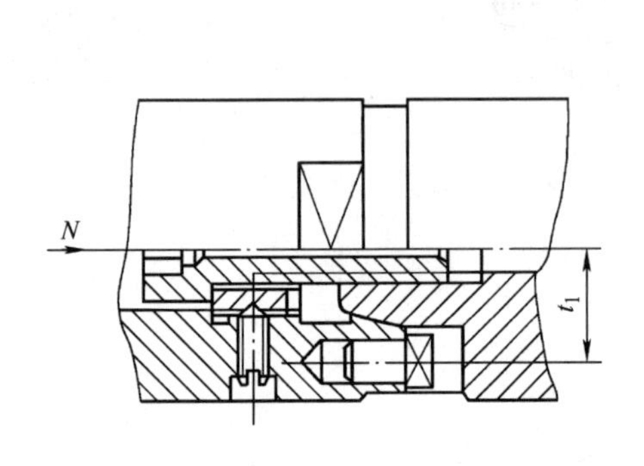

图 5-14 TMG10 模块接口结构示意图

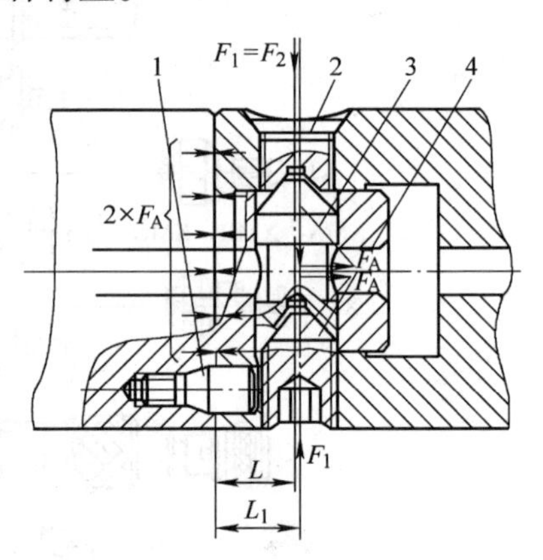

图 5-15 TMG21 模块接口结构示意图

1—定位销 2、4—紧定螺钉 3—滑销

（3）TMG28 模块式工具系统（图 5-16） TMG28 为我国开发的新型工具系统，采用单圆柱面定心，模块接口锁紧方式采用内部钢球锁紧。TMG28 工具系统的互换性好，连接的重复精度高、模块组装、拆卸方便，模块之间的连接牢固可靠，结合刚性好，已达到国外模块式工具的水平。此系统主要适用于高效切削刀具（如可转位浅孔钻、扩孔钻和双刃镗刀等）。在模块接口凹端部分，装有锁紧螺钉和固定销两个零件；在模块接口凸端部分，装有锁紧滑销、限位螺钉和端键等零件，限位螺钉的作用是防止锁紧滑销脱落和转动；模块前端有一段鼓形的引导部分，以便于组装。由于靠单圆柱面定心，因此圆柱配合间隙非常小。

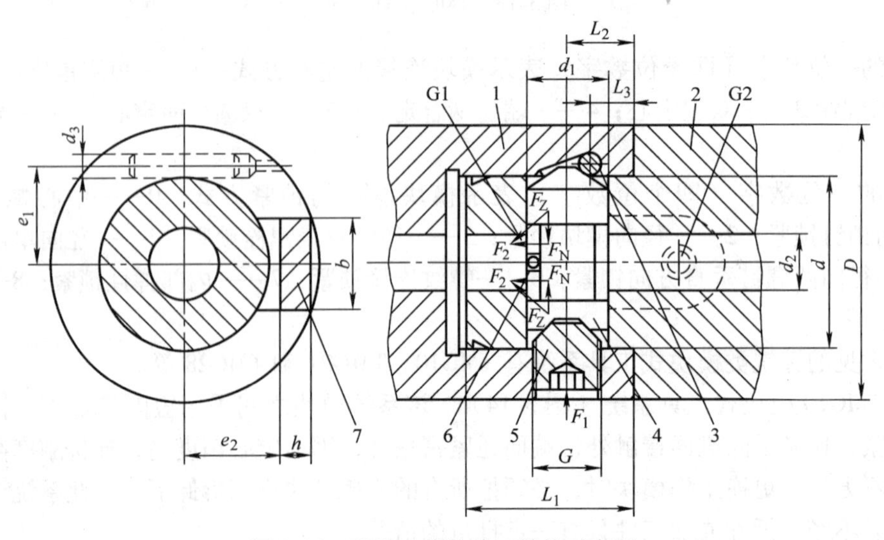

图 5-16 TMG28 模块接口结构示意图

1—模块接口凹端 2—模块接口凸端 3—固定销 4—锁紧滑销 5—锁紧螺钉 6—限位螺钉 7—端键

2. TMG模块型号的表示方法

为了便于书写和订货，也为了区别各种不同结构的接口，TMG模块型号的表达内容依顺序应为：模块接口形式、模块所属种类、用途或有关特征参数。具体表示方法如下：

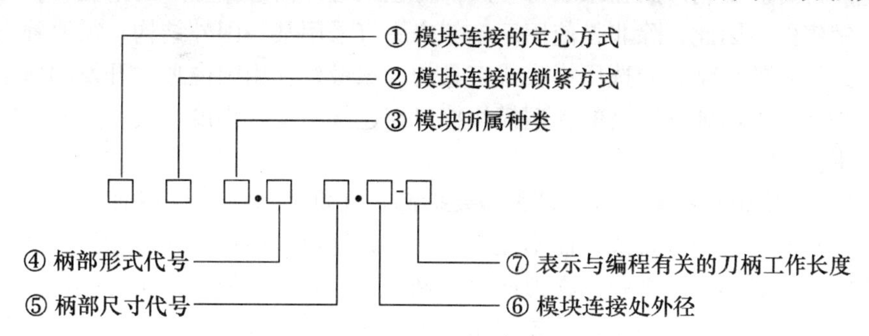

（1）模块连接的定心方式　TMG类型代号的十位数字（0~6）。

（2）模块连接的锁紧方式　TMG类型代号的个位数字（0~8）。

（3）模块所属种类　模块类别标志，一共有5种：A——标准主柄模块；AH——带冷却环的主柄模块；B——中间模块；C——普通工作模块；CD——带刀具的工作模块。

（4）柄部形式代号　表示锥柄形式，如MT、MW和TS等。

（5）柄部尺寸代号　表示柄部尺寸（锥度号）。

（6）模块连接处外径　表示主柄模块和刀具模块接口处的外径。

（7）表示与编程有关的刀柄工作长度　指主柄圆锥大端直径至前端面的距离或中间模块前端到其与主柄模块接口处的距离。

TMG模块型号示例：

21A. A40. 25-50——TMG21工具系统的主柄模块，单圆柱面定心，径向销钉锁紧，主柄部按ISO 7388. 1—2008中A型结构，规格为40号，模块接口部分的名义外径为25mm，主柄圆锥大端直径至前端面的轴向长度为50mm。

21B. 32/25-40——TMG21工具系统的中间模块，单圆柱面定心，径向销钉锁紧，靠近主柄一端的模块外径为32mm，靠近工作一端的模块外径为25mm，接长长度为40mm。

3. 镗铣类模块式数控工具系统的选用

尽管模块式工具系统有适应性强、通用性好、便于生产、使用和保管等优点，但是，并不是说整体式工具系统将全部被取代，也不是说都改用模块式组合刀柄就最合理。正确的做法是根据具体加工情况来确定采用哪种结构。因为单是满足一项固定的工艺要求（如钻一个ϕ30mm的孔），一般只需配一个通用的整体式刀柄即可，若选用模块式组合结构，经济上并不合算。只有在要求加工的品种繁多时，采用模块式结构才是合理的。再有，精镗孔需要许多尺寸规格的镗杆，应优先考虑选用模块式结构；而在铣削箱体外廓平面时，以选用整体式刀柄为最佳。对于已拥有多台数控镗铣床、加工中心的厂家，尤其是在这些机床要求使用不同标准、不同规格的工具柄部时，选用模块式工具系统将更经济。因为除了主柄模块外，其余模块可以互相通用，这样就减少了工具储备，提高了工具的利用率。至于选用哪种模块式工具系统，应考虑以下几个方面。

1）模块接口的连接精度、刚度要满足使用要求。因为有些工具系统的模块连接精度很高，结构又简单，使用很方便。如Rotaflex工具系统用于精加工（如坐标镗床用）效果较好，但当既要粗加工又要精加工时，就不是最佳选择，在刚性和拆卸方面都会出现问题。

2）看所选用的结构在国内是否有生产厂家，看属于国外专利的模块结构，生产厂家是否已取得生产许可。专利产品在未取得生产许可也未与外商合作生产的情况下，是不能仿制成商品进行销售的。因此，除非是使用厂多年来一直采用某一国外结构，需要补充购买相同结构的模块式工具外，刚开始选用模块式工具的厂家最好选用国内独立开发的新型模块式工具，因为经检测，国内独立开发的新型模块接口在连接精度、刚度、使用方便性等方面均已达到较高水平。

3）在机床上使用时看模块接口是否需要拆卸。在重型行业中应用时，往往只需更换前部工作模块，这时要选用侧紧式，而不能选用中心螺钉拉紧结构。在机床上使用时，模块之间不需要拆卸，而是作为一个整体在刀库和主轴之间重复装卸使用，中心螺钉拉紧方式的工具系统因其锁紧可靠、结构简单而比较实用。

4. 高速铣削用工具系统

当代机械加工技术正向着高效、精密、柔性、自动化方向发展，目前，转速达20000～60000r/min的高速加工中心的应用，对工具的连接系统提出了更高的要求。因此，高速加工所使用的工具系统必须满足以下需求：有很高的几何精度和装夹重复精度；有很高的装夹刚度；高速运转时安全可靠。

传统主轴的7∶24前端锥孔在高速旋转时，由于离心力的作用会发生膨胀，膨胀量的大小随着旋转半径与转速的增大而增大，主轴锥孔成喇叭状扩张，如图5-17所示。但是与它配合的7∶24实心刀柄则膨胀量较小，因此锥柄的连接刚度降低，在拉杆拉力的作用下轴向位置发生变化，精度降低，动平衡性能变差。目前，改进的主要途径是将原来仅靠锥面定位改为锥面与端面同时定位。这种方案最有代表性的是德国的HSK刀柄、美国的KM刀柄及日本的BiG-plus刀柄等。

德国HSK双面定位型空心刀柄是一种典型的1∶10短锥面工具系统，其工作原理如图5-18所示。由于短锥有严格的制造公差要求和弹性薄壁，在拉杆轴向拉力的作用下，短锥产生一定变形，使锥面和端面共同实现定位和夹紧（过定位）。其主要优点为：结合刚度高；锥部短，空心结构质量轻，自动换刀快；其轴向定位精度比7∶24锥柄提高3倍；采用1∶10锥度空心结构，楔紧效果较好，具有较强的抗扭能力；安装精度较高。HSK已列入国际标准，根据不同的工作需要，HSK系统分为6种型号（图5-19）：HSK-A、HSK-B、HSK-C、HSK-D、HSK-E和HSK-F，其中常用的有3种：HSK-A（带内冷自动换刀）、HSK-C（带内冷手动换刀）和HSK-E（带内冷自动换刀，高速型）。每种型号又有多种规格。

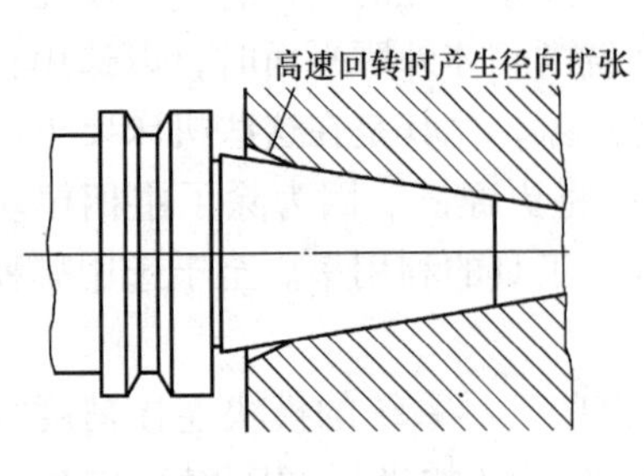

图5-17　高速运转时主轴锥孔扩张

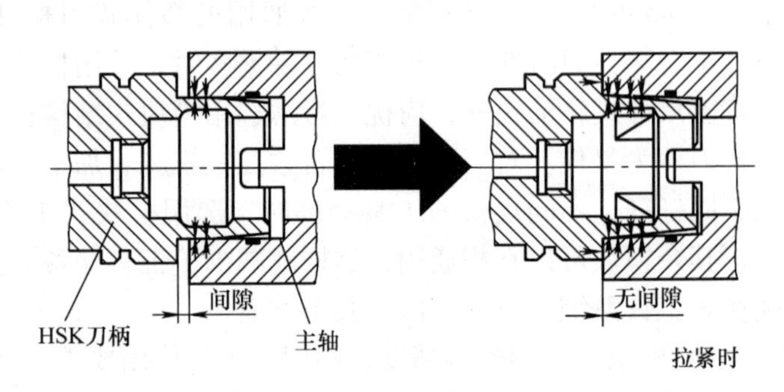

图5-18　HSK刀柄与主轴连接工作原理

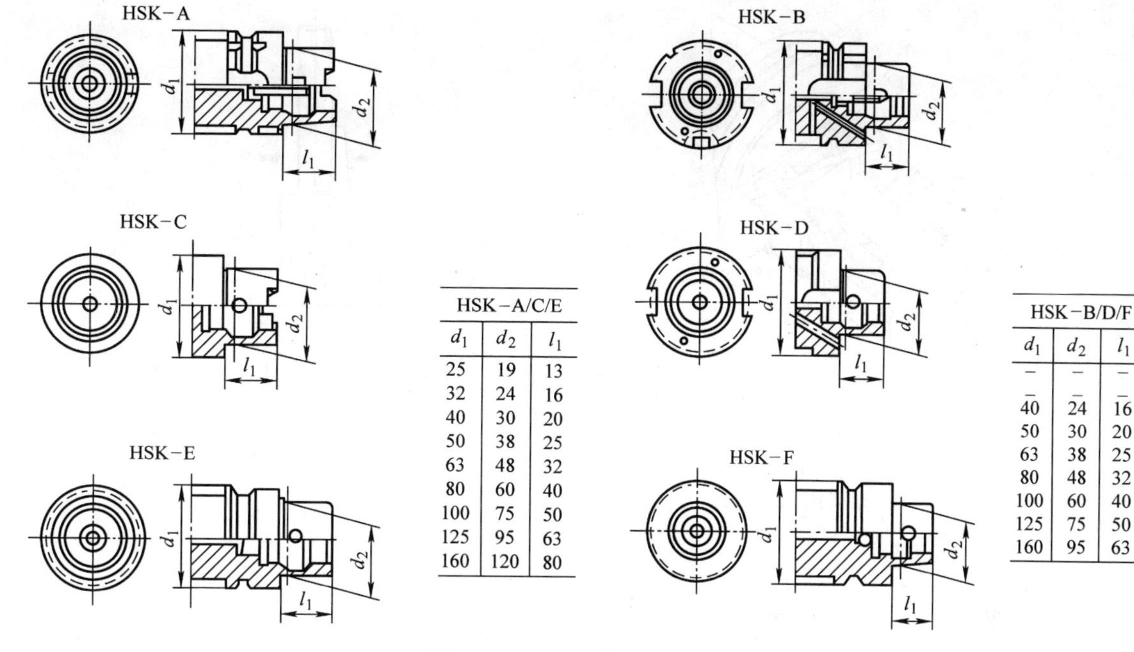

HSK−A/C/E		
d_1	d_2	l_1
25	19	13
32	24	16
40	30	20
50	38	25
63	48	32
80	60	40
100	75	50
125	95	63
160	120	80

HSK−B/D/F		
d_1	d_2	l_1
–	–	–
–	–	–
40	24	16
50	30	20
63	38	25
80	48	32
100	60	40
125	75	50
160	95	63

图 5-19 HSK 系统的 6 种型号

但 HSK 系统与 7∶24 主轴结构和刀柄不通用，并且由于其采用过定位安装，制造难度大，制造成本高，因此，并不能完全取代目前所用的 7∶24 锥度的刀柄。

高速加工时，机床和刀具对刀柄有以下要求：

1）要求小的径向圆跳动量。根据经验，径向圆跳动量增加 0.01mm，硬质合金铣刀和钻头寿命将下降 50%。

2）要求高的夹紧力。如果加工过程中刀具没有夹紧，在刀柄中可移动，则刀具和加工零件都会损坏。高速加工时，因为离心力大，显著地降低了可传递的转矩，原来工具系统的弹簧夹头、螺钉等传统的刀具装夹方法已不能满足高速加工的需要。为此，德国一些公司开发了高精度静压膨胀式刀柄，如图 5-20 所示。通过使用内六角圆柱头螺栓扳手拧紧加压螺栓 1，提高油腔 2 内的油压，促使油腔内壁 3 均匀径向膨胀，从而起到夹紧刀具 5 的作用。这种刀柄具有精度高（定位精度≤3μm）、传递转矩大、结构对称性好、外形尺寸小等优点，是高速铣削中不可缺少的辅助工具。此外，某些公司还开发生产了热膨胀刀柄，如图 5-21 所示。它是将刀柄夹持部分通过专门生产的热感应装置加热至 300℃左右，使其在短时间内产生热膨胀，将刀具柄部插入夹持部分，刀柄冷却收缩后产生很大的径向夹紧力，将刀具牢固夹持。其夹紧力比静压膨胀式刀柄大。该夹紧方式大量用于高速加工中心，刀柄外径很小，与工件趋近性很好。

3）要求达到动平衡。高速切削时，不平衡的工具系统会产生很大的离心力，使机床和刀具产生振动。其结果一方面影响工件的加工精度和表面质量，另一方面影响主轴轴承和刀具寿命。所以高速铣削的刀柄都应进行动平衡。目前还没有制定专门的平衡标准，一般要达到 G2.5 动平衡指标。

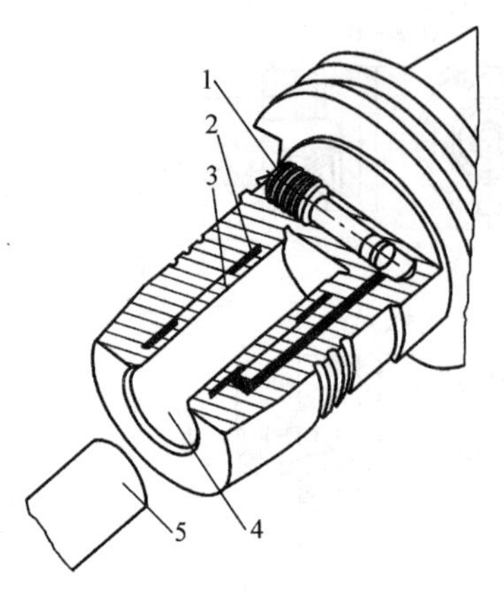

图 5-20　静压膨胀式刀柄
1—加压螺栓　2—油腔
3—油腔内壁　4—装刀孔　5—刀具

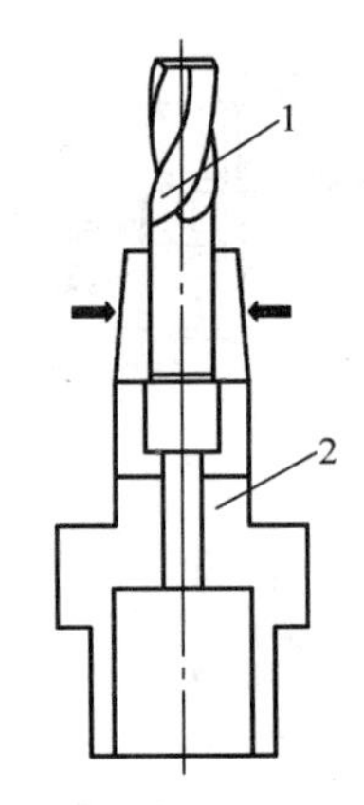

图 5-21　热膨胀刀柄
1—刀具　2—刀柄

单元 3　车削类数控工具系统

数控车床的刀具必须有稳定的切削性能，能够承受较高的切削速度，能稳定地断屑和卷屑，能快速更换且能保证较高的换刀精度。为达到上述要求，数控车床也应像数控铣床一样，有一套较为完善的工具系统。

车削类数控工具系统是车床刀架与刀具之间各连接环节（包括各种装车刀的非动力刀夹及装钻头、铣刀的动力刀柄）的总称，作用是使刀具能快速更换和定位，以及传递回转刀具所需的回转运动。它通常是固定在回转刀架上，随之作进给运动或分度转位，并从刀架或转塔刀架上获得自动回转所需的动力。

车削类数控工具系统的组成和结构与下列因素有关。

1. 机床刀架的形式

常见数控车床刀架形式如图 5-22 所示。机床刀架形式不同，刀具与机床刀架之间的刀夹、刀座也不同。

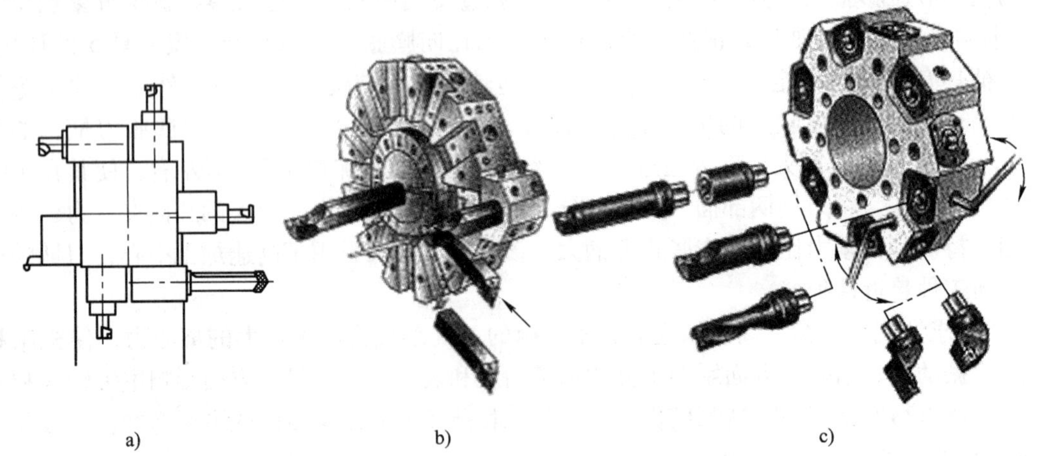

图 5-22　常见数控车床刀架形式
a）四方刀架　b）径向装刀盘形刀架　c）轴向装刀盘形刀架

2. 刀具类型

刀具类型不同，所需的刀夹也不同，如钻头和车刀的刀夹就不同。

3. 工具系统中有无动力驱动

有动力驱动的刀夹与无动力驱动的刀夹的结构显然不同。

CZG 整体式车削类数控工具系统（图 5-23）在我国已普及使用，它相当于德国标准 DIN69880，在国际上被广泛采用。

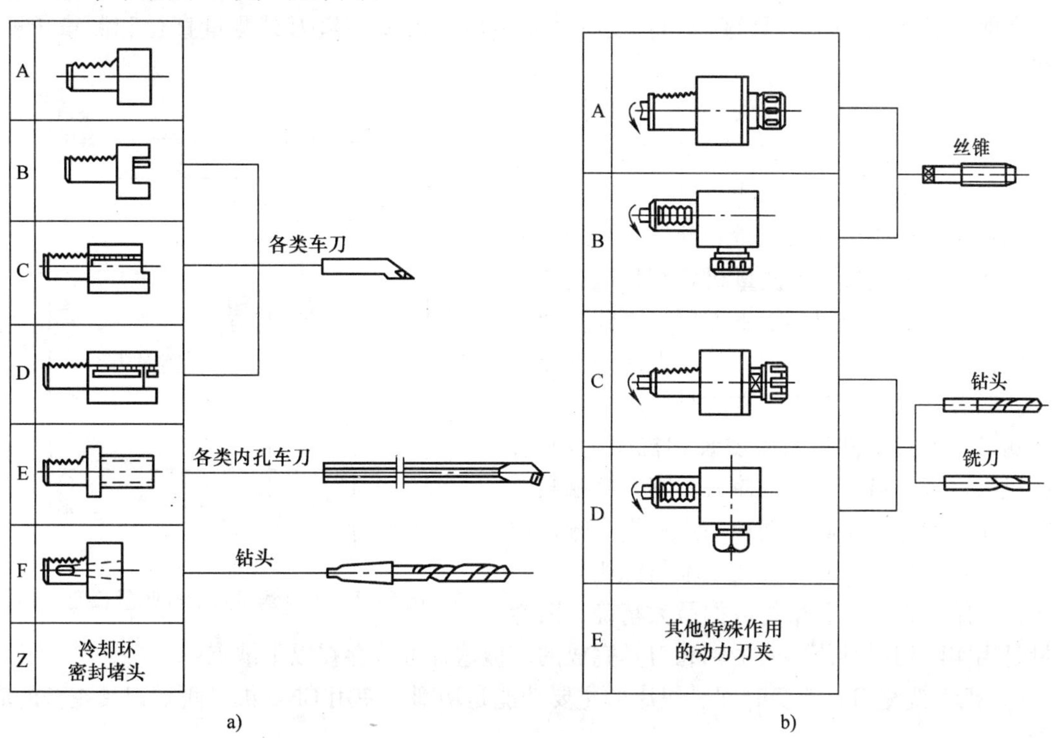

图 5-23　CZG 整体式车削类数控工具系统
a）非动力刀夹组合形式　b）动力刀夹组合形式

CZG 车削工具系统与数控车床刀架连接的柄部由一个圆柱和法兰组成（图 5-24）。在圆柱的削平部分铣有与其轴线垂直的齿纹。在数控车床的圆盘刀架的轴向设有安装刀夹柄部的圆柱孔，在圆盘刀架的径向安装着一个由内六角圆柱头螺钉驱动的可移动楔形齿条，该齿条与刀夹柄部上的齿纹相啮合，并沿刀柄轴向有一定错位。由于存在这个错位，在旋转螺栓，楔形齿条移动，径向压紧刀夹柄部的同时，使柄部的法兰紧密地贴紧在刀架的端面上，并产生足够的拉紧力。

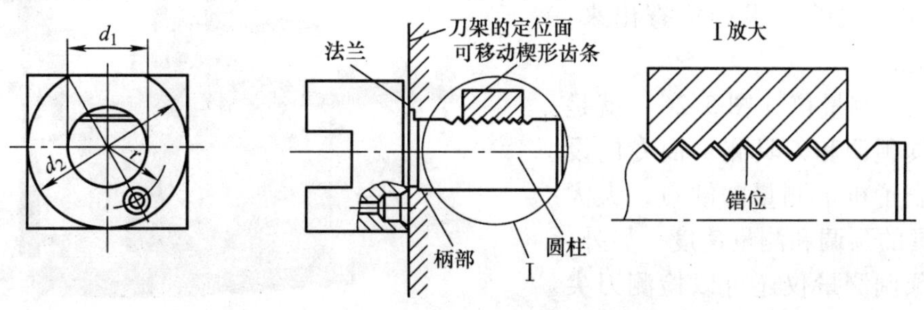

图 5-24　CZG 车削类数控工具系统柄部形状

CZG 车削工具系统具有装卸简便、快捷，刀夹重复定位精度高，连接刚度高等优点。

模块 5　刀具预调测量仪

单元 1　刀具预调概述

在使用 CNC 系统的刀具直径和长度补偿功能时，需要知道刀具测量直径和测量长度，如图 5-25 所示。

获得刀具尺寸的方法有两种：一是使用测量装置；二是采用机床本身进行测量。测量装置包括量具、光学比较仪、坐标测量机、预调量规和预调测量仪等。使用量具测量和预调刀具的精度较差。光学比较仪或坐标测量机各有其适用的领域，用来测量和预调刀具很不方便。因此，使用刀具预调测量仪测量和预调刀具是理想的选择。

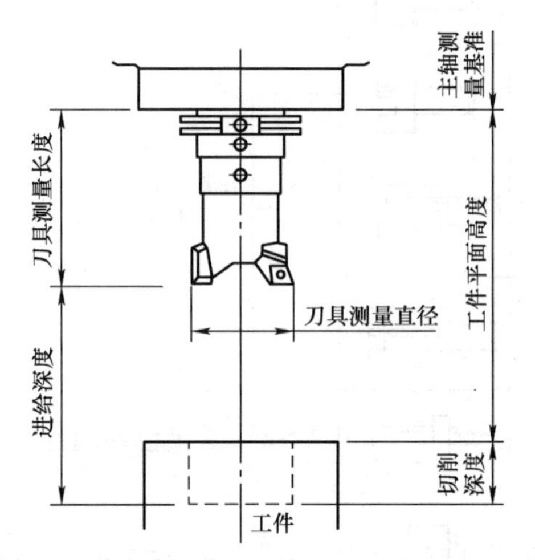

图 5-25　刀具测量直径和测量长度

获取刀具尺寸最常用的方式是使用机床本身进行测量。刀具组件经刀库安装到机床主轴上，然后机床定位于指定位置，使刀具刚好接触某一已知平面，操作者将此数据和一系列指令输入控制器中。获取直径尺寸的方式基本与此相同。一般来说，用这种方式获得的数据最为精确，因为测量是用实际切削时使用的主轴和刀具完成的。但这种方法存在以下缺点：

1）机上调整刀具浪费时间。机床的主要功能是切削，使用 CNC 机床测量刀具花费的时间太多。

2）采用机上预调方式将刀具调整到指定尺寸非常困难。刀具锁紧在主轴上，操作者无法接触到调整螺钉。在多轴机床上，将刀具预调到指定长度要花费更多的时间，因为操作者必须将刀具从主轴上取下来进行调整。预调镗刀时，还要在试切上花费时间。

3）操作者没有机会和条件详细检查切削刀具的微观状况。刀片上的缺口或崩刃不能事先发现，结果是造成被加工表面质量或尺寸不合格。此外，刀具的圆跳动误差也很难检查出来，更难以修正。

刀具预调测量仪（图 5-26）就是为简化刀具预调和刀具测量而专门设计的，克服了机上测量的缺点，大大提高了刀具的预调和测量速度。另外，使用刀具预调测量仪还可以检测刀尖的角度、圆角和刃口情况等。

图 5-26　刀具预调测量仪

单元2　刀具预调测量仪的分类和选用

1. 刀具预调测量仪的分类

刀具预调测量仪按功能可分为镗铣类、车削类和综合类；按精度分为普通级和精密级。

（1）镗铣类刀具预调测量仪　主要用于测量镗刀、铣刀及其他带轴刀具切削刃的径向和轴向坐标位置。

（2）车削类刀具预调测量仪　主要用于测量车削刀具切削刃的径向和轴向坐标位置。

（3）综合类刀具预调测量仪　既能测量带轴刀具，又能测量车削刀具切削刃的径向和轴向坐标位置。

2. 刀具预调测量仪的选用

刀具预调测量仪的选用应该与数控机床相适应，即车削中心选用车削类刀具预调测量仪，镗铣类加工中心选择镗铣类刀具预调测量仪。对于既有车削中心又有镗铣类加工中心的用户，应该选择综合类刀具预调测量仪。

刀具预调测量仪的精度应该根据本单位加工零件的尺寸精度来定，在国家标准GB/T 22096—2008《刀具预调测量仪》中，对普通级和精密级刀具预调测量仪的各项精度指标都作出了明确规定。如在测量刀具半径时，普通级刀具预调测量仪的测量示值误差为IT7/3；精密级刀具预调测量仪的测量示值误差为IT5/3。这仅仅是刀具预调测量仪本身的测量示值误差，实际使用过程中还存在刀具本身误差、机床误差及二次传递误差等。一般情况下，用精密级刀具预调测量仪调刀后的加工误差为IT5～IT7，用普通级刀具预调测量仪调刀后的加工误差为IT7～IT9。因此，用户可根据本企业实际加工零件的情况，选择适当精度的刀具预调测量仪。

思考与练习

1. 对数控刀具有哪些特殊要求？
2. 试述生产中常用的刀具快换和自动更换方法。
3. 何谓数控刀具的工具系统？如何进行分类？
4. 模块式工具系统由哪几部分组成？
5. 整体式工具系统和模块式工具系统各有何特点？
6. 数控刀具的更换有哪些基本方式？各有什么优缺点？
7. 刀具预调测量仪按功能可分为哪几类？

螺纹刀具与齿轮刀具的应用

【教学目标】

最终目标：能正确选用螺纹刀具和齿轮刀具。

促成目标：

1）熟悉螺纹刀具的类型、结构及材料。

2）掌握螺纹刀具的正确选用方法。

3）熟悉齿轮刀具的类型、结构及材料。

4）掌握齿轮刀具的正确选用方法。

模块1　案 例 分 析

螺纹加工案例在项目一中的球体轴零件加工中已有叙述，这里不再赘述。

图6-1所示为某公司生产的齿轮零件立体图，图6-2所示为其零件图，材料为45钢，试分析该齿轮零件中批生产时的机械加工工艺过程，并确定齿形加工刀具。

图6-1　齿轮立体图

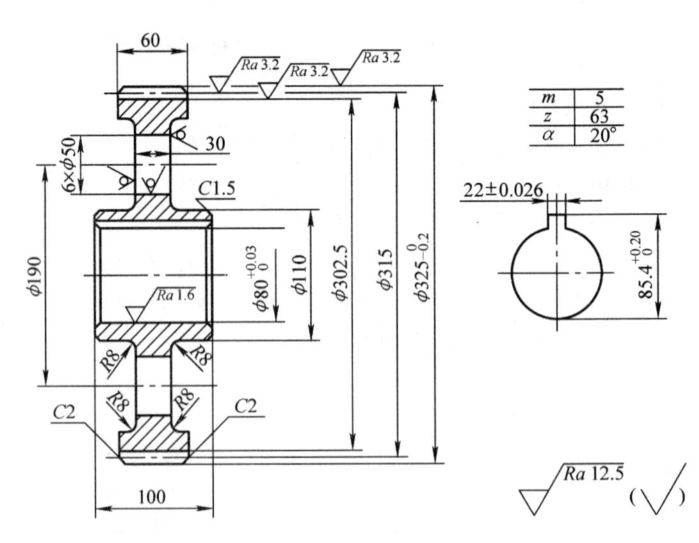

图6-2　齿轮零件图

单元1　技术要求分析

从图6-2可以看出，该齿轮内孔$\phi80^{+0.03}_{0}$mm的公差等级为IT7，基孔制，表面粗糙度

Ra 值为1.6μm；键槽宽（22±0.026）mm的公差等级为IT9，槽深85.4$^{+0.20}_{0}$mm的公差等级为IT10～IT11级，表面粗糙度 Ra 值为1.6μm；外圆 $\phi325^{0}_{-0.2}$mm的公差等级为IT9～IT10级，齿形为模数 $m=5$mm、齿数 $z=63$、压力角 $\alpha=20°$ 的标准渐开线齿轮，表面粗糙度 Ra 值为3.2μm；轮辐表面不加工，其余表面粗糙度 Ra 值为12.5μm。无几何公差要求。因此，内孔 $\phi80^{+0.03}_{0}$mm的精度和表面质量相对来讲要求较高。

从上述分析可以看出，齿轮的重要加工表面为 ϕ80H7内孔，它是加工齿形的基准；主要加工表面是齿形面和键槽。因此，保证 ϕ80H7内孔、齿形面、键槽的尺寸精度和表面质量，是该齿轮加工的关键。

单元2　工艺过程分析

制订工艺过程的依据是零件的结构、技术要求、生产类型和设备条件等。该齿轮属于盘类零件，ϕ80H7内孔、轮毂端面、外圆采用粗车→精车工序，齿形面采用滚齿工序，键槽采用插削工序。主要定位基准为 ϕ80H7孔和轮毂端面。

基于上面的分析，该齿轮中批生产时的加工工艺路线为：铸造→清砂→人工时效处理→粗车 ϕ80H7内孔、端面、外圆→划两侧加工线→精车 ϕ80H7内孔、端面、外圆→键槽划线→插键槽→滚齿→去毛刺→终检→入库。

单元3　设备及工艺装备的选择

1. 设备的选择

根据齿轮的外廓尺寸、加工精度及生产类型，加工设备选用通用机床。粗、精车 ϕ80H7内孔、端面、外圆选用C6163型车床，插键槽选用B5020型插床，齿形加工选用Y3150E型滚齿机。

2. 刀具的选择

根据零件的不同结构选择具体的刀具：75°外圆粗、精车刀各一把，分别用来粗、精车外圆和端面；60°内孔粗、精车刀各一把，分别用来粗、精车内孔；45°车刀一把，用于倒角；22mm宽插刀一把，用来插键槽；齿轮滚刀m5 A一把，用于齿形加工。

3. 量具的选择

因该零件的生产类型属于中批生产，因此量具以通用量具为主。内孔 ϕ80H7为IT7，可选用75～100mm的内径千分尺或专用塞规测量；键槽尺寸、齿轮厚度可选用0～150mm的游标卡尺测量；$\phi325^{0}_{-0.2}$mm外圆使用0～400mm的游标卡尺测量；齿轮几何参数采用公法线千分尺测量。

根据题意，需选择齿形加工用刀具。基于以上分析，齿形加工所用刀具为齿轮滚刀。图6-3所示为齿轮加工示意图。

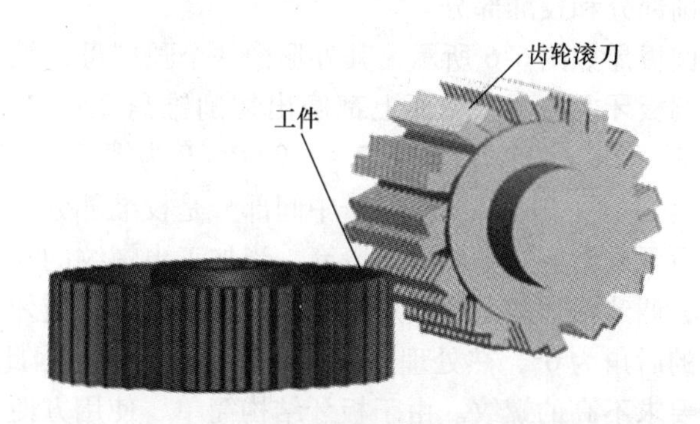

图6-3　齿轮零件齿形加工示意图

模块2 螺纹刀具

单元1 螺纹刀具的类型、特点及用途

螺纹刀具是加工内、外螺纹表面的刀具。按加工方法的不同，螺纹刀具可分为切削加工螺纹刀具和滚压加工螺纹刀具两大类。

1. 切削加工螺纹刀具

（1）螺纹车刀 螺纹车刀是一种刀具刃型由螺纹牙型决定的简单成形车刀，可用于加工各种内、外螺纹。加工精度为：外螺纹4h～5h，内螺纹5H～6H；表面粗糙度 Ra 值可达3.2～0.8μm。其加工范围广，通用性好，加工精度较高。但它工作时需多次走刀才能切出完整的螺纹廓形，故生产率较低，常用于中、小批量及单件螺纹的加工。

（2）螺纹梳刀 螺纹梳刀相当于一排多齿螺纹车刀，图6-4所示为较新颖的硬质合金螺纹梳刀。刀齿由切削部分和校准部分组成，切削部分做成切削锥，使切削负荷分配到几个刀齿上；校准部分齿形完整，起校准、修光作用。螺纹梳刀一次行程可以切出整个螺纹，所以其生产率比单刃螺纹车刀高。

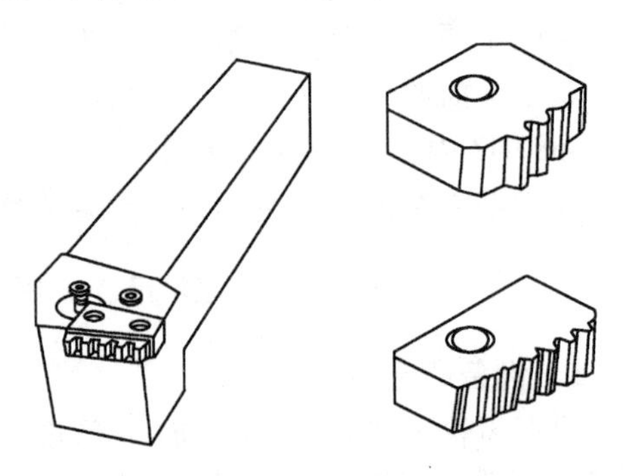

图6-4 螺纹梳刀

（3）螺纹铣刀 螺纹铣刀是用铣削方式加工内、外螺纹的刀具。按结构的不同，可分为盘形螺纹铣刀、梳形螺纹铣刀及高速铣削螺纹用铣刀盘等，如图6-5所示。加工精度为6h（6H）以下，表面粗糙度 Ra 值为6.3～3.2μm，生产率较高。因此，螺纹铣刀多用于加工批量大、直径较大、精度不高的螺纹或粗加工。

（4）丝锥 丝锥是加工各种内螺纹的标准刀具之一。丝锥结构简单，使用方便，生产率较高，在中、小尺寸的螺纹加工中应用广泛，可手用（小批或单件修配）或机用。

（5）板牙 板牙实质上是具有切削角度的螺母，是加工外螺纹的标准刀具之一。按照结构不同，板牙可分为圆板牙、方板牙、六角板牙、管形板牙和钳式板牙等。板牙的刀齿也分切削部分和校准部分。

圆板牙如图6-6所示，其外形像一个圆螺母，轴向开出3～8个容屑孔以形成切削齿前面。圆板牙左右两个端面上都磨出切削锥角 2ϕ ［M1～M6，$2\phi=50°$，$l_1=(1.3\sim1.5)P$；>M6时，$2\phi=40°$，$l_1=(1.7\sim1.9)P$，P 为螺距］，顶刃前角 $\gamma_p=20°\sim25°$，齿顶经铲磨形成后角 α_p（一般为5°～7°）。中间部分是校准部分，一端切削刃磨损后可换另一端使用，都磨损后可重磨容屑槽前面或废弃。当加工出螺纹的直径偏大时，可用片状砂轮在60°缺口处割开，调节板牙架上的紧定螺钉，使孔径收缩。板牙的螺纹廓形在内表面，很难磨制，校准部分的后角为0°，热处理后变形缺陷难以消除，因此，板牙只能加工精度为6h～8h、表面质量要求不高的螺纹。由于板牙结构简单、使用方便、价格低廉，故在单件、小批量生产及修配中应用很广泛。

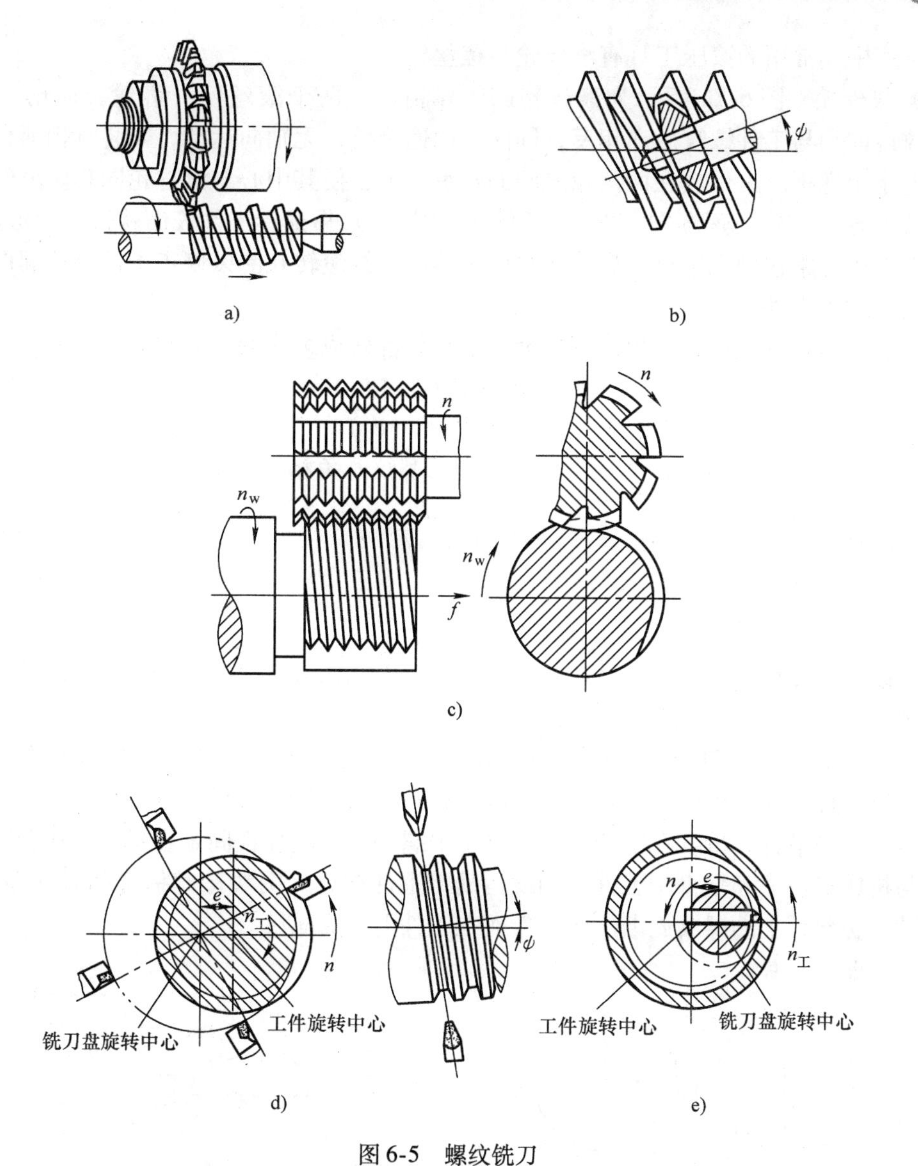

图 6-5　螺纹铣刀
a）盘形螺纹铣刀铣螺纹　b）盘铣刀安装位置　c）梳形螺纹铣刀铣螺纹
d）高速铣刀盘铣外螺纹　e）高速铣刀盘铣内螺纹

2. 滚压加工螺纹刀具

滚压加工螺纹刀具是利用金属材料表层塑性变形的原理来加工各种螺纹的高效工具，属于无屑加工。和切削螺纹相比，滚压螺纹的生产率高，加工出的螺纹质量较好，表面粗糙度值可达 $Ra0.8 \sim 0.2\mu m$；力学性能好，节省材料；滚压工具的磨损小，寿命长；加工费用低，机床简单。因此，滚压方法目前已广泛应用于螺纹、丝锥和量规等的

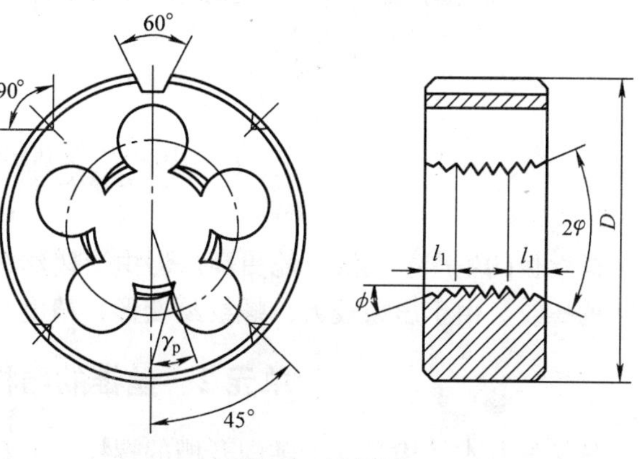

图 6-6　圆板牙

大批量生产中。常用的滚压工具有滚丝轮与搓丝板。

（1）滚丝轮　图6-7a所示为滚丝轮的工作情况。两个滚丝轮（静轮、动轮）平行安装，螺纹旋向均与工件螺纹旋向相反，同向、同速旋转，无轴向运动，安装时相啮合处齿纹应该相差半个螺距。工件放在两滚轮之间的支承板上，使其中心与滚丝轮同高。滚丝时，右面一个滚丝轮（动轮）逐渐向左面一个滚丝轮（静轮）靠拢，工件表面就被挤压形成螺纹。两滚丝轮的中心距达到预定尺寸后停止径向进给，继续滚转几圈以修正工件螺纹廓形，然后退出动轮，取下工件。

为增大滚丝轮的直径，以提高其刚度，滚丝轮都做成多线的，线数 n 为

$$n=\frac{\text{滚丝轮中径}（D_2）}{\text{工件中径}（d_2）}$$

滚丝轮中径的螺纹升角 ϕ 必须与工件中径的螺纹升角相等，即

$$\tan\phi=\frac{P_h}{\pi d_2}$$

式中　P_h——螺纹导程；

d_2——螺纹中径。

由于滚丝轮工作时的压力与转速是可调节的，因此能对直径大、强度高、刚性差的工件进行滚丝。

（2）搓丝板　图6-7b所示为搓丝板，由静板和动板组成一对使用。两搓丝板的螺纹旋向相同，与工件螺纹的旋向相反，搓丝板螺纹升角相同，等于被搓工件中径的螺纹升角。两搓丝板必须严格平行，齿纹在啮合处应错开半个螺距。搓丝静板固定在机床工作台上，搓丝动板则与机床滑块一起垂直于工件作轴线运动。工件在进入两块搓丝板之间时立即被卡住，工件滚动，搓丝板上的螺纹逐渐压入工件而在工件上形成螺纹。

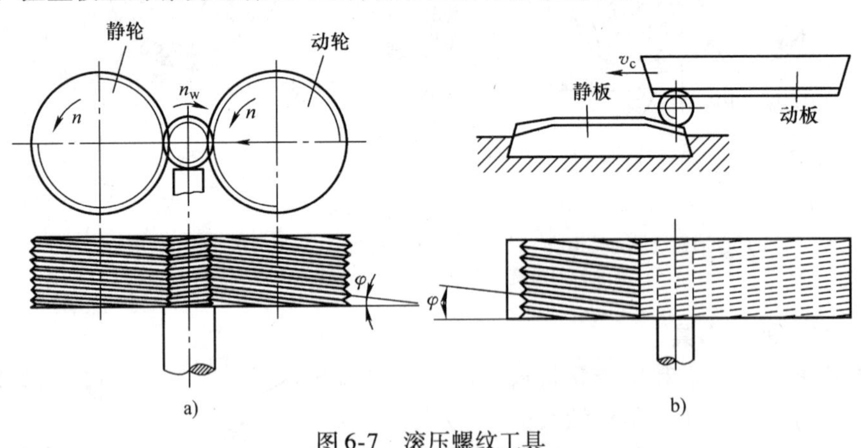

图6-7　滚压螺纹工具
a）滚丝轮　b）搓丝板

搓丝板的生产率比滚丝轮更高。但由于搓丝板行程受限制和压力较大，只能加工M3～M24的螺纹。由于压力较大，螺纹易变形，精度不及滚丝轮滚出的高，且不宜加工空心件。

单元2　丝锥的结构和几何参数

丝锥的基本结构是一个轴向开槽的螺栓。图6-8所示是最常用的普通螺纹丝锥，它由工

作部分和柄部两部分组成。工作部分分为切削部分与校准部分。切削部分铲磨出锥角 2ϕ，铲削量为 K，它担负着螺纹的切削工作，它的刀齿齿形不完整。校准部分有完整的齿形，以控制螺纹参数，并引导丝锥沿轴向运动。柄部方尾用于与机床连接，或通过扳手传递扭矩。丝锥轴向开槽以容纳切屑，同时形成前角。切削锥的顶刃与齿形侧刃经铲磨形成后角。丝锥的中心有锥心，用以保持丝锥的强度。

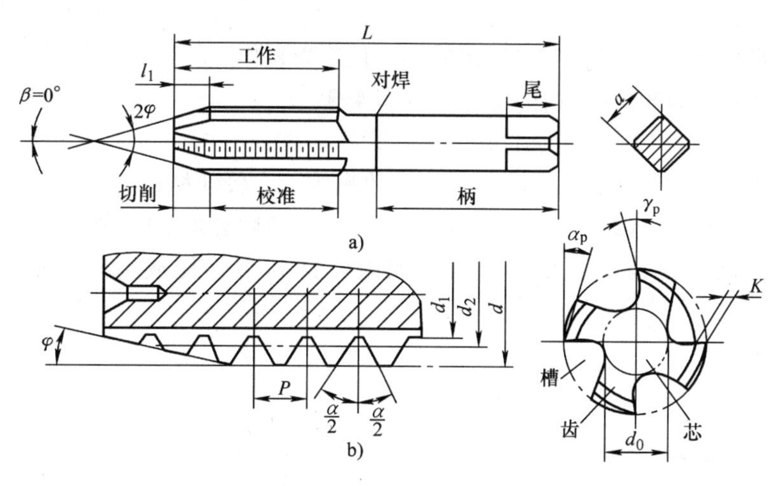

图 6-8　丝锥的结构

丝锥的切削运动是丝锥的旋转（主运动）与轴向移动（进给运动）组合成的螺旋运动。

丝锥的参数包括螺纹参数与切削参数两部分。螺纹参数有大径 d、中径 d_2、小径 d_1、螺距 P 及牙型角 α 等，由被加工的螺纹的规格来确定；切削参数有锥角 2ϕ、端剖面前角 γ_p（一般为 8°～10°）、后角 α_p（通常为 4°～6°）、槽数 Z（M10 以下为 3 槽，M11～M52 为 4 槽，更大则为 6 槽）等，根据被加工螺纹的精度和尺寸来选择。

由图 6-9 可知，锥角 2ϕ、切削部分长度 l_1 和原始三角形高度 H 之间的关系式为

$$\tan\phi = H/l_1 \tag{6-1}$$

刀齿每齿径向齿升量 a_f

$$a_f = P\tan\phi/Z \tag{6-2}$$

刀齿每齿切削厚度 h_D

$$h_D = a_f\cos\phi = P\sin\phi/Z \tag{6-3}$$

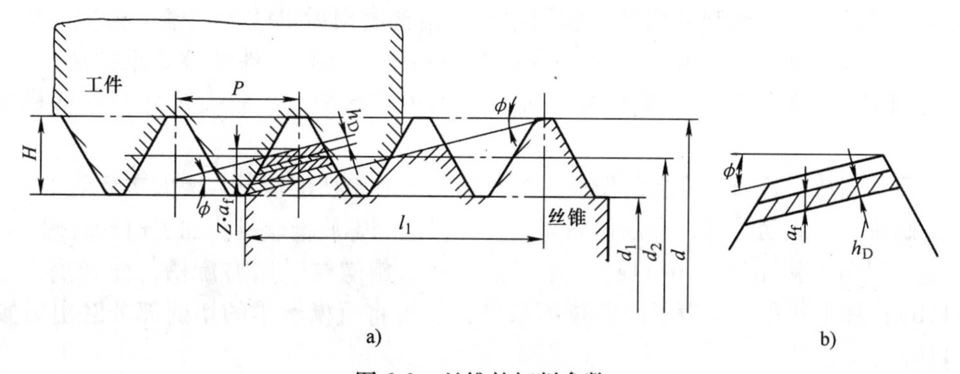

图 6-9　丝锥的切削参数
a）结构图　b）齿形放大图

式（6-1）、（6-2）、（6-3）表明，在螺距、槽数不变的情况下，切削锥角越大，齿升量与切削厚度越大，切削部分长度越小，则攻螺纹时导向性越差，加工表面的表面粗糙度值越大，进给力越大。如果切削锥角磨得过小，则齿升量与切削厚度减小，使切削变形增大，扭矩增大，切削部分长度增大，攻螺纹时间延长。

为解决以上矛盾，丝锥标准中推荐手用成套丝锥是2～3支为一组，成套丝锥的锥半角为：

头锥：锥半角较小，约为4°30′，切削部分长度为8牙。

二锥：锥半角约为8°30′，切削部分长度为4牙。

精锥：锥半角约为17°，切削部分长度为2牙。

一般材料攻通孔螺纹时，往往直接用二锥攻螺纹；在较硬材料上攻螺纹或攻尺寸较大的螺纹时，应使用2～3支成组丝锥。攻不通孔螺纹时，最后必须采用精锥。

从切削负荷的分配情况来说，有等径成组丝锥和不等径成组丝锥两种，如图6-10所示。

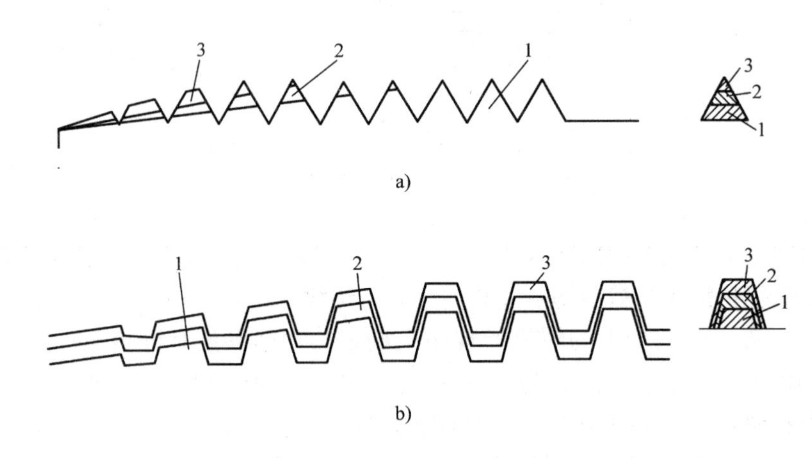

图6-10　成组丝锥切削图形设计

a）等径设计　b）不等径设计

1—头锥　2—二锥　3—精锥

一般情况下，当螺距$P \leqslant 2.5$mm时采用等径丝锥，一组中每支丝锥的外、中、内径相等，仅切削锥角不等，故制造简单，利用率高。精锥磨损后可改为二锥、头锥使用。不等径丝锥中，每支丝锥的外、中、内径不等，只有精锥才具有工件螺纹要求的廓形与尺寸。齿顶、齿侧均有切削余量，负荷分配合理，适用于较高精度、较大尺寸螺纹或梯形螺纹丝锥。

为了便于制造，普通丝锥通常做成直槽。但为了改善切削情况，增大实际前角，降低扭矩，提高螺纹加工表面质量，控制排屑方向，可以选用螺旋槽丝锥。加工通孔右螺纹时用左旋槽，使切屑向下排出（图6-11a）；加工不通孔右旋螺纹时用右旋槽，使切屑向上排出（图6-11b）；加工通孔时，为了改善排屑条件，还可将直槽丝锥的切削部分磨出刃倾角λ_s（图6-11c）。

机用丝锥常用单支；加工直径大、材料硬度高、韧性好的螺纹孔，有时采用2～3支。

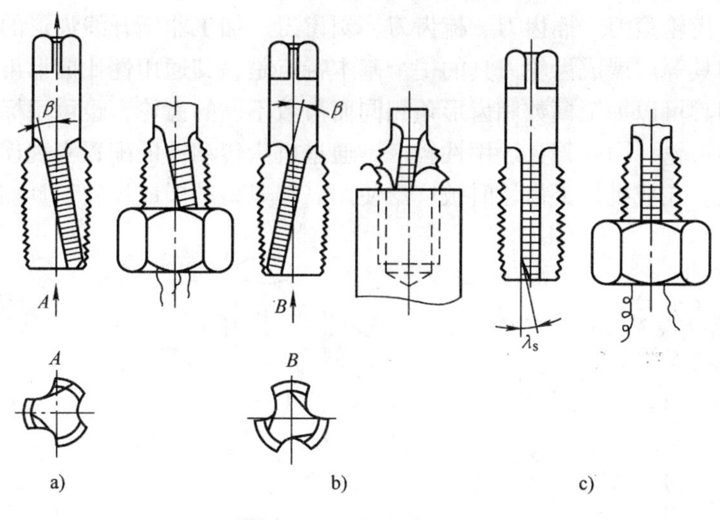

图 6-11　丝锥容屑槽方向

模块 3　齿 轮 刀 具

单元 1　齿轮刀具的分类

按照齿形的形成原理，齿轮刀具可以分为两大类：成形齿轮刀具和展成齿轮刀具。

1. 成形齿轮刀具

成形齿轮刀具的切削刃廓形与被切直齿齿轮端剖面的形状相同。典型的有：

（1）盘形齿轮铣刀　图 6-12a 所示是一把铲齿成形铣刀，可加工直齿轮与斜齿轮。

（2）指形齿轮铣刀　图 6-12b 所示是一把成形立铣刀，常用于加工大模数的直齿轮和斜齿轮，并能加工人字齿轮。

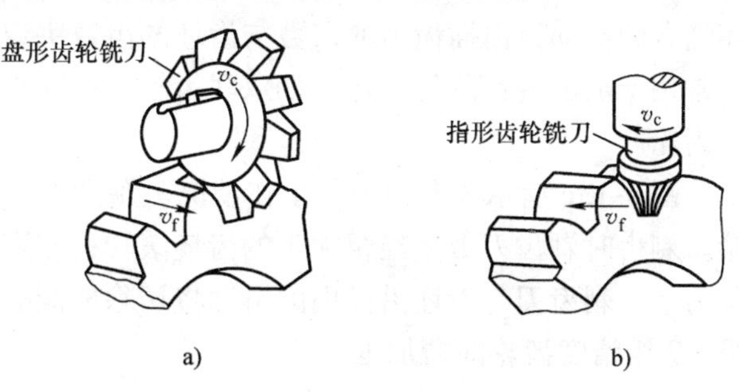

图 6-12　成形齿轮刀具

成形齿轮刀具的优点为结构简单、成本低、加工方法简单，可在普通铣床上加工，无需专门的齿轮加工设备。其缺点为：刀具本身存在理论误差，制造精度低；每铣完一齿要进行分度，故加工精度和生产率较低。常用于单件、修配或少量生产及精度要求不高的齿轮加工。

2. 展成齿轮刀具

这类刀具切削刃的廓形不同于被切齿轮任何剖面的槽形。切齿时除主运动外，还需有刀具与齿坯的相对啮合运动，称为展成运动。工件齿形是由刀具齿形在展成运动中的若干位置包络切削形成的。用这类刀具加工齿轮时，刀具本身就像一个齿轮，它和被加工的齿轮各自按啮合关系要求的速比转动，而由刀具齿形包络出齿轮的齿形。

这类刀具有齿轮滚刀、插齿刀、梳齿刀、剃齿刀、加工非渐开线齿形的各种滚刀、蜗轮刀具和锥齿轮刀具等。展成齿轮刀具的一个基本特点是，其通用性比成形齿轮刀具好，用同一把展成齿轮刀具可以加工模数和齿形角相同而齿数不同的齿轮，也可用标准刀具加工不同变位系数的变位齿轮，因此刀具通用性较广。通过机床传动链的配置实现连续分度，加工精度与生产率较高，在成批加工齿轮时被广泛使用。较典型的展成齿轮刀具如图 6-13 所示。

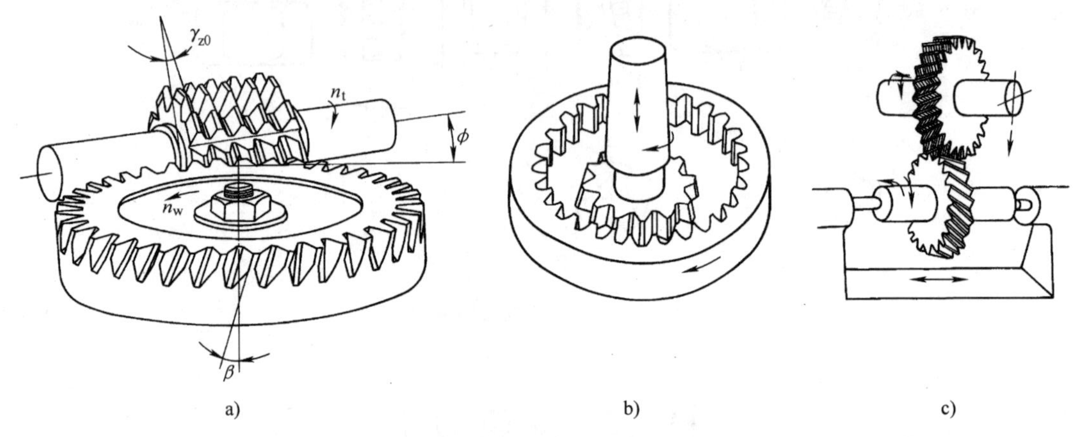

图 6-13 展成齿轮刀具
a）齿轮滚刀 b）插齿刀 c）剃齿刀

图 6-13a 所示为齿轮滚刀的工作情况。滚刀相当于一个开有容屑槽的、有切削刃的蜗杆状螺旋齿轮。滚刀与齿坯啮合的传动比由滚刀的头数和齿坯的齿数决定，在展成滚切过程中切出齿轮齿形。滚齿可对直齿轮或斜齿轮进行粗加工或半精加工。

图 6-13b 所示为插齿刀的工作情况。插齿刀相当于一个有前、后角的齿轮。插齿刀与齿坯啮合的传动比由插齿刀的齿数与齿坯的齿数决定，在展成滚切过程中切出齿轮齿形。插齿刀常用于加工带台阶的齿轮，如双联齿轮、三联齿轮等，尤其能加工内齿轮及无空刀槽的人字齿轮。

图 6-13c 所示为剃齿刀的工作情况。剃齿刀相当于齿侧面开有屑槽形成切削刃的螺旋齿轮。剃齿时剃齿刀带动经粗加工的齿坯滚转，相当于一对螺旋齿轮的啮合运动。在一定啮合压力下，剃齿刀与齿坯沿齿面的滑动将切除齿侧的余量，完成剃齿工作。剃齿刀一般用于 6 级、7 级精度齿轮的精加工。

单元 2 齿轮刀具的选用

根据不同的生产要求和条件，选用合适的齿轮刀具是很重要的。以上各类齿轮刀具中，加工渐开线圆柱齿轮的刀具应用最为广泛；而在这类刀具中，又以齿轮滚刀最为常用。因为它的加工效率较高，也能保证一般齿轮的精度要求，而且既能加工外啮合的直齿齿轮，又能加工外啮合的斜齿齿轮。

插齿刀的优越性主要在于既能加工外啮合齿轮，也能加工内啮合齿轮，还能加工有台阶的齿轮，如双联齿轮、三联齿轮和人字齿轮等。但因其切削方式是插削，所以加工直齿齿轮需用直齿插齿刀，而加工斜齿齿轮需用斜齿插齿刀。插齿刀尤其能加工内齿轮及无空刀槽的人字齿轮，故在齿轮加工中应用很广。

经过滚齿和插齿的齿轮，如果需要进一步提高加工精度和降低表面粗糙度值，可用剃齿刀进行精加工。

孔径小的内齿轮或渐开线内花键，用拉刀拉削是唯一的方法，这不但能保证高效率和高精度，而且能得到光洁的齿面。

对于精度要求不高的单件或小批量齿轮，采用盘形齿轮铣刀加工是比较方便和经济的。对于模数和直径特别大的齿轮，用指形齿轮铣刀加工，可以起到“蚂蚁啃骨头”的作用。

在锥齿轮刀具中，成对刨刀是多年来加工直齿锥齿轮的基本刀具，由于其加工效率和精度不高，现已逐渐被成对盘铣刀所代替。在生产批量较大的情况下，还可采用效率更高的铣刀盘来加工。

单元3　齿轮铣刀

齿轮铣刀一般做成盘形，可用于加工模数 $m=0.3\sim16$mm 的圆柱齿轮，其廓形由齿轮的模数、齿数和分度圆压力角确定。

根据渐开线形成原理，模数、压力角相同，齿数不同，它们的齿廓各不相同，为此，加工相同模数和压力角但齿数不同的齿轮都要制造一把专用铣刀，这很不经济。为减少铣刀的储备，每一种模数的铣刀，由8或15把组成一套，每一刀号用于加工某一齿数范围的齿轮，见表6-1。标准齿轮铣刀当模数 $m=0.8\sim8$mm 时用8把一套的，$m=9\sim16$mm 时用15把一套的。

表6-1　齿轮铣刀的刀号及其加工齿数

铣刀号	1	$1\frac{1}{2}$	2	$2\frac{1}{2}$	3	$3\frac{1}{2}$	4	$4\frac{1}{2}$	5	$5\frac{1}{2}$	6	$6\frac{1}{2}$	7	$7\frac{1}{2}$	8
8把一套	12~13	—	14~16	—	17~20	—	21~25	—	26~34	—	35~54	—	55~134	—	≥135
15把一套	12	13	14	15~16	17~18	19~20	21~22	23~25	26~29	30~34	35~41	42~54	55~79	80~134	≥135

表6-1中每种刀号的齿形是按加工齿数范围中的最小齿数设计的。如加工的齿数不是范围中最小者，将有齿形误差，使加工的齿轮除分度圆处以外的齿厚变薄，增大了齿侧间隙。

在单件和修配工作中，齿轮铣刀也可用于加工斜齿轮。此时需按齿轮的法向模数 m_n 选择铣刀模数，按法平面的当量齿数 z_v 选择铣刀刀号，其值为

$$z_v=z/\cos^3\beta \tag{6-4}$$

式中　β——分度圆螺旋角；

z——斜齿轮实际齿数。

因为斜齿轮的法平面不是渐开线，加上选择刀号、分度等误差，所以用齿轮铣刀加工斜齿轮的精度不高于9级。

加工低精度的直齿锥齿轮时，也可近似采用齿轮铣刀。这种铣刀的齿形按大端面齿形设计，齿厚按小端面齿形计算，分度圆压力角为20°。选择铣刀号时，需按齿轮锥面上的当量齿数 z_v 选取

$$z_v=z/\cos\delta \tag{6-5}$$

式中 δ——锥齿轮分度圆锥角。

单元4 齿 轮 滚 刀

1. 齿轮滚刀的工作原理

齿轮滚刀是根据展成法原理，用于加工外啮合的直齿轮和斜齿轮的刀具。加工齿轮的模数范围为0.1～40mm，且同一把齿轮滚刀可加工相同模数的任意齿数的齿轮。

如图6-14所示，齿轮滚刀加工齿轮时相当于一对交错轴啮合的斜齿轮。滚刀是其中一个齿数少的斜齿轮，滚刀的头数就是斜齿轮的齿数，通常有一个或两个，每一个绕轴线很多圈，形成了蜗杆状的圆柱齿轮。

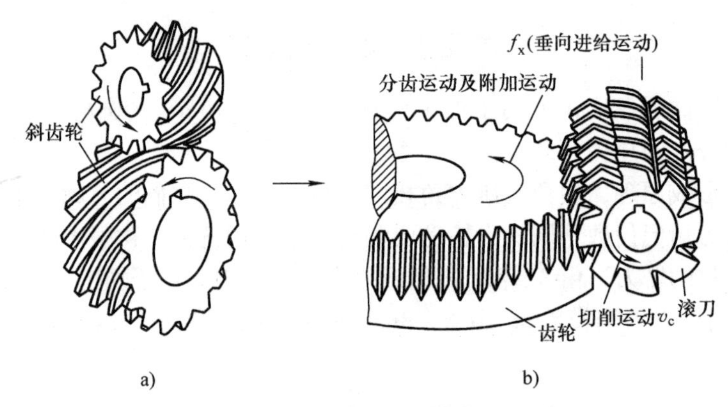

图6-14 滚齿相当于一对交错轴斜齿轮啮合
a) 交错轴斜齿轮副 b) 滚齿运动

为了使这个蜗杆能起切削作用，须沿其长度方向开出好多容屑槽（直槽或螺旋槽），因此把蜗杆上的螺纹割成许多较短的刀齿，并产生了前面2和切削刃3（图6-15），每个刀齿有一个顶刃和两个侧刃。为了使刀齿有后角，还要用铲齿的方法铲出左、右侧后面4和顶后面1，但是各个刀齿的切削刃必须位于这个相当于斜齿圆柱齿轮蜗杆的螺纹表面上，因此这个蜗杆就称为滚刀的基本蜗杆。基本蜗杆的螺纹通常做成右旋的，有时也做成左旋的。

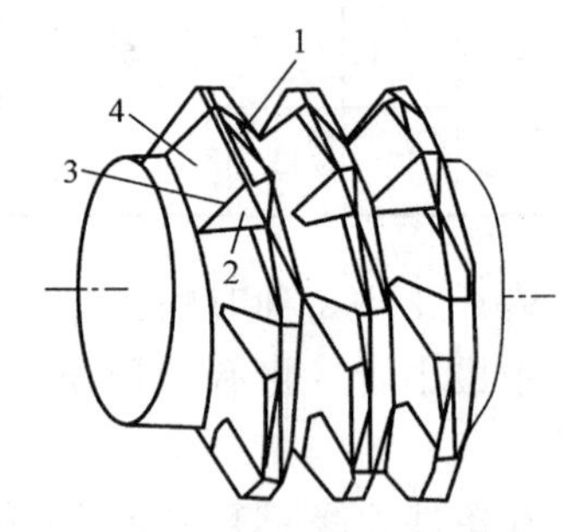

图6-15 齿轮滚刀的基本蜗杆
1—顶后面 2—前面
3—切削刃 4—侧后面

滚刀与齿坯啮合应满足：被切齿轮的法向模数 m_n 和分度圆压力角 α 与滚刀的法向模数和法向廓形角相同。

滚齿的主运动是滚刀的旋转运动，进给运动包括齿坯的转动及滚刀沿工件轴线向下的移动。调节滚刀与工件的径向距离，即可控制滚齿时的背吃刀量。滚切斜齿轮时，工件还有附加转动，它与滚刀的进给运动配合，可在工件圆柱表面上切出螺旋齿槽。

为保持滚刀与工件齿向一致，滚刀的轴线相对工件端面需倾斜一个安装角 ϕ，如图6-16所示。当滚刀与被切齿轮的旋向相同时，$\phi=\beta-\lambda_o$，β 为被切齿轮螺旋角，λ_o 为滚刀分圆柱上的导程角；如滚刀与被切齿轮旋向相反，则 $\phi=\beta+\lambda_o$；被切齿轮是直齿轮时，$\beta=0°$，故 $\phi=\lambda_o$。

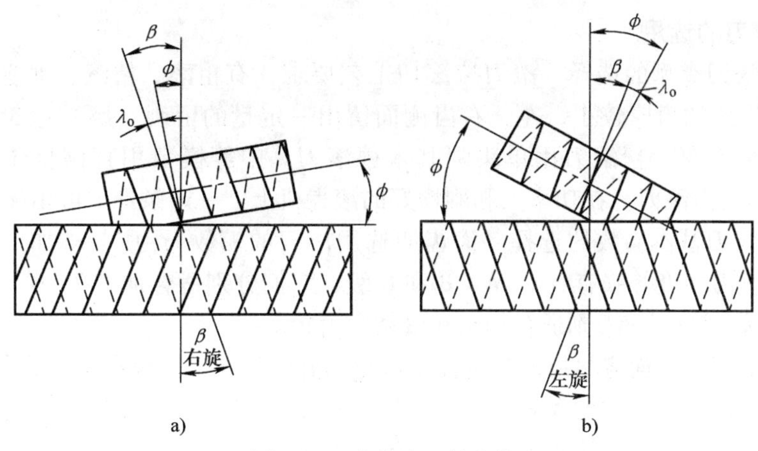

图6-16　齿轮滚刀的安装

a）螺旋线旋向一致　b）螺旋线旋向相反

2. 齿轮滚刀的结构

（1）齿轮滚刀的结构形式　齿轮滚刀按其结构不同，可分为整体滚刀和镶齿滚刀两种。中小模数的滚刀常做成整体式的。GB/T 6083—2001《齿轮滚刀　基本型式和尺寸》规定了标准齿轮滚刀的基本形式和主要结构尺寸。

大、中模数的滚刀可采用镶齿结构。目前生产中使用硬质合金滚刀很多，它比高速工具钢滚刀的寿命和生产率均有较大提高。用于加工仪表齿轮的小模数（0.1～0.9mm）硬质合金滚刀做成整体式，用于大、中模数的硬质合金滚刀有焊接式和镶齿式结构。图6-17所示为镶焊YT14或YT5硬质合金刀片的刮削滚刀，用于精加工45～60HRC硬齿面齿轮，它可纠正齿轮淬火后的变形误差及降低齿面的表面粗糙度值，起到以滚代磨作用。

（2）齿轮滚刀的结构特点　滚刀相当于一个斜齿轮，故其外径是可以自由选定的。增大外径，能使孔径 d 加大，有利于提高心轴的刚性及滚齿效率。滚刀外径越大，则分圆柱导程角越小，可使廓形误差减小，同时也可使容屑槽数 z_k 增加，减小齿面的包络误差。但大直径滚刀将增加刀具材料的消耗并给锻造、热处理工艺带来困难。所以齿轮滚刀标准中将直径分成Ⅰ型和Ⅱ型两个系列，Ⅰ型为大直径系列，适用于GB/T 6084—2001规定的AA级高精度滚刀；Ⅱ型外径比Ⅰ型相应规格小25%～30%，适用于GB/T 6084—2001规定的AA、A、B、C级精度滚刀。此外，Ⅰ型大直径系列滚刀长度 L 也比Ⅱ型滚刀的长些。

标准齿轮滚刀和精加工滚刀的前角通常为0°。粗加工滚刀为改善切削条件，前角可取12°～15°。如图6-18所示，滚刀的齿顶切削刃后角 $\alpha_p=10°\sim12°$，齿侧切削刃上后角 $\alpha_o=3°\sim4°$。

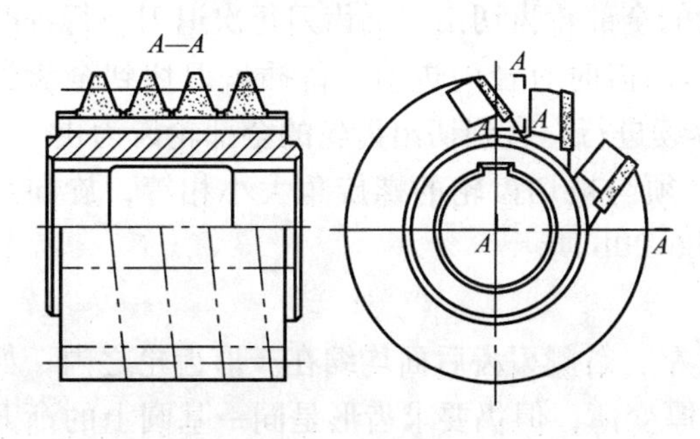

图6-17　加工硬齿面的硬质合金刮削滚刀

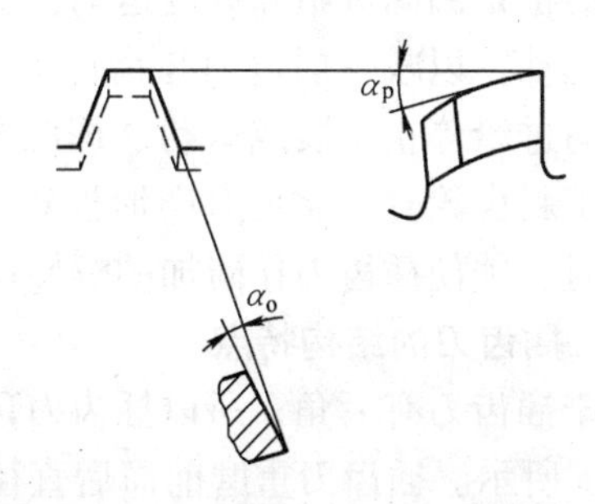

图6-18　滚刀齿轮顶后角和齿侧后角

3. 齿轮滚刀的选用

（1）齿轮滚刀类型的选择　滚刀按滚切工艺要求，有粗滚、精滚、剃前与磨前滚刀等类型。后两种滚刀的齿厚较小，左、右齿侧面留出一定量的留剃（磨）余量。粗滚刀可用双头，以提高生产率；精滚刀用单头阿基米德滚刀。中等模数用直槽整体式，模数大于10mm的可选用镶齿滚刀。在功率大和刚性好的滚齿机上，一定条件下可用硬质合金滚刀。

（2）齿轮滚刀基本参数的选择　滚齿所选用滚刀的模数 m_n 应与被加工齿轮的模数相同。标准齿轮滚刀精度等级有AA、A、B和C级，它们分别适合加工7、8、9和10级精度的齿轮；AAA级高精度滚刀则适合加工6级精度齿轮。

齿轮滚刀的螺旋方向应尽可能与被加工齿轮的旋向相同，以减小滚刀的安装角度，避免产生切削振动，提高加工精度和表面质量。滚切右旋齿轮时，一般用右旋滚刀；滚切左旋齿轮时，宜选用左旋滚刀；滚切直齿轮时，一般选用右旋滚刀。

（3）齿轮滚刀的安装　安装滚刀的心轴应选得短些，以提高滚削刚性。滚刀切削位置应位于机床主轴孔一端。安装后，用千分表检查滚刀两端凸台的径向圆跳动应达到规定要求。

（4）滚刀切削方式及轴向窜刀　如图6-19所示，滚削有逆向滚削与顺向滚削之分。顺向滚削可提高滚刀寿命及表面质量，但若机床进给机构有间隙，则易损坏刀齿。滚刀在切入及切出时，刀齿上的负荷是不同的，致使滚刀刀齿磨损不均匀。尤其是在切入端近展成中心位置处，刀具磨损较大，因此，应定期将滚刀在轴向窜动一定距离，使滚刀各齿磨损均匀，以提高滚刀的使用寿命。

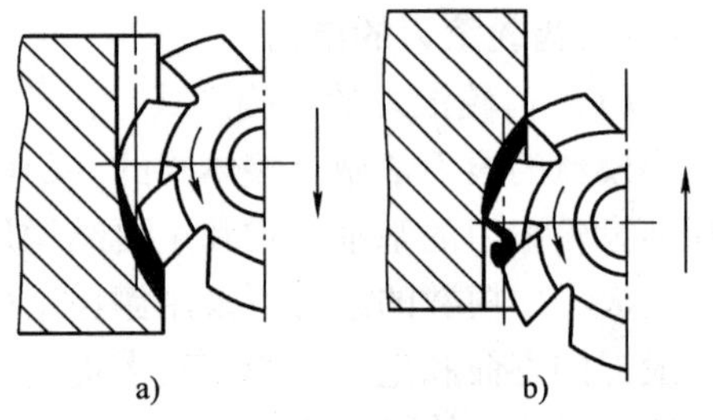

图6-19　逆向滚削与顺向滚削
a）逆向滚削　b）顺向滚削

单元5　插　齿　刀

1. 插齿刀的工作原理

插齿刀既能加工外啮合齿轮，也能加工内齿轮、塔形齿轮、带凸肩齿轮、人字齿轮及齿条等。

如图6-20a所示，插齿刀的外形像一个齿轮，由前、后面形成切削刃，用展成原理插制齿轮。插齿刀的上、下往复运动是主运动，切削刃上、下运动轨迹形成的齿轮称为产形齿轮。插齿刀和齿轮啮合的旋转运动即展成运动，此运动一方面包络形成齿轮的渐开线齿廓，另一方面也是圆周进给和分度运动，从而把齿轮的全部轮齿切出。插齿刀每次退刀空行程时有让刀运动，以减少插齿刀与齿面的摩擦。开始切齿时有径向进给，待插齿刀切到全齿深时，径向进给停止，展成运动（即圆周进给）继续进行，直到切出齿轮的全部轮齿为止。

加工斜齿轮时，插齿刀产形齿轮的螺旋角必须与被切齿轮的螺旋角大小相等，旋向相反。同时，须使插齿刀作附加的螺旋运动，如图6-20b所示。

2. 插齿刀的结构特点

由于插齿刀有后角，所以插齿刀顶刃后面及左、右侧刃齿后面均缩在产形齿轮之内，如图6-20a所示。插齿刀重磨前面后直径减小，齿厚变薄，但仍要求齿形是同一基圆上的渐开线。所以插齿刀不同端截面应做成不同变位系数的变位齿轮。如图6-21所示，设0—0截面

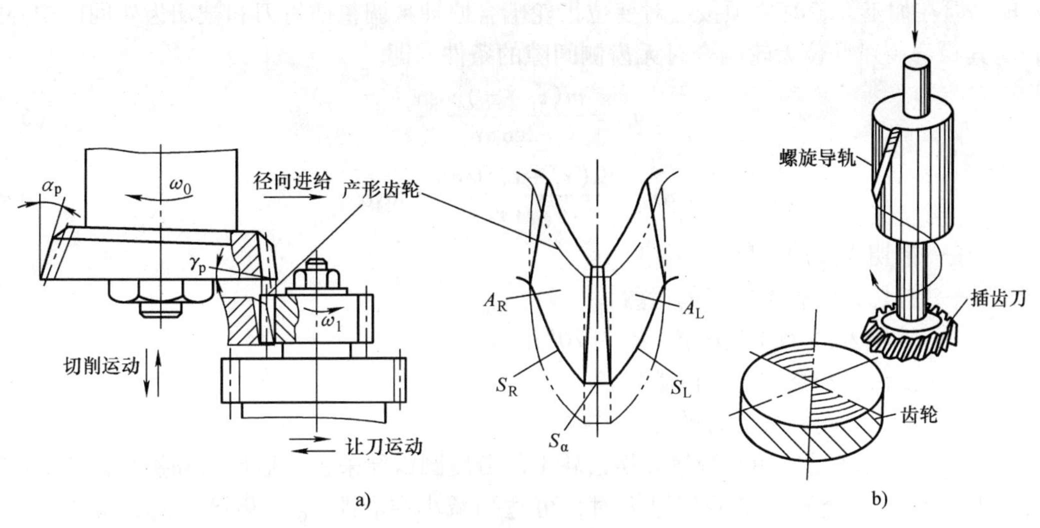

图 6-20　插齿刀的工作原理

a）加工直齿轮　b）加工斜齿轮

A_L—左齿侧面　A_R—右齿侧面　S_L—左切削刃　S_R—右切削刃　S_α—顶刃

（也称原始截面）的变位系数 $x_{00}=0$，Ⅰ—Ⅰ截面中 $x_{0\,\mathrm{I}}>0$，Ⅱ—Ⅱ截面中 $x_{0\,\mathrm{II}}<0$。不同截面的变位系数与该截面到0—0截面的距离 b 成正比，变位量 x 为

$$x = x_0 m = b\tan\alpha_p$$

$$x_0 = b\tan\alpha_p / m \tag{6-6}$$

式中　x_0——任一截面齿形变位系数；

α_p——齿顶背后角。

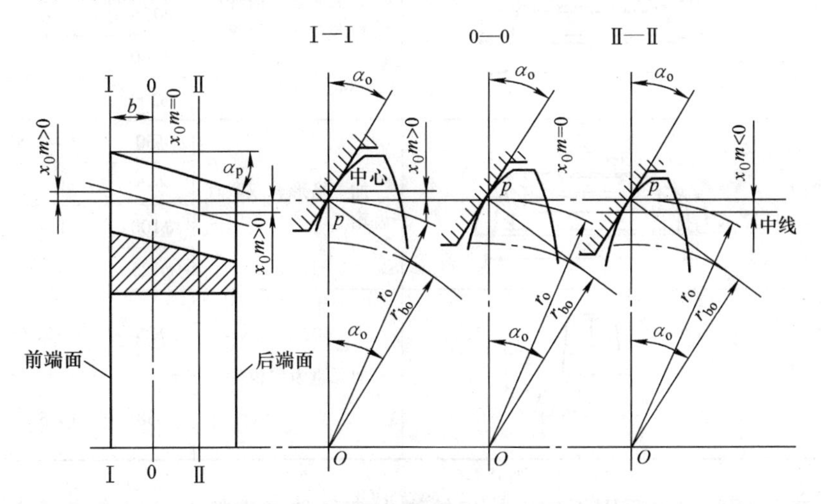

图 6-21　插齿刀在不同截面中的齿廓形状

由于插齿刀相当于一个变位齿轮，根据渐开线齿轮啮合原理，同模数和同压力角的变位齿轮既可以和标准齿轮啮合，也可以和不同变位系数、不同齿数的齿轮啮合。所以，无论是新插齿刀或是经过重磨后的旧插齿刀，都可以用来加工标准齿轮或任意变位系数和任意齿数

的齿轮。但在加工齿轮时，须按一对变位齿轮啮合原理来调整插齿刀和被切齿轮间的中心距 a_{01}，使其符合一对变位齿轮啮合时无齿侧间隙的条件，即

$$a_{01}=\frac{m(z_1+z_0)\cos\alpha}{2\cos\alpha_{01}} \tag{6-7}$$

$$\mathrm{inv}\alpha_{01}=\frac{2(x_1+x_0)\tan\alpha}{z_1+z_2}+\mathrm{inv}\alpha \tag{6-8}$$

式中　m——被切齿轮的模数；

z_1 和 z_0——被切齿轮和插齿刀的齿数；

α——被切齿轮分圆压力角，常为20°；

α_{01}——插齿刀和被切齿轮的啮合角；

x_1 和 x_0——被切齿轮和插齿刀的变位系数。

实际生产中是通过试切，测量被切齿轮上的分度圆齿厚来控制插齿刀和被切齿轮的中心距 a_{01} 和啮合角的。当测量出的齿厚大时，可适当减小中心距 a_{01}；齿厚小时，应增大 a_{01}，直至齿厚达到图样所需尺寸后才可进行批量加工。

3. 插齿刀的选用

（1）插齿刀类型的选用　GB/T 6081—2001《直齿插齿刀 基本型式和尺寸》规定直齿插齿刀分为3种类型，见表6-2。

表6-2　直齿插齿刀的类型、规格与用途

序号	类型	简图	应用范围	规格		D或莫氏短圆锥号
				d/mm	m/mm	
1	盘形直齿插齿刀		加工普通直齿外齿轮和大直径内齿轮	ϕ75	1~4	31.743
				ϕ100	1~6	
				ϕ125	4~8	
				ϕ160	6~10	88.90
				ϕ200	8~12	101.60
2	碗形直齿插齿刀		加工塔形、双联直齿轮	ϕ50	1~3.5	20或31.743
				ϕ75	1~4	
				ϕ100	1~6	
				ϕ125	4~8	
3	锥柄直齿插齿刀		加工直齿内齿轮	ϕ25	1~2.75	莫氏2
				ϕ38	1~3.5	莫氏3

1）盘形直齿插齿刀主要用于加工外齿轮和大直径的内齿轮。盘形直齿插齿刀的公称分度圆直径 d 有5种：ϕ75mm、ϕ100mm、ϕ125mm、ϕ160mm和ϕ200mm，精度等级分AA、A、B三种。不同规格的插齿机应选用不同分度圆直径的插齿刀。

2）碗形直齿插齿刀和盘形插齿刀的区别在于其刀体凹孔较深，以便容纳紧定螺母，避免在加工有台阶的齿轮时，螺母碰到工件，主要用于加工多联齿轮和某些内齿轮。碗形直齿

插齿刀的公称分度圆直径 d 有 4 种：ϕ50mm、ϕ75mm、ϕ100mm 和 ϕ125mm。前两种主要用于加工内齿轮，后两种主要用于加工外齿轮。$d=50$mm 插齿刀的精度有 A、B 两级，后三种插齿刀的精度有 AA、A、B 三级。

3）锥柄直齿插齿刀的公称分度圆直径有两种：ϕ25mm 和 ϕ38mm。因 d 较小，不能做成套装式，所以做成带有锥柄的整体结构形式。这种插齿刀主要用于加工内齿轮，在刀具标准中只规定有 A、B 两种精度等级。

（2）插齿刀使用前的校验　生产中通常是已知被加工齿轮参数后，再从已有的插齿刀中选用或新购标准插齿刀加工。由于插齿刀加工齿轮如同变位齿轮和被加工齿轮啮合，插齿刀的变位系数不同，啮合情况也不同，因此有可能产生顶切、根切和过渡曲线干涉，所以，插齿刀在使用前必须进行校验。校验项目如下：

1）插齿刀的模数 m、公称分度圆压力角与齿高系数应和被切齿轮一致。

2）校验插出的齿轮与共轭齿轮啮合时是否发生过渡曲线干涉。

理论与实践证明，插齿刀的变位系数越大，产生过渡曲线干涉的可能性越大。因此，使用新插齿刀切齿时容易发生过渡曲线干涉。

如发生过渡曲线干涉，可用以下方法解决：选用齿数较多的插齿刀或换用旧插齿刀，以减小刀具的变位系数。

3）校验齿轮是否发生根切。插齿刀和被切齿轮的变位系数越小，插齿刀齿数越多，被切齿轮齿数越少，根切可能性越大。因此，使用旧插齿刀切齿数少的小齿轮时特别要校验根切。如发生根切，可选用齿数较少的插齿刀或换用新插齿刀。

4）校验齿轮是否发生顶切。插齿刀的变位系数和齿数越小、被切齿轮的齿数越多，顶切的可能性越大。因此，用旧插齿刀切齿数较多的大齿轮时特别要校验顶切。如发生顶切，可改用齿数较多的插齿刀或换用较新的插齿刀加工。

思考与练习

1. 螺纹刀具有哪些类型？各适合于什么场合，可加工哪些类型的螺纹？
2. 丝锥切削部分与校准部分各有何特点？
3. 齿轮刀具的主要类型有哪些？它们的工作原理是什么？
4. 齿轮铣刀为何要分套制造？各号铣刀加工齿数的范围按什么原则划分？
5. 用盘形齿轮铣刀加工直、斜齿轮时，刀号如何选择？如加工 $m_n=3$mm、$z=28$、$\beta=30°$斜齿轮，齿轮刀号应为多少？
6. 齿轮滚刀的类型及基本参数如何选择？
7. 齿轮滚刀安装时应注意哪些问题？为什么？
8. 为什么插齿刀既可加工标准齿轮，又可加工变位齿轮？
9. 插齿刀使用前为何要进行校验？用新、旧插齿刀校验时会产生什么问题？怎样解决？

参考文献

[1] 陆剑中，孙家宁. 金属切削原理与刀具 [M]. 5版. 北京：机械工业出版社，2011.
[2] 陆剑中，周志明. 金属切削原理与刀具 [M]. 北京：机械工业出版社，2006.
[3] 徐宏海. 数控机床刀具及其应用 [M]. 北京：化学工业出版社，2005.
[4] 陈锡渠，彭晓南. 金属切削原理与刀具 [M]. 北京：化学工业出版社，2006.
[5] 陈云，等. 现代金属切削刀具实用技术 [M]. 北京：中国林业出版社，北京大学出版社，2008.
[6] 王永国. 金属加工刀具及其应用 [M]. 北京：机械工业出版社，2011.
[7] 艾兴，肖诗纲. 切削用量简明手册 [M]. 3版. 北京：机械工业出版社，2002.
[8] 太原市金属切削刀具协会. 金属切削实用刀具技术 [M]. 2版. 北京：机械工业出版社，2002.
[9] 袁哲俊，刘华明，等. 刀具设计简明手册 [M]. 北京：机械工业出版社，1999.
[10] 艾兴，等. 高速切削加工技术 [M]. 北京：国防工业出版社，2003.
[11] 黄雨田. 金属切削原理与刀具实训教程 [M]. 西安：西安电子科技大学出版社，2006.
[12] 娄岳海. 主轴制造 [M]. 北京：机械工业出版社，2011.
[13] 杨叔子，等. 机械加工工艺师手册 [M]. 北京：机械工业出版社，2003.
[14] 刘长青. 机械制造技术课程设计指导 [M]. 武汉：华中科技大学出版社，2007.
[15] 邹青. 机械制造技术基础课程设计指导教程 [M]. 北京：机械工业出版社，2004.
[16] 王道宏. 机械制造技术 [M]. 杭州：浙江大学出版社，2004.
[17] 刘慎玖. 机械制造工艺案例教程 [M]. 北京：化学工业出版社，2007.
[18] 荆长生. 机械制造工艺学 [M]. 西安：西北工业大学出版社，1997.
[19] 高国平. 机械制造技术实训教程 [M]. 上海：上海交通大学出版社，2001.
[20] 田春霞. 数控加工工艺 [M]. 北京：机械工业出版社，2006.
[21] 张普礼. 机械加工设备 [M]. 北京：机械工业出版社，2005.